Robotik: Programmierung intelligenter Roboter

Springer
Berlin
Heidelberg
New York
Barcelona
Budapest
Hongkong
London
Mailand
Paris
Santa Clara
Singapur
Tokio

Hans-Jürgen Siegert Siegfried Bocionek

Robotik: Programmierung intelligenter Roboter

Mit 95 Abbildungen

Prof. Dr.-Ing. Hans-Jürgen Siegert
Technische Universität München
Institut für Informatik
Arcisstraße 21
D-80333 München

Dr. Siegfried Bocionek
Siemens AG, MED GT 7
Henkestraße 127
D-91052 Erlangen

ISBN-13: 978-3-540-60665-9 e-ISBN-13: 978-3-642-80067-2
DOI: 10.1007/ 978-3-642-80067-2

Die Deutsche Bibliothek - CIP-Einheitsaufnahme
Siegert, Hans-Jürgen:
Robotik: Programmierung intelligenter Roboter/Hans-Jürgen Siegert; Siegfried Bocionek. - Berlin; Heidelberg; New York; Barcelona; Budapest; Hongkong; London; Mailand; Paris; Santa Clara; Singapur; Tokio: Springer, 1996
NE: Bocionek, Siegfried:

Umschlaggestaltung: Künkel + Lopka Werbeagentur, Ilvesheim
Satz: Reproduktionsfertige Vorlage von den Autoren
SPIN 10518704 45/3142 - 5 4 3 2 1 0 - Gedruckt auf säurefreiem Papier

Vorwort

Das vorliegende Buch basiert auf dem Stoff der jeweils dreistündigen Vorlesungen „Robotik 1“ und „Robotik 2“, die vom Erstautor unter stetiger Fortentwicklung des Inhalts und der Darstellung seit 1989 regelmäßig an der Fakultät für Informatik der Technischen Universität München angeboten wurden. Viele Ergebnisse stammen auch aus Forschungsprojekten, die am Lehrstuhl für Echtzeitsysteme und Robotik in der Fakultät für Informatik der TU München im Rahmen des Sonderforschungsbereichs 331 „Informationsverarbeitung in autonomen, mobilen Handhabungssystemen“ erzielt wurden. Dieser Sonderforschungsbereich wird von Professoren aus der Fakultät für Maschinenwesen, der Fakultät für Elektrotechnik und Informationstechnik sowie der Fakultät für Informatik getragen.

Der Schwerpunkt des Buches liegt nicht auf dem technischen Teil der Robotik, wie beispielsweise dem Bau von Robotern (Mechanik) oder der Regelung der Gelenke (Elektronik). Stattdessen befaßt sich das Buch mit dem Programmieren von Robotern: Es wird die roboterorientierte Programmierung mit Roboterprogrammiersprachen behandelt, grundlegende Fragestellungen der Informationsverarbeitung bei intelligenten Robotern werden aufgegriffen und die Ebene der aufgabenorientierten Programmierung besprochen. Die Anwendungsbeispiele entstammen vorwiegend dem Bereich der flexiblen Fertigung in einer „Fabrik der Zukunft“.

Zum angesprochenen Leserkreis gehören Informatiker, Ingenieure der Fachrichtungen Maschinenbau und Elektrotechnik, Praktiker in der Fertigungsindustrie, Informatikstudenten im Haupt- und Nebenfach, Studenten sonstiger technischer Studiengänge sowie alle Personen, die Interesse an Robotern und deren Programmierung für intelligente Anwendungen zeigen. Das Buch ist in sich geschlossen und für die eigenständige Beschäftigung mit dem Stoff geeignet. Zahlreiche detaillierte Schemazeichnungen und ausführliche Programmierbeispiele, die veranschaulichen und präzisieren, erleichtern das Nachvollziehen des dargebotenen Stoffs.

Im Buch werden in den ersten drei Kapiteln zunächst alle für die Programmierung notwendigen Grundlagen eingeführt. In Kapitel 1 finden sich grundlegende Definitionen und ein kurzer Überblick über die Historie. Die beiden Schwerpunkte des Kapitels 2 sind die Beschreibung des grundsätzlichen Aufbaus von Industrierobotern und die Aufgabenverteilung in einer sehr komplexen, vernetzten und verteilten Roboterprogrammierumgebung. In Kapitel 3 werden die mathematischen Grundlagen der Roboterkinematik, insbesondere Transformationen zwischen Koordinatensystemen auf der Basis homogener Koordinaten, behandelt.

Das Thema des Kapitels 4 ist die Roboterkinematik. Hier werden die Ergebnisse des Kapitels 3 auf konkrete Roboter angewandt. Die Kenntnis der Roboterkinematik ist Voraussetzung für das Verständnis der roboterorientierten Programmierung und der Roboterprogrammiersprachen. Es wird gezeigt, wie durch Vorwärtsrechnung aus den Gelenkwinkeln eines Roboters die Stellung (Position und Orientierung) der Hand berechnet wird. Durch Verfahren der Rückwärtsrechnung werden umgekehrt aus der vorgegebenen Stellung der Hand die hierfür notwendigen Gelenkwinkel berechnet. Als konkretes Beispiel für die Verfahren wird durchgängig der sechsachsige Industrieroboter PUMA 560 gewählt.

In Kapitel 5 werden die verschiedenen Methoden der Programmierung von Robotern geschildert und bewertet.

Kapitel 6 und 7 sind der detaillierten Behandlung der roboterorientierten Programmierung und der Roboterprogrammiersprachen gewidmet. Hierbei werden die Konzepte und die Sprachkonstrukte textueller Programmiersprachen besprochen. Sie werden in einer leicht verständlichen, herstellerunabhängigen Syntax notiert, die meist an C angelehnt ist. Als ausführliche Programmierbeispiele wurden das Beschicken einer Heizzelle und die Benchmark-Aufgabe „Montage des Cranfield-Pendels" gewählt.

Der zweite Teil des Buchs mit den Kapiteln 8 bis 12 behandelt die aufgabenorientierte Programmierung intelligenter Roboter. Es werden Konzepte der Modellierung und Programmierung basierend auf der Objektorientierung und mehrstufigen, verteilten, reaktiven Aufgabentransformatoren in einer Multiagentenumgebung verwendet.

Kapitel 8 behandelt aktuelle Konzepte zur objektorientierten Umweltmodellierung, insbesondere Entity-Relationship-Ansätze, Frame-Modelle nach Minsky, hierarchische Klassenkonzepte, objektorientierte Wissensbasen und faktenorientierte Wissensdarstellungen in regelbasierten Systemen. Auf dieser Basis läßt sich dann die Funktionsweise vorwärtsverkettender Regelsysteme bei der Implementierung intelligenter Robotikanwendungen darstellen.

Die Konzepte für die aufgabenorientierte Programmierung finden sich in Kapitel 9. Mit Modellierungssprache und Regelsystem als Grundlagen wird die aufgabenorientierte Programmierung von Robotern auf hohem Abstraktionsniveau ermöglicht. Die Aufgaben werden durch mehrstufige, reaktive Aufgabentransformatoren mit Hilfe von Umwelt- und Anwendungswissen dynamisch zur Ausführungszeit in ablauffähige roboterorientierte Befehlssequenzen transformiert. Diese wiederum werden an die beteiligten Roboter und Maschinen weitergegeben und dort ausgeführt.

Kapitel 10 enthält zwei Anwendungsbeispiele. Bei der „Montage des Cranfield-Pendels" liegt der Schwerpunkt auf der Systemarchitektur von mehrstufigen, verteilten, reaktiven Aufgabentransformatoren und der Kooperation von Agenten über Auftragsbeziehungen. Das zweite Beispiel zeigt Realisierungsdetails und Abstraktionsschritte der verschiedenen Ebenen eines mehrstufigen Aufgabentransformators für eine einfache Anwendung aus der Klötzchenwelt.

In Kapitel 11 werden, motiviert durch die Planungsfunktionalität eines Aufgabentransformators, verschiedene Varianten des Planens skizziert. Suchstrategien werden am Beispiel des A^*-Algorithmus diskutiert. Mit einfach zu verstehenden Beispielen aus der Klötzchenwelt werden grundsätzliche Eigenschaften exemplarisch vermittelt.

In dem abschließenden Kapitel 12 werden als Beispiel für eine Planungsaufgabe wichtige Schritte und Elemente der „Montageplanung“ behandelt. Als sehr einfaches Beispiel dient hierbei die Montage einer Taschenlampe.

Wir möchten uns an dieser Stelle bei allen bedanken, die am Zustandekommen dieses Buches beteiligt waren, sei es durch Anregungen oder Beiträge zum Inhalt, durch kritische Diskussionen und Verbesserungsvorschläge, durch Mitdenken in den Vorlesungen oder durch Korrekturlesen. Unser Dank gilt ganz besonders den Herren Dr. Klaus Fischer, Dr. Ernst Hagg, Dipl.-Inf. Andreas Koller, Dipl.-Inf. Michael Sassin, Dr. Gerhard Schrott und Dr. Peter Stöhr. Beim Springer-Verlag, speziell bei Herrn Dr. Wössner, bedanken wir uns für die sehr gute Unterstützung, die kritische Durchsicht des Manuskripts, die Verbesserungsvorschläge und die zügige Abwicklung. Nicht vergessen werden soll der herzliche Dank an unsere Ehefrauen Ursula und Andrea für Unterstützung, Verständnis und Toleranz.

Wir wünschen, daß dieses Buch sein Ziel erreicht, das Verständnis der Programmierung intelligenter Roboter zu fördern und die Umsetzung von Ideen aus der Universität in die Praxis zu unterstützen.

München und Erlangen, im Januar 1996

Hans-Jürgen Siegert
Siegfried Bocionek

Inhalt

1. Grundlagen

Der Name Roboter geht auf den Schriftsteller Karel Čapek zurück. Nach einer Definition des Begriffs Roboter folgt ein kurzer Blick auf die historische Entwicklung. Anschließend werden eine Systematik der Handhabungssysteme und die Einsatzgebiete der Industrieroboter in der Fertigung vorgestellt.

1.1 Der Begriff Roboter

Roboter sind durch Science-Fiction-Erzählungen allgemein bekannt geworden. Der Begriff „Roboter" wurde 1921 von dem tschechoslowakischen Schriftsteller Karel Čapek geprägt. Das Wort „Roboter" ist dabei von dem tschechischen Wort „robota" (arbeiten) abgeleitet. Čapek schrieb das Bühnenstück „Rossums Universalroboter". In dieser Geschichte entwickeln der Wissenschaftler Rossum und sein Sohn eine chemische Substanz, die sie zur Herstellung von Robotern verwenden. Der Plan war, daß die Roboter den Menschen gehorsam dienen und alle schwere Arbeit verrichten sollten. Im Laufe der Zeit entwickelte Rossum den „perfekten" Roboter. Am Ende fügten sich die perfekten Roboter jedoch nicht mehr in ihre dienende Rolle, sondern rebellierten und töteten alles menschliche Leben. Begriff

Im allgemeinen Sprachgebrauch wird unter „Roboter" meist eine Maschine verstanden, die dem Aussehen des Menschen nachgebildet ist und/oder Funktionen übernehmen kann, die sonst von Menschen ausgeführt werden. Bei einem menschenähnlichen Aussehen des Roboters spricht man auch von Androiden. Androiden

In Anlehnung an Thring [THRI83] und Todd [TODD86] muß ein „Roboter" mindestens die folgenden Fähigkeiten bzw. Elemente besitzen: Roboter Fähigkeiten

1. Die Möglichkeit, sich selbst und/oder physikalische Objekte zu bewegen;
2. einen Arm, Handgelenke und einen Effektor, falls Objekte bewegt werden können;

3. Räder, Beine o.ä., falls der Roboter mobil ist;
4. Antrieb und Steuerung für die genannten Bewegungen;
5. Rechner zur Entscheidungsfindung und Speicherung von Befehlen;
6. Sensoren, z.B.
   - für Berührung, Kräfte, Momente,
   - zur Bestimmung der Position des Roboters, der Stellung des Arms, der Stellung der Handgelenke,
   - zur Messung von Entfernungen,
   - zur Bildaufnahme und zum Erkennen von Form, Größe, Farbe, Bewegung,
   - zur Messung der Wärmeleitfähigkeit, der Temperatur, einer elektrischen Spannung,
   - zur Wahrnehmung der Rauhigkeit, der Härte, des Geruchs von Objekten,
   - zum Erkennen von Schallwellen und Tönen.

Historie Robotervorläufer

Die Vorläufer heutiger Roboter können in den frühen mechanischen Geräten (Automaten) gesehen werden. Hinweise auf Automaten und bewegliche Statuen in Ägypten und Griechenland finden sich schon einige 100 Jahre vor Christus. Schwerpunkte des Automatenbaus waren dann später Frankreich, die Schweiz und Deutschland; hier insbesondere die Städte Augsburg und Nürnberg. Erste Androiden sind im 18. Jahrhundert gebaut worden [BEYE83, SORI85, GROO87]:

Vaucanson

- Etwa 1738 baute Jacques de Vaucanson (1709 bis 1782) in Frankreich den „Flötenspieler“ und den „Tamburinspieler“. Beides waren mechanische Puppen in menschlicher Größe, die musizierten. Die Töne beim Flötenspieler wurden durch Blasen in die Flöte, durch Veränderung der Lippen und der Zunge und durch Bewegung der Finger erzeugt. Der Flötenspieler kann daher als ein einfacher Android angesehen werden. Abb. 1.2 zeigt die Mechanik dieses Flötenspielers.

Jaquet-Droz

- Um 1774 bauten in der Schweiz Pierre Jaquet-Droz (1721 bis 1790), sein Sohn Henri-Louis Jaquet-Droz (1752 bis 1791) und Jean-Frédéric Leschot (1746 bis 1824) drei Androiden: Den „Zeichner“, den „Schriftsteller“ und die „Musikerin“. Abb. 1.1 zeigt als Beispiel einen Trompeter von Johann Gottfried und Friedrich Kaufmann, Dresden um 1810, jetzt Deutsches Museum München.

Jacquard

- Um 1805 erfand Joseph Maria Jacquard den programmierbaren Webstuhl. Dieser wurde durch Lochkarten gesteuert und kann als spezialisierter Roboter betrachtet werden.

Abb. 1.1. Trompeter
[mit freundlicher Genehmigung des Deutschen Museums München]

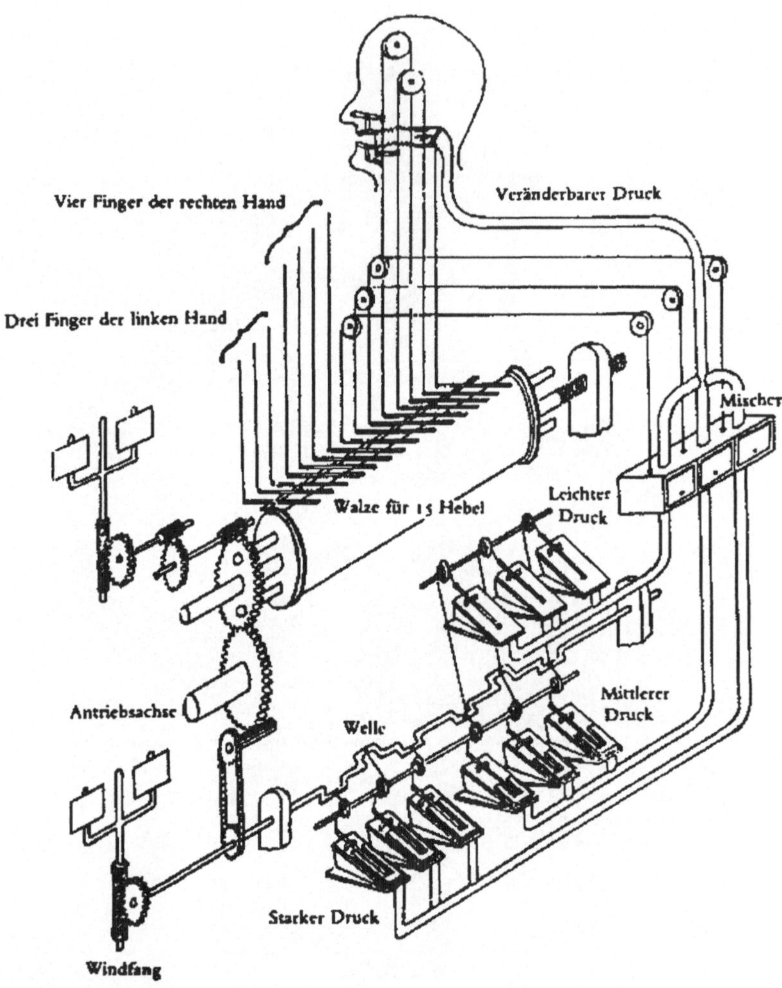

Abb. 1.2. Mechanik des Flötenspielers
[mit frdl. Genehmigung durch Fr. Beyer und den Callwey-Verlag]

Die Entwicklung heutiger Industrieroboter begann aber erst Mitte dieses Jahrhunderts. Wichtige Ereignisse waren [GROO87]: Historie Industrieroboter

- 1946 entwickelte der Amerikaner G. C. Devol ein Steuergerät, das elektrische Signale magnetisch aufzeichnen konnte. Diese konnten wieder abgespielt werden, um eine mechanische Maschine zu steuern. Devol
- 1951 begann die Entwicklung ferngesteuerter Handhabungsgeräte (Teleoperatoren) zur Handhabung radioaktiver Materialien. Teleoperatoren
- 1952 wurde am MIT der Prototyp einer numerisch gesteuerten Werkzeugmaschine entwickelt. Die zugehörige Programmiersprache APT wurde 1961 veröffentlicht. APT
- 1954 reicht der Brite C.W. Kenward ein Patent einer Roboterentwicklung ein. Zur gleichen Zeit arbeitet der Amerikaner George C. Devol an dem „programmierten Transport von Gegenständen". Er erhält 1961 dafür ein US-Patent. Kenward
- 1959 wird von der Firma Planet Corp. der erste kommerzielle Roboter vorgestellt. Dieser wurde mechanisch durch Kurvenscheiben und Begrenzungsschalter gesteuert. erster kommerzieller Roboter
- 1960 wurde der erste Industrieroboter („Unimate") vorgestellt. Er basierte auf den Arbeiten von Devol. Der Roboter war hydraulisch angetrieben. Er wurde durch einen Computer unter Verwendung der Prinzipien numerisch gesteuerter Werkzeugmaschinen kontrolliert. Unimate
- 1961 wurde bei Ford ein Roboter des Typs Unimation installiert.
- 1968 wurde der mobile Roboter („Shakey") am Stanford Research Institute (SRI) entwickelt. Er war mit einer Vielzahl von Sensoren, u.a. Kamera, Tastsensor, ausgestattet. Shakey
- 1973 wurde die erste Programmiersprache (WAVE) für Roboter am SRI entwickelt. Im Jahr 1974 folgte die Sprache AL. Ideen dieser Sprachen wurden später in der Programmiersprache VAL von Unimation verwendet. Etwa zur gleichen Zeit entstanden auch vollständig elektrisch angetriebene Roboter. AL VAL
- 1978 wird der Roboter PUMA (programmable universal machine for assembly, Programmierbare Universalmaschine für Montage-Anwendungen) von Unimation vorgestellt. Er ist elektrisch angetrieben und basiert auf Entwürfen von General Motors. Der Robotertyp PUMA wird nachfolgend immer bei konkreten Anwendungsbeispielen zugrunde gelegt. PUMA

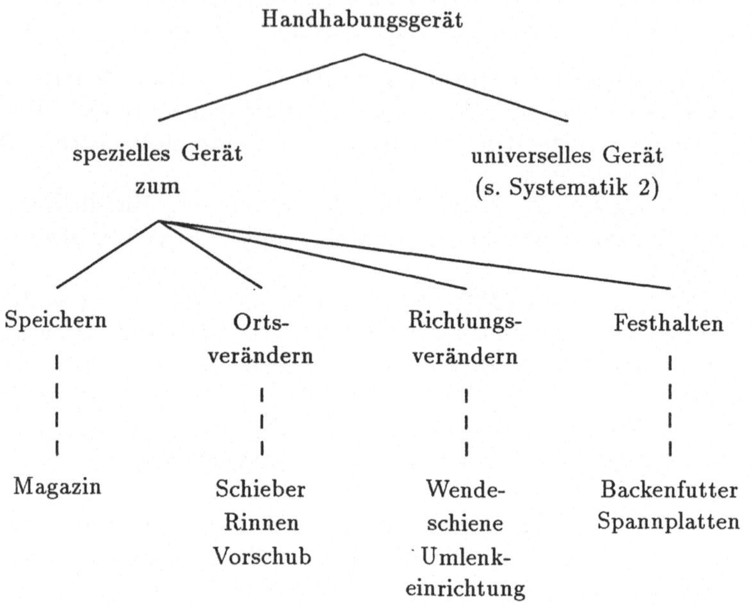

Abb. 1.3. Systematik 1

Industrieroboter DIN-Definition

In diesem Buch liegt der Schwerpunkt auf den Industrierobotern (Handhabungsgeräten). Diese sind nach DIN wie folgt definiert:
Industrieroboter sind universell einsetzbare Bewegungsautomaten mit mehreren Achsen, deren Bewegungen hinsichtlich Bewegungsfolgen und -wegen bzw. -winkeln frei programmierbar und ggf. sensorgeführt sind. Sie sind mit Greifern, Werkzeugen oder anderen Fertigungsmitteln (allgemein einem Effektor) ausrüstbar und können Handhabungs- und/oder Fertigungsaufgaben ausführen.

1.2 Systematik und Einsatzgebiete

Systematik

In den beiden Abbildungen Abb. 1.3 und Abb. 1.4 wird die Systematik der Handhabungsgeräte nach Heiß [HEIS85] angegeben. Wir werden uns hier ausschließlich mit den Industrierobotern beschäftigen.

Anforderungen

Nachfolgend werden die Anforderungen an Industrieroboter für typische Einsatzgebiete skizziert.

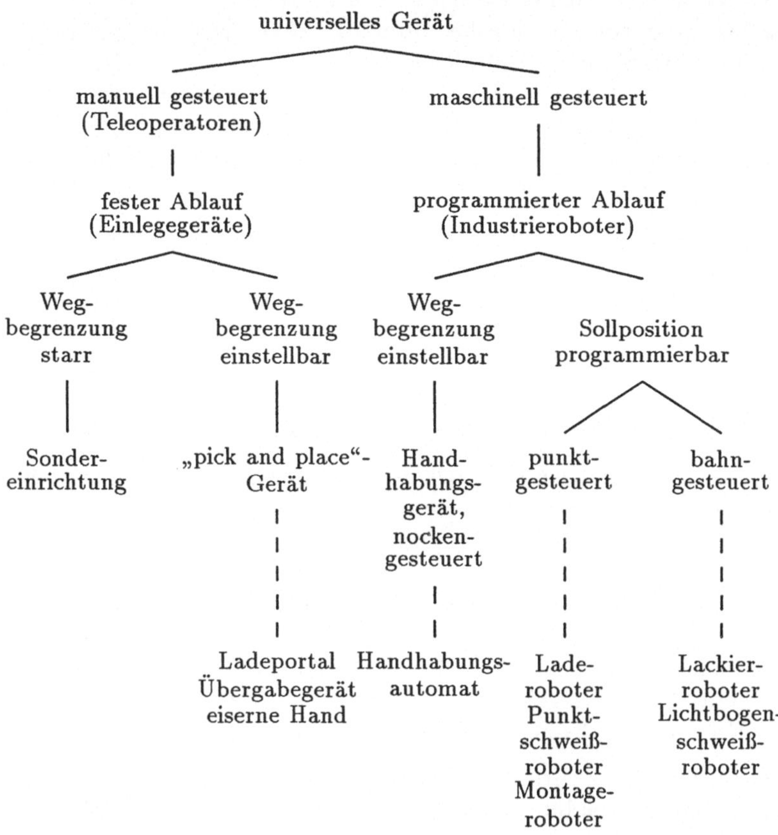

Abb. 1.4. Systematik 2

Ein erstes Einsatzgebiet ist das Palettieren. Für den Transport von Objekten, beispielsweise zwischen Lagern und Bearbeitungsstationen, werden diese auf Paletten gestapelt. Zur Bearbeitung werden die Objekte von einem Roboter von der Palette genommen und in Zuführeinrichtungen der Arbeitszellen eingelegt. Nach der Bearbeitung legt der Roboter die Objekte wieder auf die Palette zurück. Die typische Aktionsfolge eines Roboters ist also Greifen eines Objekts, Bewegen zu einer Zielposition und Ablegen des Objekts („Pick and Place“). Entsprechend dieser Aufgabe entstehen folgende Anforderungen an Roboter:

Palettieren

- Großer Arbeitsraum;
- hohe Geschwindigkeit;

- Fahren nur von Punkt-zu-Punkt erforderlich;
- Sensoren zur Positionsbestimmung der Palette, beispielsweise über Markierungen auf den Paletten;
- Sensoren zur Lageerkennung der Teile auf der Palette, falls diese nicht an festen Stellen der Palette fixiert sind;
- Sensoren für die Identifizierung der Teile, falls unterschiedliche Teile angeliefert werden.

Bearbeiten

Ein weiteres Einsatzgebiet ist das Bearbeiten. Typische Bearbeitungsvorgänge sind Schleifen, Entgraten oder Polieren. Bei allen diesen Anwendungen muß der Roboter räumliche Bahnen abfahren oder Flächen bearbeiten. Es wird ein Werkzeug eingesetzt, welches Material vom zu bearbeitenden Werkstück abträgt. Hierzu ist ein kontrollierter Anpreßdruck erforderlich. Dementsprechend ergeben sich folgende Anforderungen an den Roboter:

- Präzises Abfahren räumlich gekrümmter Bahnen oder Flächen;
- Sensoren für die Bahnführung;
- Sensoren für Kraftmessung (z.B. Anpreßdruck);
- Sensoren für Werkzeugverschleiß;
- Sensoren zur Erkennung des Bearbeitungsendes, beispielsweise, daß der Grat entfernt ist;
- ausreichende Steifigkeit des Roboters für die Ausübung der Kräfte und Ausgleich der Nachgiebigkeit durch Nachregeln;
- Unempfindlichkeit des Roboters gegen Schleifstaub u.ä.

Beschichten

Als nächstes wird das Einsatzgebiet Beschichten skizziert. Unter diese Anwendungen fallen das Aufbringen von Klebern oder das Lackieren. Die Anforderungen sind also:

- Abfahren von Flächen mit gleichmäßiger Geschwindigkeit in einem festen Abstand mit vorgegebener Orientierung;
- Sensoren für Abstand;
- Sensoren für Beschichtungsqualität;
- Unempfindlichkeit des Roboters gegen Sprühnebel oder Dämpfe der aufzutragenden Stoffe.

Schweißen

Das Schweißen ist insbesondere in der Automobilindustrie ein wichtiges Einsatzgebiet von Robotern. Für den Einsatz von Robotern stellt das Punkt- bzw. das Bahnschweißen ganz unterschiedliche Anforderungen. Kritisch ist oft die Zugänglichkeit der Schweißpunkte. Wichtige Anforderungen an Roboter sind:

- Hohe Geschwindigkeit;
- hohe Kräfte beim Punktschweißen, beispielsweise beim Bewegen schwerer Schweißzangen, die teilweise um die 100 kg wiegen können, oder beim Zusammendrücken von Blechen, damit der notwendige Kontakt der Bleche hergestellt wird;

- Abfahren vorgegebener Kurven beim Bahnschweißen bzw. Anfahren vorgegebener Punkte beim Punktschweißen;
- Sensoren für die Nahtsuche (Blechkantenverfolgung) beim Bahnschweißen bzw. die Lokalisierung der Schweißpunkte beim Punktschweißen;
- Sensoren für die Kontrolle des Schweißvorgangs;
- Korrektur der Roboterbewegung aufgrund von Bauteiltoleranzen und Wärmeverzug;
- Unempfindlichkeit des Roboters gegen Wärme, Funkenflug, Gase oder Dämpfe.

Das Einsatzgebiet Montage stellt meist höhere Anforderungen an die Präzision und an die Programmierung der Roboter. In der Regel müssen die Teile sehr exakt plaziert und unter Kraft mit anderen Teilen verbunden werden. In vielen Fällen sind spezielle Effektoren, beispielsweise zum Eindrehen von Schrauben, erforderlich. Eine wichtige Voraussetzung für den erfolgreichen Robotereinsatz in der Montage ist immer eine robotergerechte Konstruktion der Teile und der Einsatz robotergerechter Fügeverfahren, wie Schnappverbindungen.

Montage

- Hohe Geschwindigkeit;
- hohe Präzision;
- Fahren nur von Punkt-zu-Punkt, aber nachgiebige Bewegungen im Kontakt mit anderen Teilen („compliant motion“);
- geeignete Greifer und andere Effektoren für die zu montierenden Teile;
- Sensoren für das Greifen und das Halten der Teile;
- Sensoren zum Messen von Kräften und Momenten;
- Sensoren zur Lokalisierung von Teilen und von speziellen Punkten bei Teilen, beispielsweise Bohrungen;
- Sensoren zur Vermessung von Teilen;
- spezielle nachgiebige Effektoren zum Fügen von Teilen, beispielsweise zum Einsetzen eines Stabs in eine Bohrung;
- Erzeugung von (Rüttel-)Bewegungen zum Fügen von Teilen;
- hohe Anforderungen an die (sensorgesteuerte) Programmierung.

1.3 Roboter und Automatisierung

Die Automation der Fertigung ist eng mit der Robotertechnologie verknüpft. Man unterscheidet in diesem Zusammenhang drei Stufen der Automation [GROO87]:

Automatisierung
Fertigung

feststehende Funktionen

1. Automation mit feststehenden Funktionen
   Sie wird bei sehr hohen Stückzahlen eingesetzt, z.B. im Automobilbau. Die Fertigungseinrichtungen sind auf das zu fertigende Produkt hin entwickelt und optimiert. Die (hohen) Kosten der besonderen Fertigungseinrichtungen werden auf die hohe Stückzahl umgelegt. So entstehen niedrige Stückkosten im Vergleich zu anderen Fertigungsmethoden. Nach Auslaufen des Produkts werden die Fertigungseinrichtungen wertlos. Probleme stellen der Vorlauf für die Entwicklung spezieller Fertigungseinrichtungen und die Inflexibilität bei Modifikationen im zu fertigenden Produkt dar.

programmierbare Automation

2. Programmierbare Automation
   Sie wird eingesetzt, wenn das Fertigungsvolumen je Produkt relativ klein ist und viele unterschiedliche Produkte hergestellt werden müssen. Die Fertigungseinrichtungen sind so ausgelegt, daß sie „leicht" an die jeweilige Aufgabe angepaßt werden können. Nach Anpassung der Fertigungseinrichtung werden jeweils größere Lose eines Werkstücks produziert. Dann wird die Fertigungseinrichtung erneut umgestellt. Die Kosten der Fertigungseinrichtung können so wieder auf alle (verschiedenen) Produkte umgelegt werden.

flexible Automation

3. Flexible Automation
   Flexible Fertigungssysteme wurden erst in den letzten zehn bis zwanzig Jahren untersucht. Das Einsatzgebiet ist in der Produktion mittlerer bis kleiner Stückzahlen. Das in Zukunft anzustrebende Ziel (noch Forschung!) ist die Produktion von Einzelstücken zu den Kosten einer Großserie. Die Einrichtungen bestehen typisch aus einer Reihe von universell einsetzbaren Fertigungszellen, die durch ein Materialtransport- und -lagersystem verbunden sind. Die Gesamtsteuerung übernimmt ein Fertigungsleitrechner. Damit möglichst wenige unterschiedliche Fertigungszellen benötigt werden, müssen diese eine „programmierbare" Fertigungseinrichtung enthalten, beispielsweise eine numerisch gesteuerte Fräsmaschine oder einen Schweißroboter, der mehrere Arten von Karosserien schweißen kann. Die jeweils benötigten Programme werden von dem zentralen Steuerrechner in die Fertigungszellen geladen.
   Bei der Herstellung durchläuft ein Produkt dann verschiedene, produktspezifisch und stückspezifisch programmierte Fertigungszellen. Die Produkte können in Losen oder auch vermischt auf dem gleichen Fertigungssystem hergestellt werden.

Fabrik der Zukunft

Da die Tendenz zu einer Fertigung nach Bedarf, d.h. zu einer flexiblen Fertigung, besteht, sind intelligente Roboter also zentraler Bestandteil der „Fabrik der Zukunft". Intelligente Roboter werden hier für den Materialtransport und für Fertigungsaufgaben eingesetzt. Sie erlauben eine Automation auch bei kleinen Serien, im Gegensatz zu den heute üblichen Robotern mit fester Aufgabenstellung, die nur für Großserien wirtschaftlich einsetzbar sind. In der Fabrik der Zukunft wird es intelligente Roboter geben. Diese arbeiten weitgehend autonom und können ihre Aufgaben planen und überwachen. Sie nehmen Umweltdaten durch Sensoren auf und kommunizieren mit anderen autonomen Einheiten in der Fabrik, insbesondere mit dem Produktionsplanungssystem, den Fertigungszellen, den „Intelligenten Werkzeugmaschinen" und den anderen Robotern.

Die geschilderte Entwicklung wird sich langfristig durchsetzen, wenn auch derzeit eine gewisse Zurückhaltung beim Einsatz von Robotern anstelle von Arbeitern in der Industrie zu beobachten ist. Für diese Zurückhaltung gibt es verschiedene Ursachen; eine davon ist der Programmieraufwand für intelligente Roboter bei komplizierteren Anwendungen unter Einbeziehung von Sensorik.

1.4 Forschungsgebiete

Wichtige, informatikbezogene Forschungsgebiete in der Robotik sind:

Forschungsgebiete

- Konzepte zur Strukturierung der „Fabrik der Zukunft";
- Konzepte zur Modellierung der „Fabrik der Zukunft";
- Konzepte zur Wissensrepräsentation in der „Fabrik der Zukunft";
- Konzepte zur Kooperation von autonomen Robotern (Agenten);
- lernende Systeme;
- Systeme zur Aufgabenplanung und Aufgabendurchführung unter Realzeitbedingungen, insbesondere wissensbasierte, sensorgestützte Systeme;
- aufgabenorientierte Programmierung von Robotern;
- Visualisierungs- und Simulationssysteme zur Programmierung und Überwachung von Robotern (Virtual Reality);
- Bestimmung, Steuerung und Kontrolle der Bewegung des Roboters und der Effektoren (Greifer);
- Planung kollisionsfreier Trajektorien in Arbeitsräumen mit Hindernissen;
- Integration von vielfältiger, sich ergänzender Sensorik in die Roboterprogramme (Erfassung, Interpretation, Reaktion);
- mobile Roboter und Mikroroboter;
- neue Anwendungen, beispielsweise in der Medizin.

2. Teilsysteme eines Roboters

Die Zielsetzung dieses Kapitels ist es, ein Grundverständnis über Robotersysteme zu erreichen. Dieses Grundverständnis ist für die späteren Kapitel über Programmierung erforderlich. Als erstes wird der technische Aufbau von Industrierobotern besprochen. Hierzu gehören Beschreibungen der Gelenkarten, des Arbeitsraums und der technischen Grundkonfigurationen von Industrierobotern. Diese grundsätzlichen Ausführungen werden durch ein Beispiel, den Gelenkarmroboter PUMA 560, konkretisiert. Als zweites werden grundsätzliche Programmiertechniken skizziert. Das Kapitel schließt mit einem Beispiel für einen großen, verteilten Rechnerverbund zur Steuerung von intelligenten Industrierobotern.

2.1 Gelenke

Die Bewegungen eines Roboters werden erst durch seine Gelenke möglich. Ein Roboter besteht aus einer Folge von Gliedern, die mit Gelenken verbunden sind. Die 4 wichtigsten Gelenktypen sind nach [GROO87]: Typen

- Rotationsgelenk (R) Rotationsgelenk
  Die Drehachse bildet einen rechten Winkel mit den Achsen der beiden angeschlossenen Glieder (Abb. 2.1).
- Torsionsgelenk (T) Torsionsgelenk
  Die Drehachse des Torsionsgelenks verläuft parallel zu den Achsen der beiden Glieder (Abb. 2.2).
- Revolvergelenk (V) Revolvergelenk
  Das Eingangsglied verläuft parallel zur Drehachse, das Ausgangsglied steht im rechten Winkel zur Drehachse (Abb. 2.3).
- Lineargelenk (L) Lineargelenk
  auch Translationsgelenk, Schubgelenk oder prismatisches Gelenk. Lineare Gelenke bewirken eine gleitende oder fortschreitende Bewegung entlang einer Achse (Abb. 2.4).

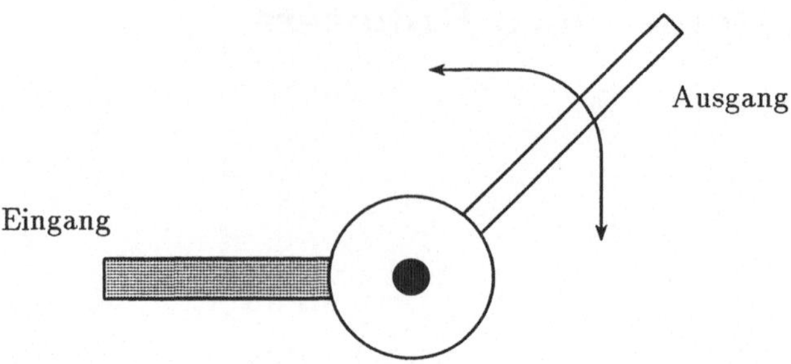

Abb. 2.1. Rotationsgelenk (R)

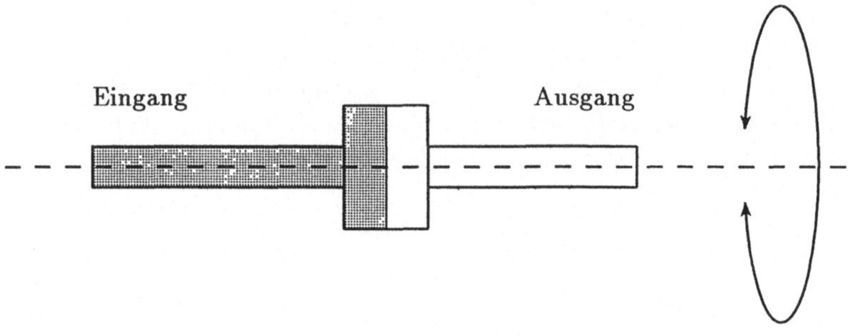

Abb. 2.2. Torsionsgelenk (T)

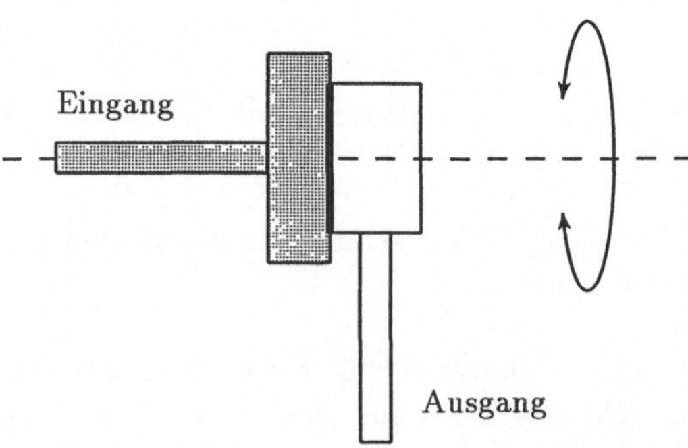

Abb. 2.3. Revolvergelenk (V)

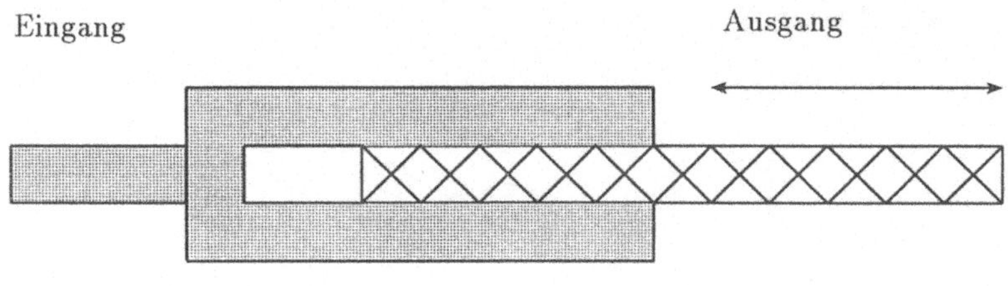

Abb. 2.4. Lineargelenk (L)

2.2 Arbeitsraum und Grundkonfigurationen

Der Arbeitsraum besteht aus denjenigen Punkten im dreidimensionalen Raum, die von der Roboterhand angefahren werden können. Hierzu sind drei Freiheitsgrade in der Bewegung, also mindestens drei Gelenke, erforderlich. Durch die Konstruktion der Roboterarme und ihrer Gelenke ist der Arbeitsraum eines Roboters definiert. Je nach Grundform des Arbeitsbereichs unterscheiden wir folgende Grundkonfigurationen für Industrieroboter:

Arbeitsraum

Grundkonfigurationen

- Roboter mit kartesischen Koordinaten (Abb. 2.5, Abb. 2.6); Grundform des Arbeitsraums ist ein Quader.
- Roboter mit Zylinderkoordinaten (Abb. 2.7); Grundform des Arbeitsraums ist ein Zylinder.
- SCARA-Roboter (Abb. 2.8); Grundform des Arbeitsraums ist ein Zylinder. Der SCARA-Roboter (selective compliance assembly robot arm) wurde Anfang der 80er Jahre in Japan zur Montage entwickelt. Sein mechanischer Aufbau wurde so festgelegt, daß er in z-Richtung steif ist, aber in der x, y-Ebene nachgiebig. Er ist daher besonders zum Einsetzen von Objekten mit einer Einsetzbewegung in z-Richtung geeignet.
- Roboter mit Polarkoordinaten (Abb. 2.9); Grundform des Arbeitsraums ist eine Kugel.
- Roboter mit Gelenkarm (Abb. 2.10); Grundform des Arbeitsraums ist eine Kugel.

Unter Grundform des Arbeitsraums verstehen wir denjenigen Arbeitsraum, der sich ergeben würde, wenn man die gegenseitige Behinderung der Arme des Roboters und die Begrenzungen der Gelenkwinkel nicht berücksichtigt.

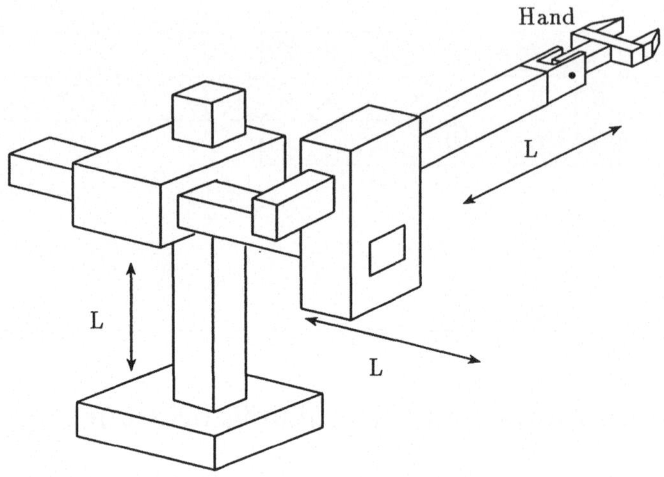

Abb. 2.5. Kartesische Koordinaten (1)

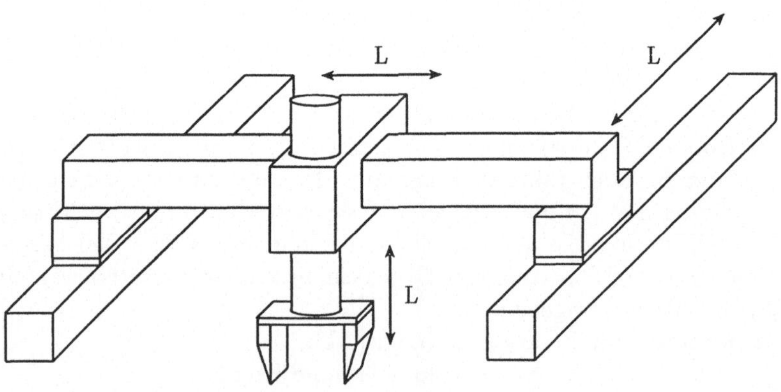

Abb. 2.6. Kartesische Koordinaten (2)

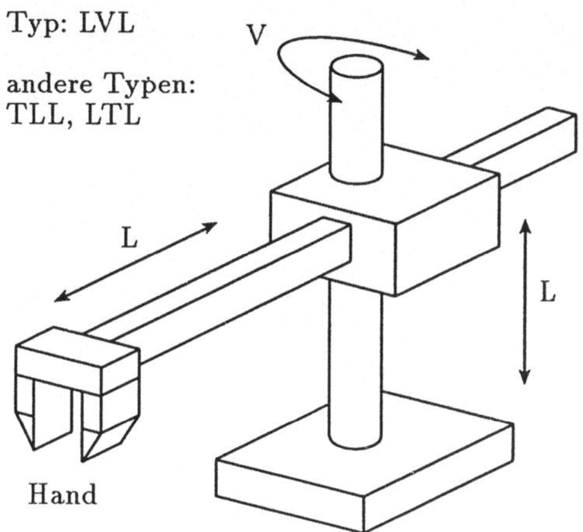

Abb. 2.7. Zylinderkoordinaten

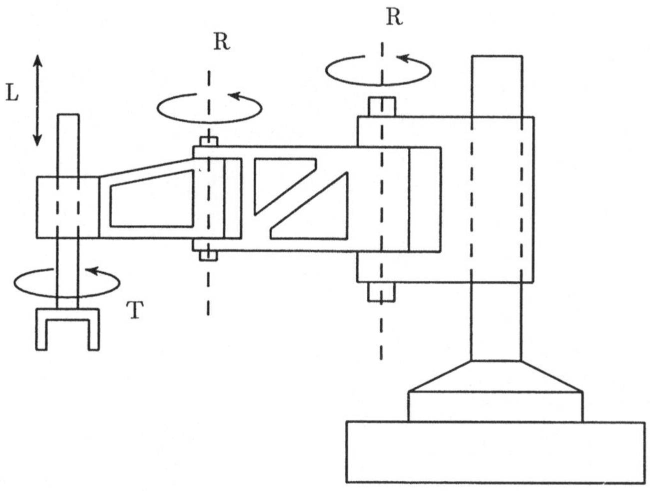

Abb. 2.8. Roboter vom Typ SCARA

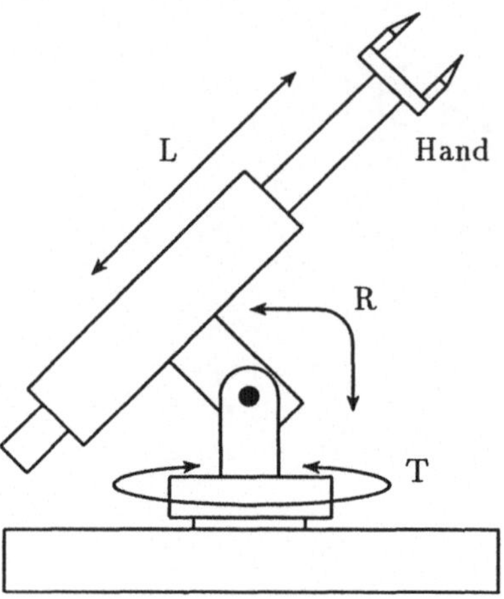

Abb. 2.9. Polarkoordinaten

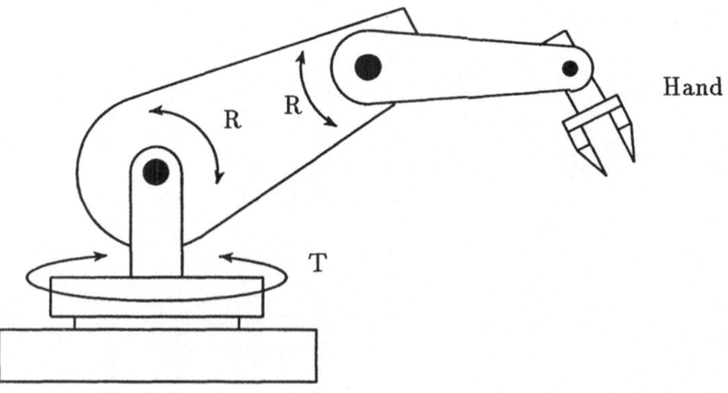

Abb. 2.10. Gelenkarm

2.3 Roboterhandgelenke

Stellung

Der Roboter soll Arbeiten verrichten, beispielsweise soll er Gegenstände greifen. Hierzu ist es nicht ausreichend, nur entsprechend der Position des Gegenstandes einen geeigneten Raumpunkt anzufahren. Es ist vielmehr notwendig, den Greifer in die geeignete Greifrichtung zu orientieren. Eine Roboterstellung besteht also aus der Position und der Orientierung des Greifers.

Handgelenke

Um den Greifer orientieren zu können, werden dem letzten Roboterarm Handgelenke nachgeschaltet. Das letzte Handgelenk trägt einen Flansch zur Ankopplung eines Effektors. Beispiele für Effektoren sind: Greifer, Schraubendreher, Schweißzange. Die Handgelenke einschließlich des Flansches werden auch als Handwurzel bezeichnet.

Orientierung

Die Orientierung im Raum ist durch drei Winkel beschrieben. Zur Einstellung einer beliebigen Orientierung sind daher drei Freiheitsgrade erforderlich. Diese sind durch drei Drehgelenke, die Handgelenke, erreichbar. In den bereits vorgestellten Grundkonfigurationen für Roboter wurden diese Handgelenke noch nicht dargestellt.

Aufbau

Für den Aufbau einer Handwurzel sind zwei Grundformen üblich. Diese sind in Abb. 2.11 und Abb. 2.12 dargestellt.

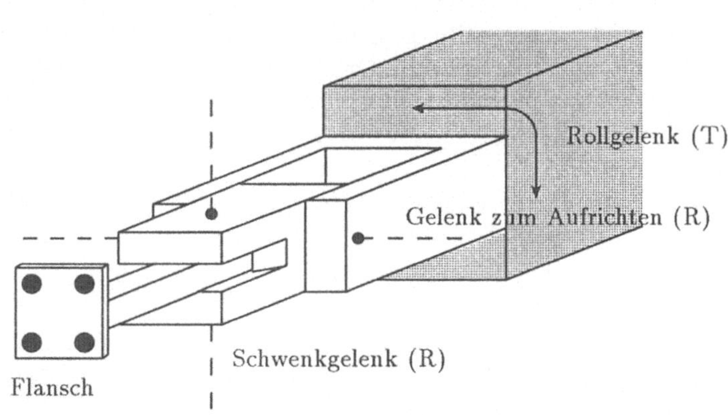

Abb. 2.11. Prinzipieller Aufbau der Handwurzel (Typ TRR)

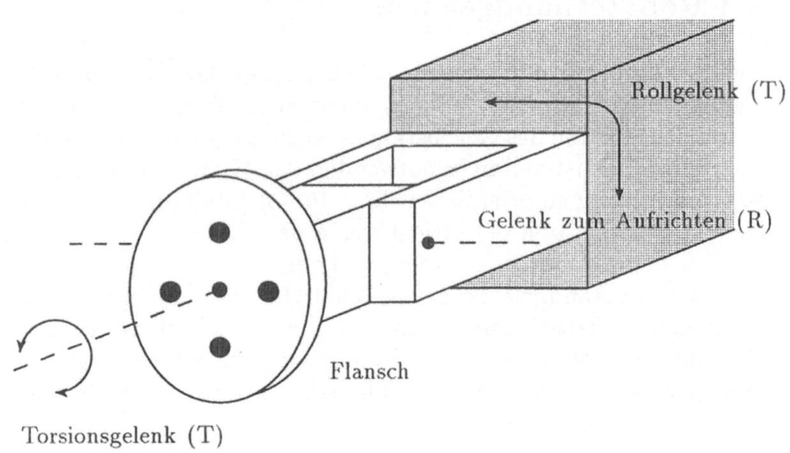

Abb. 2.12. Prinzipieller Aufbau der Handwurzel (Typ TRT)

2.4 Freiheitsgrade und Gelenke

Freiheitsgrad

Unter Freiheitsgrad f versteht man die Anzahl möglicher unabhängiger Bewegungen eines Objekts gegenüber einem festen Koordinatensystem. Die Lage eines im Raum frei beweglichen Objekts ist durch seine Stellung definiert. Eine Stellung wird durch die Position (3 Werte) und die Orientierung (3 Werte) festgelegt. Insgesamt wird also die Stellung durch sechs Werte beschrieben, d.h. der Freiheitsgrad eines im Raum frei beweglichen Objekts ist $f = 6$.

Getriebefreiheitsgrad

Unter Getriebefreiheitsgrad g eines Roboters versteht man die Anzahl der Gelenke. Es gilt:

1. Um den Freiheitsgrad f zu erreichen sind mindestens f Gelenke erforderlich, d.h. es gilt $g \geq f$.
2. Für die Orientierung sind Drehgelenke erforderlich, da Lineargelenke die Orientierung der Handwurzel nicht ändern würden. Daraus ergibt sich unmittelbar:
   Falls $(f > 3)$ folgt $(\textit{Anzahl Drehgelenke}) \geq (f - 3)$.

Einschränkungen

Nicht in allen Anordnungen bringt ein Gelenk einen zusätzlichen Freiheitsgrad. Beispiele:

- Zwei aufeinanderfolgende Lineargelenke, deren Schubachsen in dieselbe Richtung zeigen, sind bezüglich des Freiheitsgrades einem einzigen Lineargelenk äquivalent (Teleskopantenne).

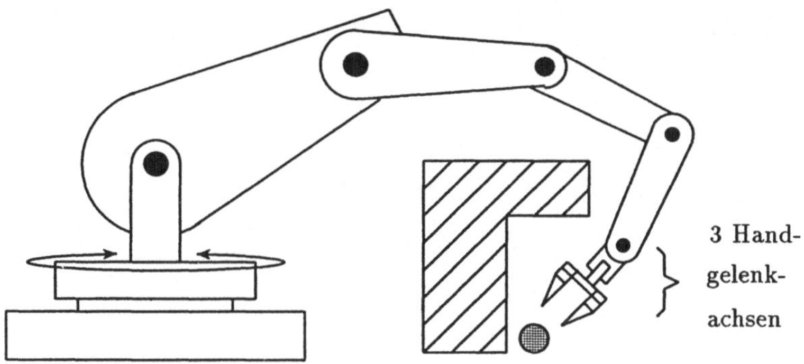

Abb. 2.13. Roboter mit acht Achsen

- Da der maximale Freiheitsgrad $f = 6$ ist, bringen mehr als 6 Gelenke keine zusätzlichen Freiheitsgrade.

Neben dem Freiheitsgrad spielen bei Anwendungen aber weitere Gesichtspunkte eine Rolle, die den Einsatz von Robotern mit $g > f$ notwendig machen können. Beispielsweise kann ein achtachsiger Roboter (Abb. 2.13) in einem Raum mit Hindernissen um Hindernisse herumgreifen. Er erreicht damit Punkte, die einem sechsachsigen Roboter zwar theoretisch auch zugänglich sind, aber bei der speziellen Lage der Hindernisse unzugänglich werden.

vielachsige Roboter

2.5 Der Roboter PUMA 560

Der Roboter PUMA 560 (programmable universal machine for assembly, Programmierbare Universalmaschine für MontageAnwendungen) wird von der Firma Unimation hergestellt. Er ist ein sechsachsiger Roboter vom Typ Gelenkarm. Alle Achsen werden elektrisch angetrieben. Die ersten drei Achsen sind vom Typ VVR. Die Handgelenke sind vom Typ TRT. Roboter dieses Typs werden u.a. im Institut für Informatik der TU München eingesetzt. Ein PUMA 560 dient deshalb auch als konkretes Beispiel in allen folgenden Kapiteln. In den Abb. 2.14 bis Abb. 2.16 (aus Firmenschriften) sind der Aufbau und zwei Schnitte durch den Arbeitsraum dargestellt. Die Winkelangaben geben den Drehbereich der Gelenke an. Die Einschnitte beim Arbeitsraum sind konstruktiv bedingt.

PUMA 560

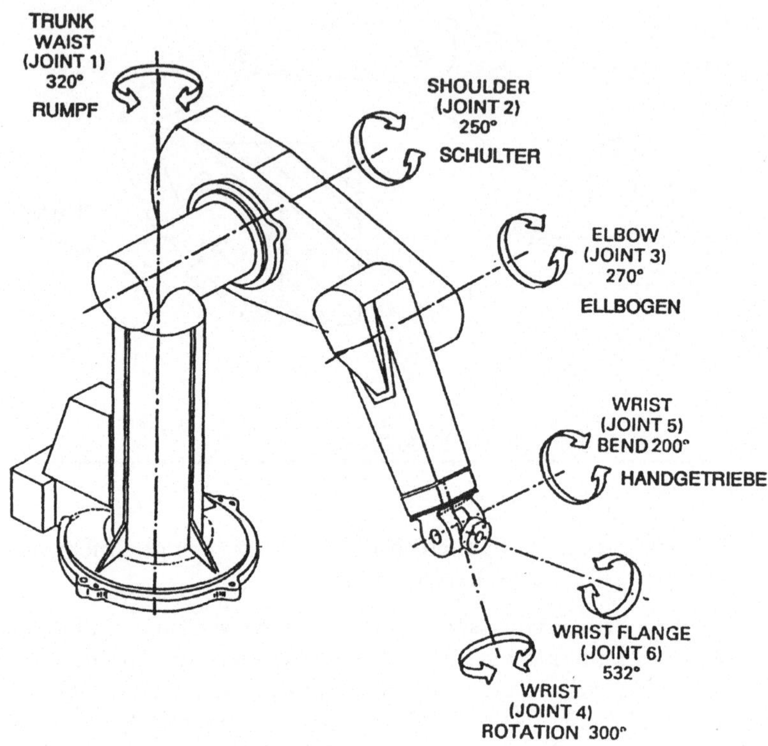

Abb. 2.14. Aufbau PUMA 560 (Robotertyp VVR:TRT) [mit freundlicher Genehmigung der Firma Stäubli]

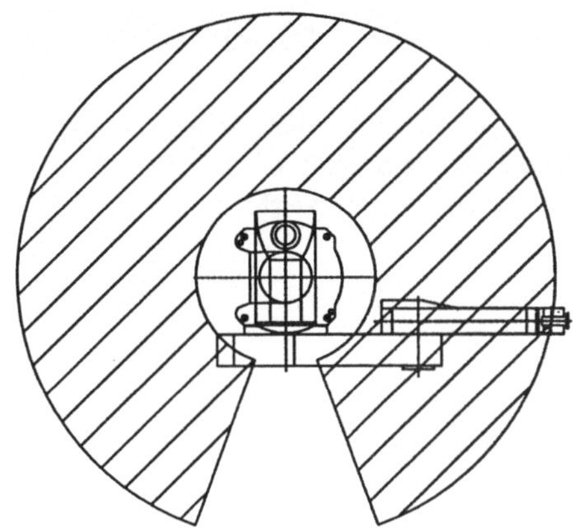

Abb. 2.15. Arbeitsraum PUMA 560 von oben
[mit freundlicher Genehmigung der Firma Stäubli]

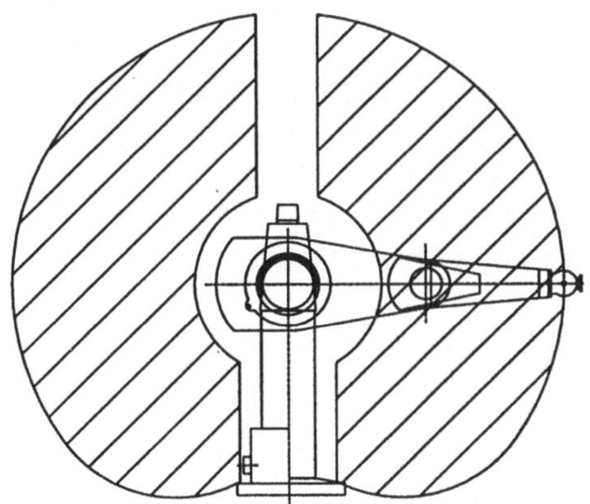

Abb. 2.16. Arbeitsraum PUMA 560 von der Seite
[mit freundlicher Genehmigung der Firma Stäubli]

2.6 Antrieb

Antrieb

Durch den Antrieb wird die erforderliche Energie auf die Bewegungsachsen übertragen. Der Antrieb muß auch die Kräfte und Momente durch das Gewicht der Glieder des Roboters und der Objekte im Effektor kompensieren. Energie wird also auch dann benötigt, wenn der Roboter sich nicht bewegt. Es gibt drei Antriebsarten:

- pneumatisch,
- hydraulisch,
- elektrisch.

Eigenschaften

Diese drei Antriebsarten haben typische Eigenschaften, die nachfolgend skizziert werden:

pneumatischer Antrieb

1. Pneumatischer Antrieb:
   - Stellenergie: komprimierte Luft bewegt Kolben, kein Getriebe;
   - Vorteile: billig, einfacher Aufbau, schnelle Reaktionszeit, auch in ungünstigen Umgebungen brauchbar;
   - Nachteile: laut, keine Steuerung der Geschwindigkeit bei der Bewegung, nur Punkt-zu-Punkt-Betrieb, schlechte Positioniergenauigkeit, da Luft kompressibel ist;
   - Einsatz: kleinere Roboter mit schnellen Arbeitszyklen und wenig Kraft, beispielsweise zur Palettierung kleinerer Werkstücke.

hydraulischer Antrieb

2. Hydraulischer Antrieb:
   - Stellenergie: Öldruckpumpe und steuerbare Ventile;
   - Vorteile: sehr große Kräfte, mittlere Geschwindigkeit;
   - Nachteile: laut, zusätzlicher Platz für Hydraulik, Ölverlust führt zu Verunreinigung, Ölviskosität erlaubt keine guten Reaktionszeiten und keine hohen Positionier- oder Wiederholgenauigkeiten;
   - Einsatz: große Roboter, beispielsweise zum Schweißen.

elektrischer Antrieb

3. Elektrischer Antrieb:
   - Stellenergie: Schritt- oder Servomotoren;
   - Vorteile: wenig Platzbedarf, kompakt, ruhig, gute Regelbarkeit der Drehzahl und des Drehmoments, hohe Positionier- und Wiederholgenauigkeit, daher auch Abfahren von Flächen oder gekrümmten Bahnen präzis möglich;
   - Nachteile: wenig Kraft, keine hohen Geschwindigkeiten;
   - Einsatz: kleinere Roboter für Präzisionsarbeiten, beispielsweise zur Leiterplattenbestückung.

2.7 Kinematikmodul

Kinematikmodul

Der Kinematikmodul (Steuermodul) eines Roboters erlaubt das Positionieren der Gelenke. Die Grundaufgaben sind:

- die Vorwärtsrechnung,
- die Rückwärtsrechnung,
- das Lehren („Teachen") von Bahnen oder Bahnpunkten.

Diese Methoden werden nachfolgend nur kurz definiert und in einem späteren Kapitel noch ausführlich besprochen.

Vorwärtsrechnung

Bei der Vorwärtsrechnung gibt der Benutzer direkt die Gelenkkoordinaten (Gelenkwinkel) an, die der Kinematikmodul dann einstellt. Da sich alle Gelenke gleichzeitig von ihrer Ausgangsstellung in die Zielstellung bewegen, ist die resultierende Bahnbewegung der Hand dem Benutzer nicht bekannt, es sei denn sie würde jedesmal berechnet werden. Wenn sich alle Gelenke mit maximaler Geschwindigkeit bewegen, dann erreichen sie außerdem nicht gleichzeitig ihre Endposition. Es gibt jedoch bei den meisten Robotern die „Interpolierte Gelenkbewegung". Hier wird die Geschwindigkeit aller Gelenke durch lineare Zeit-Interpolation so geregelt, daß alle Gelenke gleichzeitig ihre Endstellung erreichen. Es entsteht so eine gleichmäßigere Bewegung.

Rückwärtsrechnung

Bei der Rückwärtsrechnung gibt der Benutzer die Stellung des Effektors an, die der Roboter anfahren bzw. mit einer bestimmten Geschwindigkeit und Beschleunigung durchfahren soll. Hierbei wird eine Stellung durch die Position und die Orientierung im Weltkoordinatensystem angegeben. Der Kinematikmodul muß aus der angegebenen Stellung die Gelenkkoordinaten berechnen und diese einstellen. Die Rückwärtsrechnung ist eine komplexe Aufgabe und erfordert hohe Rechenleistung, da sie in Echtzeit (einige Millisekunden) durchgeführt werden muß. Die Gelenkstellungen zu einem Raumpunkt sind zudem nicht eindeutig.

Roboterbahn

Bei der Rückwärtsrechnung kann

- eine „Punkt-zu-Punkt-Bewegung" oder
- eine „Interpolierte Bewegung"

erfolgen. Bei der Punkt-zu-Punkt-Bewegung ist der Bahnverlauf zwischen Ausgangs- und Zielpunkt normalerweise dem Benutzer nicht bekannt und interessiert ihn auch nicht. Bei der interpolierten Bewegung wird der Effektor möglichst genau auf einer wählbaren Bahn vom Ausgangspunkt zum Zielpunkt bewegt, beispielsweise bei linearer Interpolation auf einer Verbindungsgeraden zwischen Ausgangspunkt und Zielpunkt. Die Bahn wird dabei

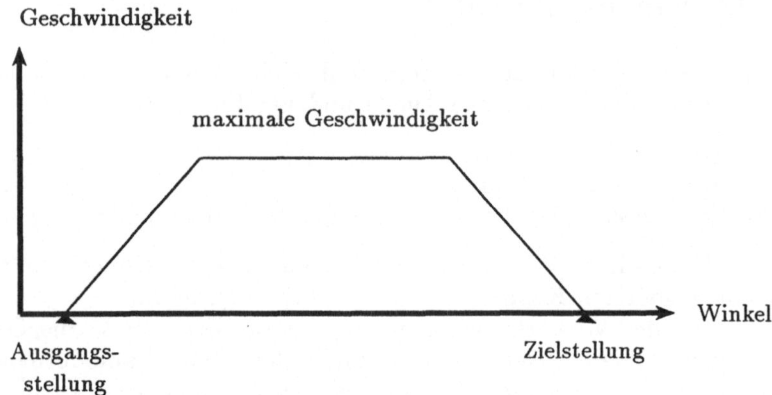

Abb. 2.17. Geschwindigkeitsverlauf bei Gelenkbewegung

immer durch Berechnung und Ansteuerung von vielen Zwischenpunkten realisiert. Für jeden dieser Zwischenpunkte ist eine eigene Rückwärtsrechnung notwendig. Daher auch die obengenannte Echtzeitforderung für die Rückwärtsrechnung.

Lehren Bahnpunkte

Beim Lehren („Teachen") der Bahnpunkte und der Orientierung steuert der Benutzer manuell den Roboterarm in eine Folge von Zielstellungen. Ist eine Zielstellung erreicht, dann veranlaßt der Benutzer, daß die aktuelle Gelenkstellung im Kinematikmodul gespeichert wird. Es ergibt sich eine Punkt-zu-Punkt-Bewegung. Die gespeicherten („geteachten") Punkte können in Roboterprogrammen verwendet werden und beispielsweise später beliebig oft wieder angefahren werden.

2.8 Gelenkregelung

Verlauf Geschwindigkeit

Der Roboter stellt ein bewegtes System mit Massen dar. Bei der Ausführung von Gelenkbewegungen werden diese Massen beschleunigt und wieder abgebremst. Der Zielpunkt soll dabei möglichst präzis und schnell erreicht werden. Am Zielpunkt soll der Roboter stehen, d.h. alle Gelenke haben die Geschwindigkeit 0 erreicht. Im einfachsten Fall wird mit fester Beschleunigung gearbeitet bis die Sollgeschwindigkeit erreicht ist, und rechtzeitig vor dem Ziel wird mit fester Verzögerung wieder abgebremst. Man erhält so einen rampenförmigen Geschwindigkeitsverlauf (s. Abb. 2.17).

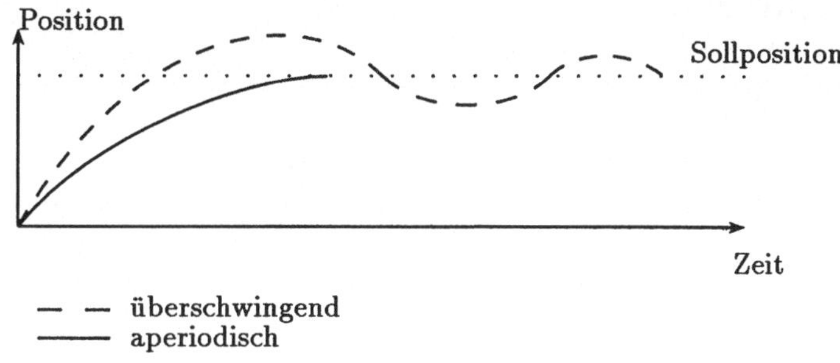

Abb. 2.18. Verhalten von Regelkreisen

In allgemeineren Fällen kann der Benutzer Zwischenpunkte mit Sollgeschwindigkeiten vorgeben. In jedem Fall hat der Kinematikmodul also einen Bewegungsplan, bei dem zu jedem Zeitpunkt die Sollstellung und die Sollgeschwindigkeit der Gelenke bekannt ist. Durch Winkelgeber oder andere Meßeinrichtungen in den Gelenken wird die Ist-Stellung jedes Robotergelenks erfaßt. Die Bewegung selbst wird durch einen Regelkreis gesteuert, in den die Differenz zwischen Ist- und Sollstellung eingeht. Sollwerte

An die Regelung werden folgende Anforderungen gestellt: Anforderungen

- möglichst schnelle Armbewegungen;
- Bewegung entlang der vorgegebenen Bahn ohne Schwingen, insbesondere kein Überschwingen bei engen Kurven oder an der Zielstellung;
- Adaption an Lasten in der Hand;
- Halten des Arms mit Last an der Zielposition (kein Abdriften aufgrund des Lastgewichtes).

Die Realisierung erfolgt im Prinzip über PID-Regelstrecken. In die Berechnung der Stellgröße geht also ein: Realisierung

- die Differenz zwischen Soll- und Ist-Wert (Proportionalteil),
- das Zeitintegral über die Differenz zwischen Soll- und Ist-Wert (Integralteil),
- die Änderungsgeschwindigkeit der Differenz zwischen Soll- und Ist-Wert, d.h. deren Ableitung nach der Zeit (Differentialteil).

Das grundsätzliche Verhalten von Regelkreisen zeigt Abb. 2.18. Das angestrebte Verhalten des Regelsystems entspricht dem aperiodischen Fall, also der durchgezogenen Kurve in der Abbildung. grundsätzliches Verhalten

2.9 Effektoren

Effektoren

Effektoren sind die an der Handwurzel angeflanschten Werkzeuge. Beispiele sind Greifer, Bohrer, Schweißgerät oder bei einem nur beobachtenden Roboter die Kamera. Die Effektoren müssen ebenfalls gesteuert werden, z.B. das Öffnen und Schließen eines Greifers bis zu einer bestimmten Weite. Man benötigt auch Sensoren, um den Zustand der Effektoren zu erfassen, z.B. für die Öffnungsweite oder die Schließkraft eines Greifers. Die Steuerung des Effektors erfolgt selbst wieder mit Mikroprozessoren. Die Ansteuerung des Effektors wird in die Roboterprogrammiersprache integriert. Wichtige Zustände des Effektors werden dem Robotersteuerrechner permanent gemeldet. Hierdurch kann beispielsweise das Festhalten eines Werkstückes während der Roboterbewegung überwacht werden.

2.10 Sensoren

Sensoren

Man unterscheidet interne und externe Sensoren. Interne Sensoren messen Zustandsgrößen des Roboters selbst. Externe Sensoren erfassen Eigenschaften der Umwelt eines Roboters.

Meßgrößen interne Sensoren

- Beispiele für Größen, die interne Sensoren messen:
  - Stellung der Gelenke,
  - Geschwindigkeit, mit der sich Gelenke bewegen,
  - Kräfte und Momente, die auf die Gelenke einwirken.

Meßgrößen externe Sensoren

- Beispiele für Größen, die externe Sensoren messen bzw. erkennen:
  - physikalische Größen im technischen Prozeß,
  - Entfernungen,
  - Lage von Positioniermarken und Objekten,
  - Kontur von Objekten,
  - Pixelbilder der Umwelt (CCD-Kamera).

Die Abfrage der internen Sensoren ist in die Regelkreise für die Gelenke eingebunden. Sie erfolgt durch die je Gelenk vorhandenen Mikroprozessoren. Die Ansteuerung der externen Sensoren muß in der Roboterprogrammiersprache möglich sein. Die Steuerung und Auswertung solcher Sensoren kann große Sensorrechner (Bildverarbeitung!) erfordern.

2.11 Programmiersystem

Intelligente Roboter sind programmierbar. Zur Erstellung und zur Ausführung der Programme ist eine Programmierumgebung erforderlich. Diese umfaßt die gesamte Hard- und Software, die zur Programmerstellung und -ausführung genutzt werden kann. Je nach Art der gewünschten Programmierung kann sie sehr einfach oder sehr komplex sein. Eine komplexe Umgebung entsteht beispielsweise durch Einbindung zusätzlicher Geräte und Sensoren, durch Anschluß an externe Leitrechner und durch Ankopplung von Simulationssystemen.

Roboterprogrammierumgebung

Als Robotersteuerung (Robotersteuerrechner) bezeichnet man nun die Hard- und Software eines einzelnen Roboters, die

Robotersteuerung

- für die Entgegennahme von Roboterbefehlen oder -programmen,
- für deren Abarbeitung, speziell die Zerlegung von Bewegungsanweisungen in Bewegungsinkremente, sowie
- für die Weiterleitung der Bewegungsinkremente an die Gelenkregelungen des Roboters

verantwortlich ist. Im Robotersteuerrechner nach Abb. 2.19 sind das Roboterbetriebssystem, der Interpreter der Roboterbefehle, die Dienstprogramme und die für den Benutzer relevanten Softwarepakete.

Das Roboterbetriebssystem organisiert den Ablauf der Programme, den Zugriff auf Speicher und Dateien sowie die Koordination von Prozessen (sofern in der Robotersteuerung mehr als einer abgewickelt werden kann). Über die Ein- und Ausgabeschnittstellen des Betriebssystems lassen sich Peripheriegeräte anschließen und Kopplungen zu externen Sensoren, Leitrechnern und ganzen Rechnernetzen realisieren.

Roboterbetriebssystem

Der Interpreter für Roboterbefehle bekommt einzelne roboterorientierte Anweisungen zur Ausführung. Die dort enthaltenen Bewegungsanweisungen werden in eine Folge von Zwischenpositionen auf dem Weg von der Ausgangs- zur Zielposition zerlegt. Jede dieser Zwischenpositionen wird als Bewegungsinkrement an die Regelung weitergeleitet. Das Errechnen der Zwischenpositionen vom Start- bis zum Zielpunkt nennt man auch Bewegungsinterpolation. Der Zeitabstand, in dem ein neues Bewegungsinkrement an die Regelung geschickt wird, heißt Interpolationstakt. Beim PUMA 560 hat er z.B. eine Länge von 28 Millisekunden.

Interpreter für Roboterbefehle

Wird das ganze Roboterprogramm interpretativ ausgeführt, dann werden im Interpreter nicht nur die einzelnen Roboterbefehle, sondern alle Sprachbestandteile ausgeführt. Insbesondere gehört dazu die Manipulation der Daten entsprechend der im Roboterprogramm vorgegebenen Anweisungen und Kontrollstruktu-

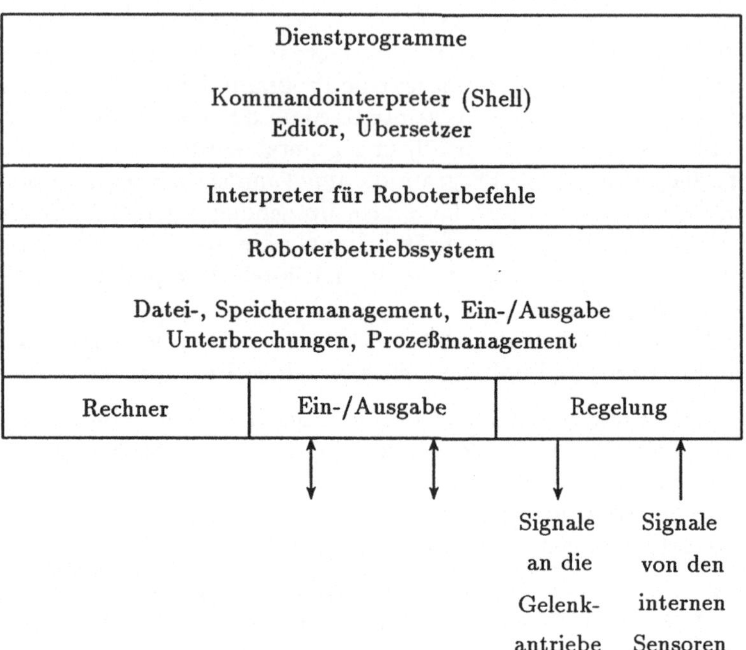

Abb. 2.19. Bestandteile einer Robotersteuerung

ren. Bei einfachen Robotersteuerungen ist der Interpretermodul kein eigener Prozeß, sondern Bestandteil des Roboterbetriebssystems.

Beeinflussung Trajektorien

Der Programmierer spezifiziert die gewünschte Roboterbahn normalerweise auf der Ebene der Roboterprogrammiersprachen. Er hat aber bei manchen Steuerungen die zusätzliche Möglichkeit, die Trajektorien für den Effektor direkt oberhalb der Steuer- und Regelungsebenen für die Gelenke vorzugeben. Er kann dann durch die Angabe einer Folge von (sehr vielen) Zwischenpunkten im Interpolationstakt nahezu beliebige Bahnen erzwingen. Allerdings ist dies mühsam und stößt häufig an die Grenzen der Rechnerleistung und Speicherkapazität.

Beispiel Informatik TUM

Der konkrete Aufbau eines komplexeren Robotersystems wird am folgenden Beispiel aus dem Fachbereich Informatik der Technischen Universität München erläutert (Abb. 2.20). Es handelt sich hier um ein sehr zukunftsorientiertes verteiltes Rechensystem. In späteren Kapiteln werden einzelne, hier nur kurz skizzierte Einrichtungen genauer geschildert.

Jeder Roboter ist an einen Steuerrechner angeschlossen. Dieser interpretiert die Befehle der Roboterprogrammiersprache VAL II. Im Steuerrechner wird die Rückwärtsrechnung ausgeführt. Die Robotermotoren werden angesteuert. In der Industrie erfolgt auf diesem Steuerrechner auch die Programmentwicklung. Steuerrechner

Für anspruchsvollere Aufgaben ist der Steuerrechner jedoch nicht ausreichend leistungsfähig, und die Systemumgebung ist nicht ausreichend komfortabel. Daher erfolgt im Beispiel die Programmentwicklung auf UNIX-Workstations. Für die aufgabenorientierte Programmierung ist ein Verbund von spezialisierten Workstations erforderlich. Die Aufgaben sind: UNIX Workstations

- In der Roboter-Workstation (für jeden Roboter vorhanden) werden die Roboterprogramme entwickelt und ausgeführt. Roboterbefehle werden in geeigneten Portionen zur Ausführung in den VAL-Steuerrechner geschickt.
- In einer Workstation befindet sich die Echtzeit-Wissensbasis. Sie kann von Prozessen in allen anderen Rechnern aufgerufen werden. Prozesse können sich auch als Interessenten für einzelne Daten anmelden. In diesem Fall werden bei Änderung eines Datums die dafür angemeldeten Interessenten verständigt (aktive Kommunikation).
- Eine weitere Workstation dient als CAD-Arbeitsplatz und zur Bildverarbeitung.
- Eine Hochleistungsgrafikstation mit dem Robotersimulationssystem dient zur Visualisierung und zur grafisch-interaktiven Programmierung. Bei der Visualisierung sind der Roboter und seine Umwelt als 3D-Objekte modelliert. Die Befehle der Roboterprogrammiersprache VAL II werden in entsprechende Bewegungsbefehle der 3D-Objekte umgesetzt. Damit läßt sich ein Roboterprogramm in einer virtuellen Umgebung ausführen. Die Bewegung des Roboters in der simulierten Umgebung soll weitestgehend mit der Bewegung des realen Roboters übereinstimmen.

Jede Workstation zur Programmentwicklung kann also das erzeugte Roboterprogramm wahlweise zur realen Robotersteuerung oder zum Robotersimulationssystem schicken. Damit ist ein Vorabtesten des Roboterprogramms durch Visualisierung möglich. Testen

Ein mit Visualisierung ausgestattetes Robotersimulationssystem kann auch zur Programmentwicklung verwendet werden. Man spricht dann von grafisch-interaktiver off-line Programmentwicklung, da kein realer Roboter benötigt wird. Typisch ist die Simulation interaktive Festlegung kollisionsfreier Bahnen in einer solchen Umgebung, beispielsweise durch Anklicken von Zwischenpunkten mit der Maus.

Personal Computer

Die UNIX-Systeme werden für Aufgaben eingesetzt, bei denen es keine harten Echtzeitforderungen gibt. Im Gesamtsystem bestehen aber einzelne harte Realzeitforderungen mit Antwortzeiten im Millisekundenbereich. Diese werden entsprechend den aktuellen Entwicklungstendenzen durch handelsübliche Personal Computer bzw. durch Mikrorechner erfüllt. Deshalb werden die externen Sensoren und Aktoren bzw. Effektoren durch Steuerrechner bedient. Die Steuerrechner sind als Einschubkarten oder als kleinere Personal Computer realisiert und an einen größeren Personal Computer angeschlossen. Letzterer läuft mit LynxOS, einem Echtzeitbetriebssystem auf der Basis von UNIX. Er übernimmt die Sensorverarbeitung, die Echtzeitsteuerung des Roboters und die Synchronisation zwischen kooperierenden Robotern. Er ist logisch zwischen den UNIX-Workstations und dem VAL II-Steuerrechner eingefügt.

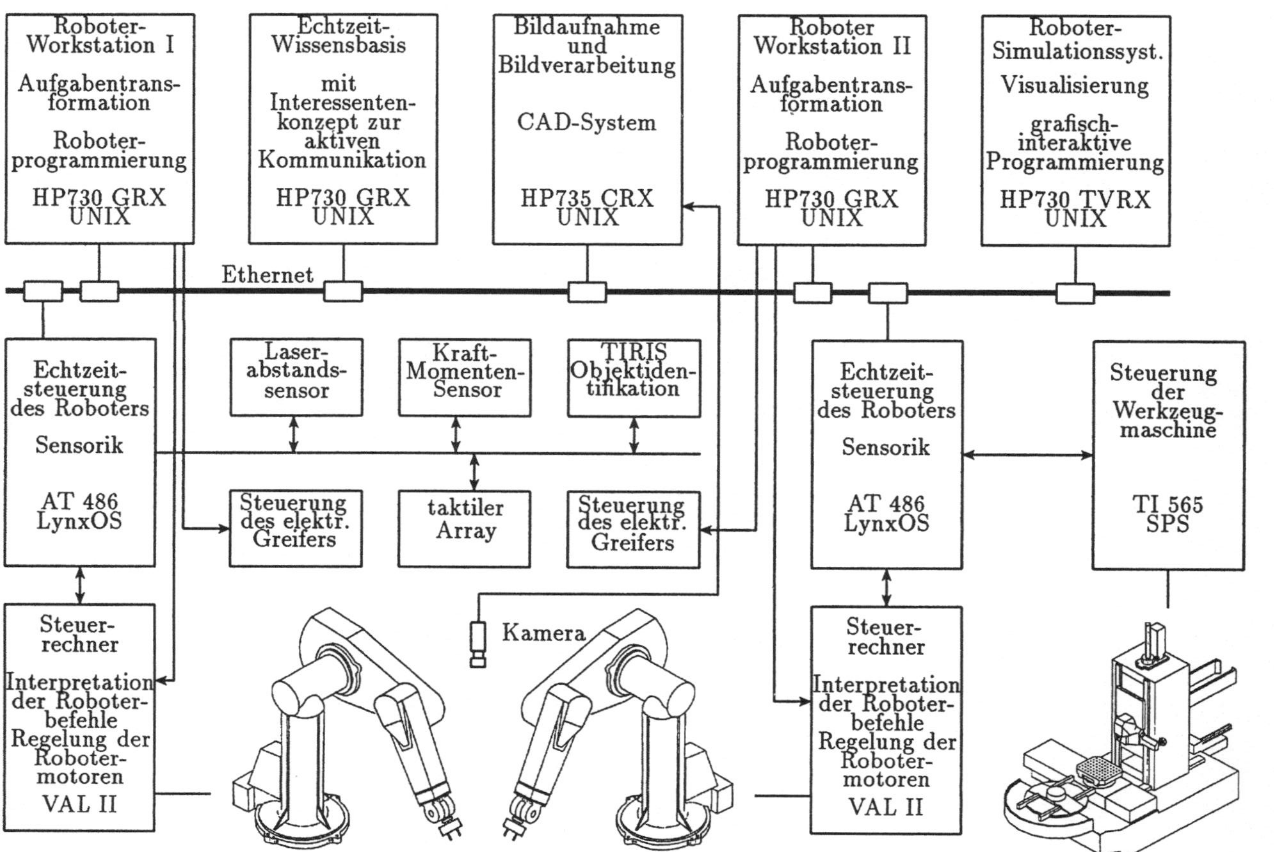

Abb. 2.20. Beispiel für ein Robotersystem

3. Grundlagen Kinematik

Zur roboterorientierten Programmierung einer Bewegung wird die Zielstellung des Roboters angegeben. Diese besteht aus der Position und der Orientierung der Hand des Roboters in dem Weltkoordinatensystem. Diese Zielstellung ist mit den Gelenkstellungen durch Transformationsmatrizen verknüpft. In diesem Kapitel werden die mathematischen Grundlagen von Transformationen zwischen verschiedenen Koordinatensystemen erläutert. Insbesondere werden homogene Koordinaten zur einheitlichen Darstellung von Rotation und Translation eingeführt.

3.1 Drehung der Koordinatensysteme

gedrehte Koordinatensysteme

Zunächst werden zwei Koordinatensysteme xyz und uvw mit gleichem Koordinatenursprung O betrachtet. Die beiden Koordinatensysteme sind gegeneinander gedreht (Abb. 3.1). Die Einheitsvektoren in den beiden Koordinatensystemen seien $\boldsymbol{\imath}_x, \boldsymbol{\imath}_y, \boldsymbol{\imath}_z$ bzw. $\boldsymbol{\imath}_u, \boldsymbol{\imath}_v, \boldsymbol{\imath}_w$.

Es wird ein fester Punkt P betrachtet. Seine Koordinaten können auf jedes der beiden Koordinatensysteme bezogen werden. So ergibt sich:

$$\begin{aligned} \mathbf{p} &= \boldsymbol{\imath}_x * px + \boldsymbol{\imath}_y * py + \boldsymbol{\imath}_z * pz \\ \mathbf{p} &= \boldsymbol{\imath}_u * pu + \boldsymbol{\imath}_v * pv + \boldsymbol{\imath}_w * pw \end{aligned}$$

Beziehung zwischen Koordinaten

Es interessiert uns nun die Beziehung zwischen den Koordinaten des Punktes P in den beiden Koordinatensystemen. Zur Herleitung benötigen wir das Skalarprodukt zweier Vektoren **a** und **b**. Es gilt:

$$\mathbf{a} * \mathbf{b} = a * b * \cos\phi \,,$$

wobei ϕ der Winkel zwischen den beiden Vektoren ist. Dementsprechend gilt auch:

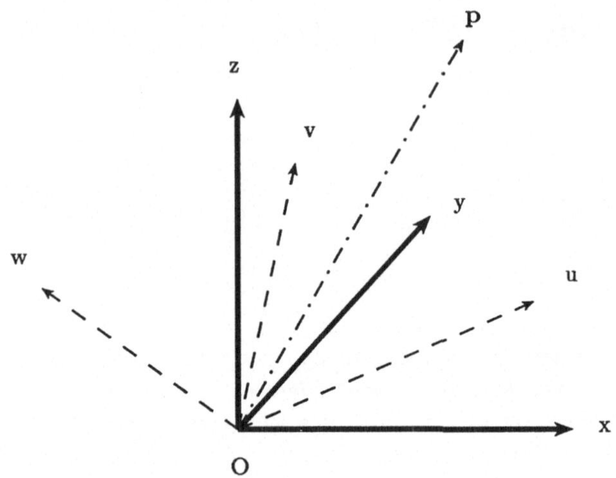

Abb. 3.1. Zwei gedrehte Koordinatensysteme

$$
\begin{array}{rclcrcl}
\imath_x * \mathbf{p} & = & px & & \imath_u * \mathbf{p} & = & pu \\
\imath_y * \mathbf{p} & = & py & bzw. & \imath_v * \mathbf{p} & = & pv \\
\imath_z * \mathbf{p} & = & pz & & \imath_w * \mathbf{p} & = & pw
\end{array}
$$

Drückt man $\mathbf{p}$ im uvw-Koordinatensystem aus, dann ergeben sich die Beziehungen:

$$
\begin{array}{rclcl}
px & = & \imath_x * \mathbf{p} & = & \imath_x * \imath_u * pu + \imath_x * \imath_v * pv + \imath_x * \imath_w * pw \\
py & = & \imath_y * \mathbf{p} & = & \imath_y * \imath_u * pu + \imath_y * \imath_v * pv + \imath_y * \imath_w * pw \\
pz & = & \imath_z * \mathbf{p} & = & \imath_z * \imath_u * pu + \imath_z * \imath_v * pv + \imath_z * \imath_w * pw
\end{array}
$$

und analog mit $\mathbf{p}$ im xyz-Koordinatensystem:

$$
\begin{array}{rclcl}
pu & = & \imath_u * \mathbf{p} & = & \imath_u * \imath_x * px + \imath_u * \imath_y * py + \imath_u * \imath_z * pz \\
pv & = & \imath_v * \mathbf{p} & = & \imath_v * \imath_x * px + \imath_v * \imath_y * py + \imath_v * \imath_z * pz \\
pw & = & \imath_w * \mathbf{p} & = & \imath_w * \imath_x * px + \imath_w * \imath_y * py + \imath_w * \imath_z * pz
\end{array}
$$

Diese Beziehungen lassen sich kompakter in Matrixschreibweise darstellen. Wir führen deshalb folgende Vektoren ein:

$$
\mathbf{p}_{xyz} = \begin{pmatrix} px \\ py \\ pz \end{pmatrix} \qquad \mathbf{p}_{uvw} = \begin{pmatrix} pu \\ pv \\ pw \end{pmatrix}
$$

Rotationsmatrix

Außerdem definieren wir eine 3x3-Rotationsmatrix $\mathbf{R}$. Diese stellt die Transformationsmatrix für die gedrehten Koordinatensysteme dar:

$$\mathbf{R} = \begin{pmatrix} \imath_x * \imath_u & \imath_x * \imath_v & \imath_x * \imath_w \\ \imath_y * \imath_u & \imath_y * \imath_v & \imath_y * \imath_w \\ \imath_z * \imath_u & \imath_z * \imath_v & \imath_z * \imath_w \end{pmatrix} \tag{3.1}$$

Mit diesen Bezeichnungen gilt dann offensichtlich:

$$\mathbf{p}_{xyz} = \mathbf{R}\ \mathbf{p}_{uvw}\ , \qquad \mathbf{p}_{uvw} = \mathbf{R}^{-1}\ \mathbf{p}_{xyz}$$

Die Elemente der Rotationsmatrix lassen sich unmittelbar anschaulich interpretieren: Die erste Spalte stellt die Komponenten des Einheitsvektors in der u-Achse ($\imath_u$) ausgedrückt im xyz-Koordinatensystem dar. Die zweite und dritte Spalte sind entsprechend die Komponenten der Einheitsvektoren in der v- und der w-Achse ($\imath_v$ und $\imath_w$) ausgedrückt in xyz-Koordinaten. Diese Interpretation wird später bei der Rückwärtsrechnung benutzt. Bedeutung Spalten

Die Inverse muß nicht über eine Inversion der Matrix $\mathbf{R}$ berechnet werden. Gemäß der weiter oben hergeleiteten Beziehung für $\mathbf{p}_{uvw}$ folgt ja unmittelbar für die Inverse: inverse Rotationsmatrix

$$\mathbf{R}^{-1} = \begin{pmatrix} \imath_u * \imath_x & \imath_u * \imath_y & \imath_u * \imath_z \\ \imath_v * \imath_x & \imath_v * \imath_y & \imath_v * \imath_z \\ \imath_w * \imath_x & \imath_w * \imath_y & \imath_w * \imath_z \end{pmatrix} \tag{3.2}$$

Da in den Spalten einer Rotationsmatrix Einheitsvektoren eines kartesischen Koordinatensystems auftreten, sind bei Rotationsmatrizen nicht alle Matrixelemente unabhängig. Deshalb gilt für die Rotationsmatrizen eine Beziehung, die für allgemeine Matrizen natürlich nicht gültig ist:

$$\mathbf{R}^{-1} = \mathbf{R}^{T}$$

3.2 Verschiebung der Koordinatensysteme

Die Transformationen mit den Rotationsmatrizen aus dem vorherigen Kapitel enthielten nur eine Drehung zwischen den Koordinatensystemen. Eine allgemeine Koordinatentransformation besteht aber aus Rotation und Translation. Eine Translation wird durch eine Vektoraddition (Abb. 3.2) beschrieben. Damit sind für eine allgemeine Transformation zwei völlig verschiedene Operationen erforderlich: Eine Matrizenmultiplikation für die Rotation und eine Vektoraddition für die Translation. Dies ist für die folgenden Anwendungen unhandlich. Eine einheitliche Darstellung wäre wesentlich bequemer. Dies ist durch die Einführung von homogenen Koordinaten oder von Quaternionen möglich. Hier sollen lediglich homogene Koordinaten betrachtet werden. homogene Koordinaten Quaternionen

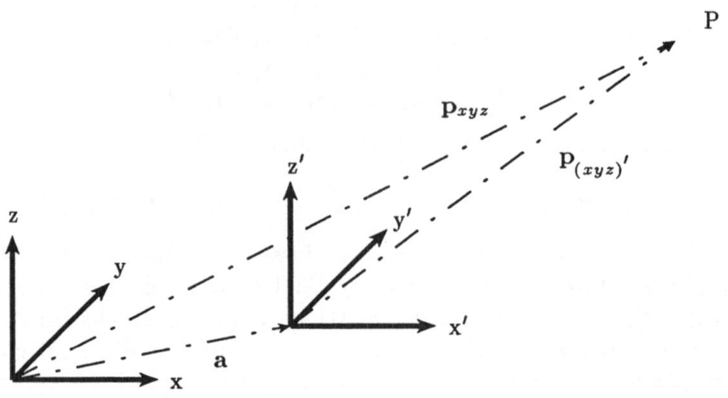

Abb. 3.2. Translation von Koordinatensystemen

Ein Vektor **p** mit um 1/m skalierten Einzelwerten

$$\mathbf{p} = (\imath_x * px + \imath_y * py + \imath_z * pz) * \frac{1}{m}$$

wird in homogenen Koordinaten dargestellt als:

$$\mathbf{p} = \begin{pmatrix} px \\ py \\ pz \\ m \end{pmatrix} \quad \text{bzw. als} \quad \mathbf{p} = (px, py, pz, m)^T$$

Translationsvektor

Eine Translation des Koordinatensystems xyz in das Koordinatensystem (xyz)' mit dem in homogenen Koordinaten dargestellten Translationsvektor $\mathbf{a} = (ax, ay, az, 1)^T$ gemäß Abb. 3.2 ergibt die Beziehung $\mathbf{p}_{xyz} = \mathbf{a} + \mathbf{p}_{(xyz)'}$.

Translationsmatrix

Die Darstellung mit homogenen Koordinaten erfordert, da vier Komponenten darzustellen sind, auch 4x4-Transformationsmatrizen. Für eine reine Translation gilt, wie durch Ausmultiplizieren leicht nachzuweisen:

$$\mathbf{p}_{xyz} = \mathbf{T}\ \mathbf{p}_{(xyz)'}$$
$$\text{mit} \quad \mathbf{T} = \mathbf{T}(ax, ay, az) = \begin{pmatrix} 1 & 0 & 0 & ax \\ 0 & 1 & 0 & ay \\ 0 & 0 & 1 & az \\ 0 & 0 & 0 & 1 \end{pmatrix} \tag{3.3}$$

Da $\mathbf{p}_{(xyz)'} = \mathbf{p}_{xyz} - \mathbf{a}$ und $\mathbf{p}_{(xyz)'} = \mathbf{T}^{-1}\ \mathbf{p}_{xyz}$ gilt, gilt auch

$$\mathbf{T}(ax, ay, az)^{-1} = \begin{pmatrix} 1 & 0 & 0 & -ax \\ 0 & 1 & 0 & -ay \\ 0 & 0 & 1 & -az \\ 0 & 0 & 0 & 1 \end{pmatrix}$$

3.3 Homogene 4x4-Matrizen

In diesem Abschnitt wird die allgemeine, homogene Transformationsmatrix für Koordinatensysteme hergeleitet. In dieser Transformationsmatrix sollen sowohl Rotation als auch Translation berücksichtigt werden.

homogene Transformationsmatrix

Zur formaleren Herleitung betrachten wir drei Koordinatensysteme uvw, xyz und (xyz)′ mit einem festen Punkt P. Der Vektor $\mathbf{p}_{uvw}$ zu P im Koordinatensystem uvw sei bekannt und durch homogene Koordinaten dargestellt. Die Ausgangssituation sei, daß alle drei Koordinatensysteme uvw, xyz und (xyz)′ übereinstimmen. Die Herleitung der gesuchten Transformationsmatrix wird in zwei Schritten vorgenommen.

formale Herleitung

In einem ersten Schritt wird das Koordinatensystem uvw gegenüber xyz gedreht. Das Koordinatensystem (xyz)′ bleibt dabei unverändert. Die Drehung wird durch eine 3x3-Rotationsmatrix $\mathbf{R_3}$ mit

Schritt 1: Drehung

$$\mathbf{R_3} = \begin{pmatrix} r_{11} & r_{12} & r_{13} \\ r_{21} & r_{22} & r_{23} \\ r_{31} & r_{32} & r_{33} \end{pmatrix}$$

beschrieben.

Diese 3x3-Rotationsmatrix $\mathbf{R_3}$ wird zur homogenen 4x4-Rotationsmatrix $\mathbf{R_4}$ erweitert:

$$\mathbf{R_4} = \begin{pmatrix} r_{11} & r_{12} & r_{13} & 0 \\ r_{21} & r_{22} & r_{23} & 0 \\ r_{31} & r_{32} & r_{33} & 0 \\ 0 & 0 & 0 & 1 \end{pmatrix} = \begin{pmatrix} & & & 0 \\ & \mathbf{R_3} & & 0 \\ & & & 0 \\ 0 & 0 & 0 & 1 \end{pmatrix}$$

Es gilt dann

$$\mathbf{p}_{xyz} = \mathbf{p}_{(xyz)'} = \mathbf{R_4}\ \mathbf{p}_{uvw}$$

In einem zweiten Schritt wird das Koordinatensystem (xyz)′ um den Vektor $\mathbf{a}$ aus dem Koordinatensystem xyz herausgeschoben. Die relative Lage von dem Koordinatensystem uvw bezüglich dem Koordinatensystem (xyz)′ bleibt unverändert. Dann gilt:

Schritt 2: Translation

$$\begin{aligned}\mathbf{p}_{xyz} &= \mathbf{T}(ax, ay, az)\ \mathbf{p}_{(xyz)'}\\ &= \mathbf{T}(ax, ay, az)\ \mathbf{R_4}\ \mathbf{p}_{uvw}\end{aligned}$$

Ergebnis: homogene Transformationsmatrix

Bezeichnet man das Produkt dieser Matrizen mit **A**, so beschreibt **A** eine Transformation, die aus Translation und Rotation besteht. Die Reihenfolge von Translation und Rotation ist wesentlich. Bei der obigen Reihenfolge ist die Translation im ursprünglichen Koordinatensystem beschrieben, d.h. die Komponenten ax, ay, az des Vektors **a** beziehen sich auf das xyz-Koordinatensystem. Das verschobene Koordinatensystem wird dann gedreht. Würde die Reihenfolge der Matrizen vertauscht, dann würde zunächst eine Drehung des Koordinatensystems stattfinden und dann eine Translation. Die Komponenten des Vektors **a** würden sich dann auf das gedrehte Koordinatensystem beziehen. Für **A** gilt:

$$\mathbf{A} = \mathbf{T}(ax, ay, az)\ \mathbf{R_4} = \begin{pmatrix} r_{11} & r_{12} & r_{13} & ax \\ r_{21} & r_{22} & r_{23} & ay \\ r_{31} & r_{32} & r_{33} & az \\ 0 & 0 & 0 & 1 \end{pmatrix} \tag{3.4}$$

Damit gilt auch die Transformation

$$\mathbf{p}_{xyz} = \mathbf{A}\ \mathbf{p}_{uvw}$$

Aufgelöst nach $\mathbf{p}_{uvw}$ ergibt sich:

$$\mathbf{p}_{uvw} = \mathbf{A}^{-1}\ \mathbf{p}_{xyz}$$

inverse homogene Transformationsmatrix

Die Inverse kann wieder durch nachfolgende Überlegungen einfach berechnet werden. Aufgrund der Definition von **A** gilt:

$$\mathbf{A}^{-1} = \mathbf{R}^{-1}\ \mathbf{T}^{-1}$$

Die dabei auftretenden Inversen wurden bereits berechnet. Durch Multiplikation ergibt sich sofort:

$$\mathbf{A}^{-1} = \begin{pmatrix} r_{11} & r_{21} & r_{31} & -r_{11}*ax - r_{21}*ay - r_{31}*az \\ r_{12} & r_{22} & r_{32} & -r_{12}*ax - r_{22}*ay - r_{32}*az \\ r_{13} & r_{23} & r_{33} & -r_{13}*ax - r_{23}*ay - r_{33}*az \\ 0 & 0 & 0 & 1 \end{pmatrix} \tag{3.5}$$

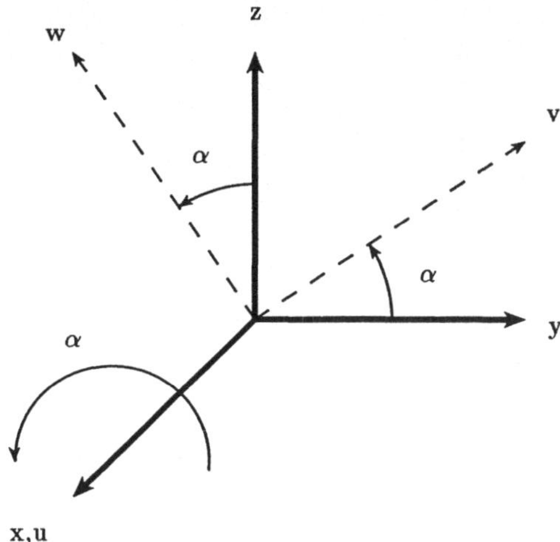

Abb. 3.3. Drehung um Achse x, Winkel α

3.4 Elementare Drehungen

Eine elementare Drehbewegung ist eine Drehung um genau eine der Achsen eines Koordinatensystems. Allgemeine Drehungen lassen sich aus einer Folge von elementaren Drehbewegungen zusammensetzen. Die Rotationsmatrizen für die drei elementaren Drehbewegungen sind:

elementare Drehung

- **Fall 1: Drehung um die x-Achse (Abb. 3.3)**
  Für die Skalarprodukte der Einheitsvektoren ergibt sich:

Drehung um x-Achse

$$\begin{array}{llllll} \boldsymbol{\imath}_x * \boldsymbol{\imath}_u &= 1 & \boldsymbol{\imath}_x * \boldsymbol{\imath}_v &= 0 & \boldsymbol{\imath}_x * \boldsymbol{\imath}_w &= 0 \\ \boldsymbol{\imath}_y * \boldsymbol{\imath}_u &= 0 & \boldsymbol{\imath}_y * \boldsymbol{\imath}_v &= \cos\alpha & \boldsymbol{\imath}_y * \boldsymbol{\imath}_w &= c(\alpha) \\ \boldsymbol{\imath}_z * \boldsymbol{\imath}_u &= 0 & \boldsymbol{\imath}_z * \boldsymbol{\imath}_v &= c(-\alpha) & \boldsymbol{\imath}_z * \boldsymbol{\imath}_w &= \cos\alpha \end{array}$$

Mit

$$c(x) = \cos(90 + x) = -\sin(x)$$

und

$$\sin(-x) = -\sin(x)$$

und den Abkürzungen C für Kosinus und S für Sinus ergibt sich durch Einsetzen in Formel 3.1 die gesuchte Rotationsmatrix:

$$\mathbf{R}(x, \alpha) = \begin{pmatrix} 1 & 0 & 0 \\ 0 & C\alpha & -S\alpha \\ 0 & S\alpha & C\alpha \end{pmatrix} \tag{3.6}$$

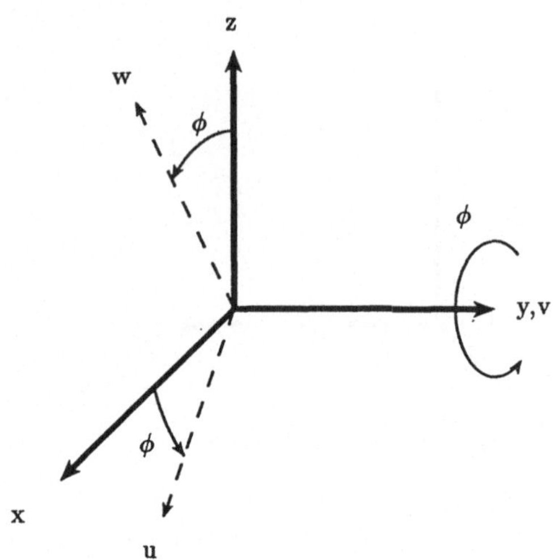

Abb. 3.4. Drehung um Achse y, Winkel ϕ

Drehung um y-Achse

- **Fall 2: Drehung um die y-Achse (Abb. 3.4)**
Für die Skalarprodukte der Einheitsvektoren ergibt sich hier:

$$\begin{array}{lllllllll} \imath_x * \imath_u & = & \cos\phi & \imath_x * \imath_v & = & 0 & \imath_x * \imath_w & = & c(-\phi) \\ \imath_y * \imath_u & = & 0 & \imath_y * \imath_v & = & 1 & \imath_y * \imath_w & = & 0 \\ \imath_z * \imath_u & = & c(\phi) & \imath_z * \imath_v & = & 0 & \imath_z * \imath_w & = & \cos\phi \end{array}$$

Mit den oben eingeführten Abkürzungen ergibt sich durch Einsetzen in Formel 3.1 die gesuchte Rotationsmatrix:

$$\mathbf{R}(y,\phi) = \begin{pmatrix} C\phi & 0 & S\phi \\ 0 & 1 & 0 \\ -S\phi & 0 & C\phi \end{pmatrix} \tag{3.7}$$

Drehung um z-Achse

- **Fall 3: Drehung um die z-Achse (Abb. 3.5)**
Für die Skalarprodukte der Einheitsvektoren ergibt sich hier:

$$\begin{array}{lllllllll} \imath_x * \imath_u & = & \cos\theta & \imath_x * \imath_v & = & c(\theta) & \imath_x * \imath_w & = & 0 \\ \imath_y * \imath_u & = & c(-\theta) & \imath_y * \imath_v & = & \cos\theta & \imath_y * \imath_w & = & 0 \\ \imath_z * \imath_u & = & 0 & \imath_z * \imath_v & = & 0 & \imath_z * \imath_w & = & 1 \end{array}$$

Mit den oben eingeführten Abkürzungen ergibt sich durch Einsetzen in Formel 3.1 die gesuchte Rotationsmatrix:

$$\mathbf{R}(z,\theta) = \begin{pmatrix} C\theta & -S\theta & 0 \\ S\theta & C\theta & 0 \\ 0 & 0 & 1 \end{pmatrix} \tag{3.8}$$

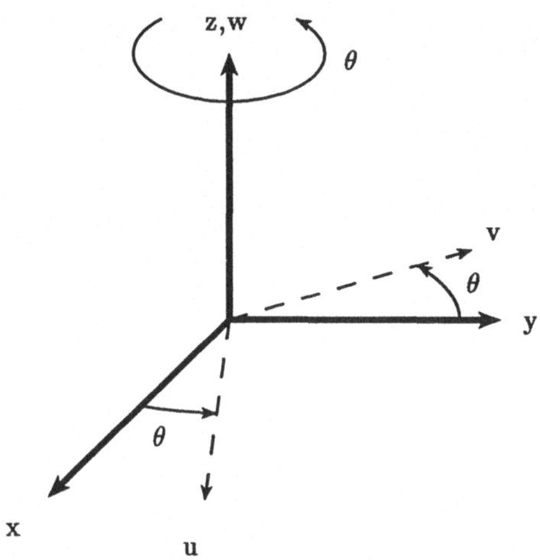

Abb. 3.5. Drehung um Achse z, Winkel θ

3.5 Drehung um eine beliebige Achse

Herleitung aus elementaren Drehungen

Komplexere Drehbewegungen lassen sich aus den eingeführten elementaren Drehungen zusammensetzen. Die entsprechenden elementaren Rotationsmatrizen werden dabei miteinander multipliziert. Die Reihenfolge der Matrizen ergibt sich durch die Folge der Koordinatentransformationen, wie in Abschnitt 3.3 vorgeführt. Falls man diese strenge Herleitung nicht durchführen will, dann muß man bei jedem neuen Schritt der Transformationsfolge darauf achten, ob die aktuelle Transformationsmatrix **R** links oder rechts von der Transformationsmatrix **Q** angeschrieben werden muß, die sich durch die bereits durchgeführten Schritte ergab. Hierzu gibt es eine einfache Regel:

Multiplikationsregeln

- Das Anfügen von **R** rechts, also die Bildung von $\mathbf{Q} * \mathbf{R}$, bedeutet, daß sich die Transformation **R** auf das zuletzt entstandene (gedrehte) Koordinatensystem bezieht.
- Das Anfügen von **R** links, also die Bildung von $\mathbf{R} * \mathbf{Q}$, bedeutet, daß die bisher entstandene räumliche Beziehung **Q** zwischen Ausgangskoordinatensystem und „bewegtem" Endsystem durch die Transformation **R** bzgl. des Ausgangskoordinatensystems verändert wird. **R** ist also im Ausgangskoordinatensystem definiert.

Beispiel

Als Beispiel für eine komplexere Drehbewegung wird die Rota-

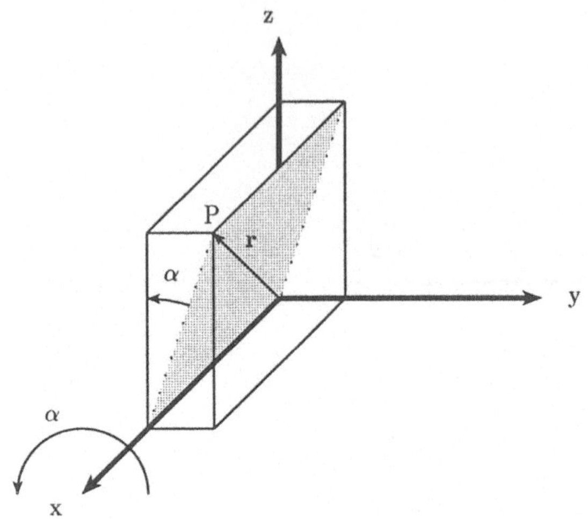

Abb. 3.6. Schritt 1: Drehung um Achse x, Winkel α

tion eines Koordinatensystems um den Winkel ϕ betrachtet, wobei die Drehachse ein beliebiger Vektor **r** ist. Die gesuchte Transformation $\mathbf{R}(r, \phi)$ wird durch 5 elementare Schritte hergeleitet. Die Grundidee hierbei ist es, die Drehachse in eine der Koordinatenachsen überzuführen, dann die Drehbewegung um den Winkel ϕ als elementare Drehbewegung auszuführen und dann die Drehachse wieder an den ursprünglichen Ort zurückzudrehen.

Schritt 1

1. Der Vektor **r** wird in die x , z-Ebene des Koordinatensystems gedreht. Dies erfolgt durch Drehung um die x-Achse um den Winkel α (Abb. 3.6). Transformation: $\mathbf{R}(x, \alpha)$.

Schritt 2

2. Die z-Achse wird mit der Drehachse **r** ausgerichtet. Dies erfolgt durch Drehung um die y-Achse des ursprünglichen Koordinatensystems um den Winkel θ (Abb. 3.7). Transformation bisher:

$$\mathbf{R}(y, \theta)\ \mathbf{R}(x, \alpha)$$

Schritt 3

3. Jetzt wird um die Achse **r** um den Winkel ϕ gedreht. Da **r** mit der z-Achse ausgerichtet ist, ist die Transformation: $\mathbf{R}(z, \phi)$. Damit ergibt sich die bisherige Folge von Transformationen zu:

$$\mathbf{R}(z, \phi)\ \mathbf{R}(y, \theta)\ \mathbf{R}(x, \alpha)$$

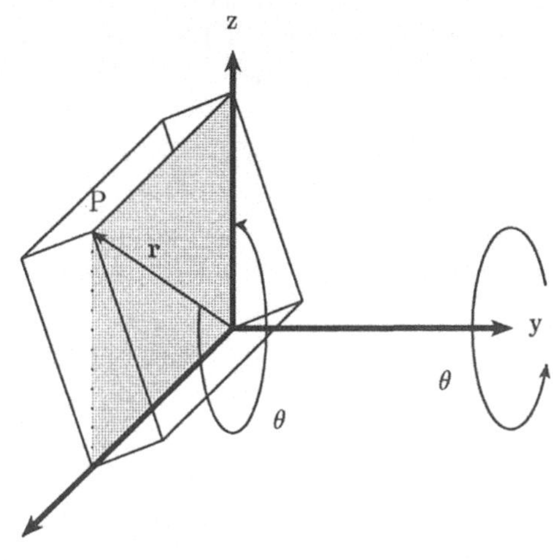

Abb. 3.7. Schritt 2: Drehung um Achse y, Winkel $-\theta$

4. Jetzt werden die ersten beiden Drehungen wieder rückgängig gemacht, damit das Koordinatensystem wieder in der Ausgangslage ist. Zunächst wird um die y-Achse um den Winkel $-\theta$ (zurück)gedreht. Die resultierende Transformationssequenz ist: Schritt 4

$$\mathbf{R}(y, -\theta)\ \mathbf{R}(z, \phi)\ \mathbf{R}(y, \theta)\ \mathbf{R}(x, \alpha)$$

5. Als letzter Schritt wird die Drehung um die x-Achse rückgängig gemacht. Damit ergibt sich insgesamt: Schritt 5

$$\mathbf{R}(x, -\alpha)\ \mathbf{R}(y, -\theta)\ \mathbf{R}(z, \phi)\ \mathbf{R}(y, \theta)\ \mathbf{R}(x, \alpha)$$

Die resultierende Drehung ist die Drehung um die Achse **r**, da alle anderen Drehungen rückgängig gemacht wurden. Damit gilt: Ergebnis

$$\mathbf{R}(r, \phi) = \mathbf{R}(x, -\alpha)\ \mathbf{R}(y, -\theta)\ \mathbf{R}(z, \phi)\ \mathbf{R}(y, \theta)\ \mathbf{R}(x, \alpha)$$

Anmerkung:
Die Reihenfolge der Aufschreibung der Transformationsmatrizen war von rechts nach links, da sich alle Drehbewegungen auf das feste Ausgangskoordinatensystem bezogen.

Ergebnis ausmultipliziert

Da die Matrizen für die Elementartransformationen bereits hergeleitet wurden (Formeln 3.6 bis 3.8), läßt sich die Transformationsmatrix $\mathbf{R}(r, \phi)$ durch Ausmultiplizieren leicht explizit darstellen.
Sei

$$\mathbf{r} = (rx, ry, rz)^T$$

ein Einheitsvektor, dann gilt gemäß den vorherigen Abbildungen:

$$\sin\alpha = \frac{r_y}{\sqrt{r_y^2 + r_z^2}}$$

$$\cos\alpha = \frac{r_z}{\sqrt{r_y^2 + r_z^2}}$$

$$\sin\theta = -r_x$$

$$\cos\theta = \sqrt{r_y^2 + r_z^2}$$

Mit der Abkürzung $V\phi = 1 - \cos\phi$ ergibt sich durch Ausmultiplizieren für die Matrixelemente:

$$\begin{aligned}
r_{11} &= r_x^2 * V\phi + C\phi \\
r_{12} &= r_x * r_y * V\phi - r_z * S\phi \\
r_{13} &= r_x * r_z * V\phi + r_y * S\phi \\
r_{21} &= r_x * r_y * V\phi + r_z * S\phi \\
r_{22} &= r_y^2 * V\phi + C\phi \\
r_{23} &= r_z * r_y * V\phi - r_x * S\phi \\
r_{31} &= r_z * r_x * V\phi - r_y * S\phi \\
r_{32} &= r_z * r_y * V\phi + r_x * S\phi \\
r_{33} &= r_z^2 * V\phi + C\phi
\end{aligned}$$

3.6 Darstellung der Orientierung

Verdrehwinkel Euler-Winkel

Die Orientierung eines körperfesten Koordinatensystems uvw gegenüber einem Bezugskoordinatensystem xyz kann durch drei Verdrehwinkel (Euler-Winkel) beschrieben werden. In der Ausgangslage fallen die Ursprünge und die drei Achsen der Koordinatensysteme zusammen. Die resultierende Orientierung ergibt sich ausgehend von der Ausgangslage durch drei aufeinanderfolgende Rotationen mit den Verdrehwinkeln um ausgewählte Achsen. Hierbei entstehen als Zwischenschritte die Koordinatensysteme (xyz)' nach der ersten Drehung und (xyz)'' nach der zweiten Drehung. Die Drehungen können dabei um die Achsen des Bezugskoordinatensystems xyz oder um die des schon teilweise gedrehten Koordinatensystems erfolgen. Damit gibt es mehrere Möglichkeiten, Verdrehwinkel zu definieren. Verbreitet sind insbesondere die folgenden vier Definitionen:

- xyz-System (verwendet in der Luft- und Schiffahrt)
- zx'z''-System (in der Mathematik übliche Definition der Euler-Winkel)
- zy'x''-System (verwendet bei der Programmierung numerisch gesteuerter Handhabungseinrichtungen, IRDATA [DIN 94])
- zy'z''-System (verwendet in der Roboterprogrammiersprache VAL, die üblicherweise für den PUMA-Roboter eingesetzt wird)

Bei dieser Bezeichnungssystematik wird die Folge der Achsen angegeben, um die gedreht wird.

xyz-System

Im xyz-System (englisch: yaw pitch roll system) beziehen sich alle Drehungen auf das Bezugskoordinatensystem. Das xyz-System wird zur Beschreibung der Orientierung bei Schiffen und Flugzeugen verwendet. Die Rotationen um die Achsen im Bezugskoordinatensystem werden in folgender Reihenfolge ausgeführt (Abb. 3.8): xyz-System

1. Drehung um die x-Achse, Winkel (Scherwinkel) ψ.
   Beim Schiff Drehung um die vertikale Achse.
   englisch: yaw, deutsch: gieren, schwenken, scheren
2. Drehung um die y-Achse, Winkel (Neigungswinkel) θ.
   Beim Schiff Drehung um die Querachse.
   englisch: pitch, deutsch: stampfen, neigen, nicken
3. Drehung um z-Achse, Winkel (Rollwinkel) ϕ.
   Beim Schiff Drehung um die Längsachse.
   englisch: roll, deutsch: schlingern, rollen

Da die Rotationen immer im Basiskoordinatensystem ausgeführt werden, ist die resultierende Rotationsmatrix $\mathbf{R}_{xyz}$:

$$\mathbf{R}_{xyz}(\psi, \theta, \phi) = \mathbf{R}(z, \phi)\ \mathbf{R}(y, \theta)\ \mathbf{R}(x, \psi)$$

Achtung:
Aufschreibung von rechts nach links, da sich die Rotationen immer auf das Basiskoordinatensystem beziehen!

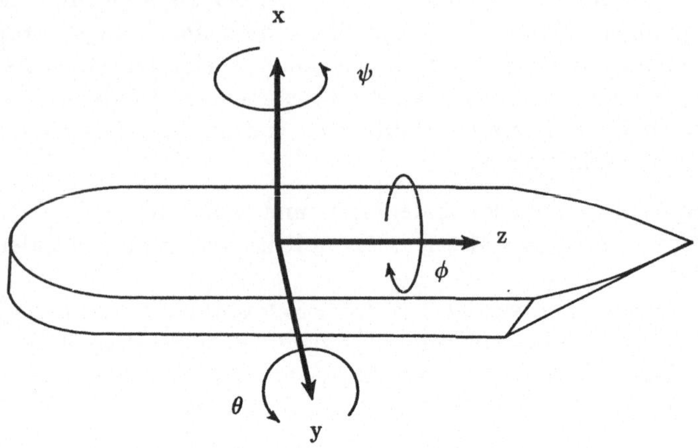

Abb. 3.8. xyz-System

Ausmultipliziert ergibt sich:

$$\mathbf{R}_{xyz}(\phi,\theta,\psi) =$$

$$\begin{bmatrix} C\phi C\theta & C\phi S\theta S\psi - S\phi C\psi & C\phi S\theta C\psi + S\phi S\psi & 0 \\ S\phi C\theta & S\phi S\theta S\psi + C\phi C\psi & S\phi S\theta C\psi - C\phi S\psi & 0 \\ -S\theta & C\theta S\psi & C\theta C\psi & 0 \\ 0 & 0 & 0 & 1 \end{bmatrix} \quad (3.9)$$

zx′z″-System

zx′z″-System

Das zx′z″-System ergibt die in der Mathematik übliche Definition der Euler-Winkel. Bei der Definition der Orientierung mit Euler-Winkeln werden die Winkel auf die bereits gedrehten Koordinatensysteme bezogen. Es werden folgende Drehungen (Abb. 3.9) in der angegebenen Reihenfolge ausgeführt:

1. Drehung um die z-Achse, Winkel ϕ.
2. Drehung um die neue x-Achse (x′-Achse), Winkel θ.
3. Drehung um die neue z-Achse (z″-Achse), Winkel ψ.

Da die Rotationen immer in dem neuen Koordinatensystem ausgeführt werden, erfolgt die Aufschreibung der Transformationen von links nach rechts. Die resultierende Rotationsmatrix $\mathbf{R}_{zx'z''}$ ist damit:

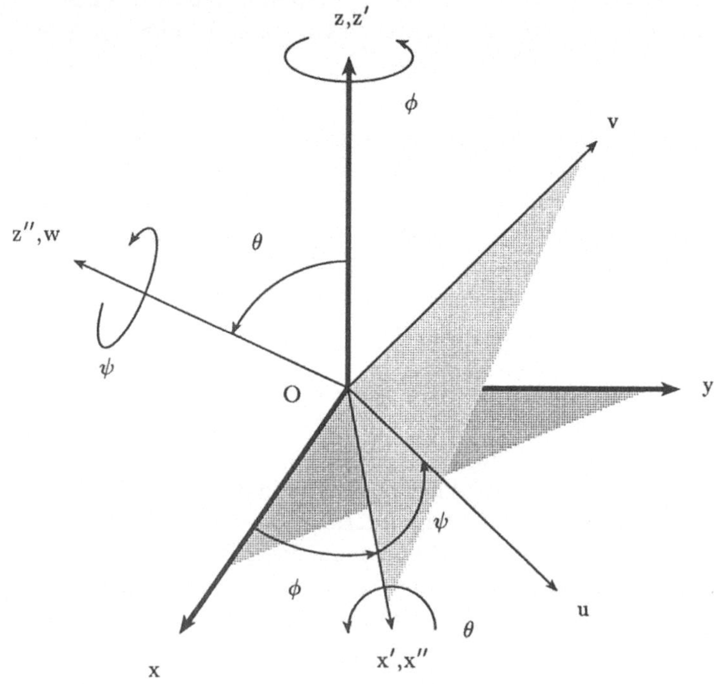

Abb. 3.9. zx'z''-System

$$\mathbf{R}_{zx'z''}(\phi,\theta,\psi) = \mathbf{R}(z,\phi)\;\mathbf{R}(x,\theta)\;\mathbf{R}(z,\psi) =$$

$$\begin{bmatrix} C\phi C\psi - C\theta S\psi S\phi & -C\phi S\psi - C\theta C\psi S\phi & S\phi S\theta & 0 \\ S\phi C\psi + C\theta S\psi C\phi & C\theta C\psi C\phi - S\phi S\psi & -C\phi S\theta & 0 \\ S\psi S\theta & C\psi S\theta & C\theta & 0 \\ 0 & 0 & 0 & 1 \end{bmatrix} \tag{3.10}$$

Die Angabe der Orientierung im zx'z''-System ist ebenso wie die im zy'z''-System besonders geeignet für Handgelenke des Typs **TRT**, da dann die Gelenkwinkel den Verdrehwinkeln der Koordinatensysteme entsprechen. Die genaue Wahl hängt von der Festlegung der Lage des x'y'z'-Koordinatensystems ab. Weitere Erläuterungen dazu finden sich beim zy'z''-System.

für Handgelenke des Typs TRT

Sei xyz das Basiskoordinatensystem und uvw das gedrehte Koordinatensystem, dann können die Euler-Winkel auch wie folgt erklärt werden (Abb. 3.9):

- Der Präzessionswinkel ϕ ist der Winkel zwischen positiver x-Achse und der Schnittgeraden S der x, y-Ebene mit der u, v-Ebene. Die Schnittgerade S liegt in der x'-Achse. $0 \leq \phi < 2 * \pi$.
- Der Nutationswinkel θ ist der Winkel zwischen der positiven z-Achse und der positiven w-Achse. $0 \leq \theta < \pi$.
- Der Drehwinkel ψ ist der Winkel zwischen positiver u-Achse und der Schnittgeraden S. $0 \leq \psi < 2 * \pi$.

Die positiven Drehrichtungen entsprechen einer Rechtsschraube in der Drehachse.

zy'x''-System

zy'x''-System

Das zy'x''-System wird beispielsweise in der VDI-Richtlinie IRDATA zur Programmierung numerisch gesteuerter Handhabungseinrichtungen verwendet. Die Drehungen beziehen sich immer auf die bereits gedrehten Koordinatensysteme. Es werden folgende Drehungen (Abb. 3.10) in der angegebenen Reihenfolge ausgeführt:

1. Drehung um die z-Achse, Winkel ϕ.
2. Drehung um die neue y-Achse (y'-Achse), Winkel θ.
3. Drehung um die neue x-Achse (x''-Achse), Winkel ψ.

Da die Rotationen immer in dem neuen Koordinatensystem ausgeführt werden, erfolgt die Aufschreibung der Transformationen von links nach rechts. Die resultierende Rotationsmatrix $\mathbf{R}_{zy'x''}$ ist damit:

$$\mathbf{R}_{zy'x''}(\phi,\theta,\psi) = \mathbf{R}(z,\phi)\ \mathbf{R}(y,\theta)\ \mathbf{R}(x,\psi) =$$

$$\begin{bmatrix} C\theta C\phi & -C\psi S\phi + S\psi S\theta C\phi & S\psi S\phi + C\psi S\theta C\phi & 0 \\ C\theta S\phi & C\psi C\phi + S\psi S\theta S\phi & -S\psi C\phi + C\psi S\theta S\phi & 0 \\ -S\theta & S\psi C\theta & C\psi C\theta & 0 \\ 0 & 0 & 0 & 1 \end{bmatrix} \tag{3.11}$$

für Handgelenke des Typs TRR

Die Angabe der Orientierung im zy'x''-System ist besonders geeignet für Handgelenke des Typs **TRR**, da dann die Gelenkwinkel den Verdrehwinkeln der Koordinatensysteme entsprechen. (Siehe auch Ausführungen beim zy'z''-System.)

Sei xyz das Basiskoordinatensystem und uvw das gedrehte Koordinatensystem, dann können die Drehwinkel auch wie folgt erklärt werden (Abb. 3.10):

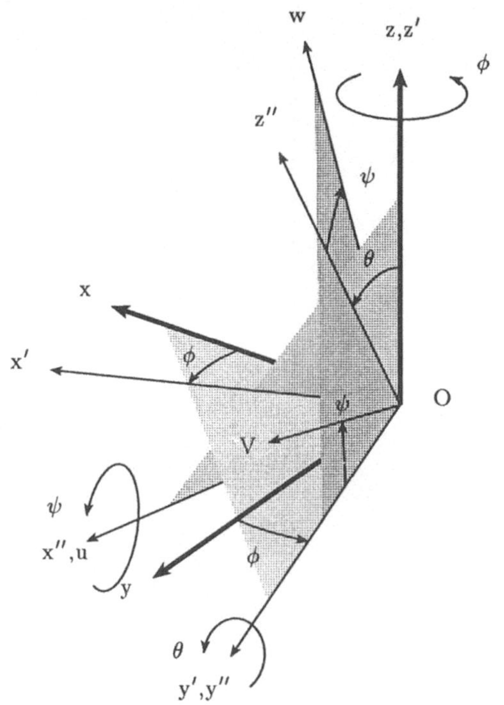

Abb. 3.10. zy'x''-System

- Der Drehwinkel ϕ ist der Winkel zwischen der positiven x-Achse und der u, z-Ebene.
- Der Drehwinkel θ ist der Winkel zwischen der positiven u-Achse und der x, y-Ebene oder zwischen der z-Achse und der v, w-Ebene.
- Der Drehwinkel ψ ist der Winkel zwischen u, z-Ebene und positiver w-Achse.

Anmerkung:
Die x, y-Ebene steht senkrecht auf der u, z-Ebene. Die v, w-Ebene steht senkrecht auf der u, z-Ebene, aber windschief zur x, y-Ebene.

zy'z''-System

Das zy'z''-System wird in der Roboterprogrammiersprache VAL verwendet. Die Drehungen beziehen sich immer auf die bereits zy'z''-System

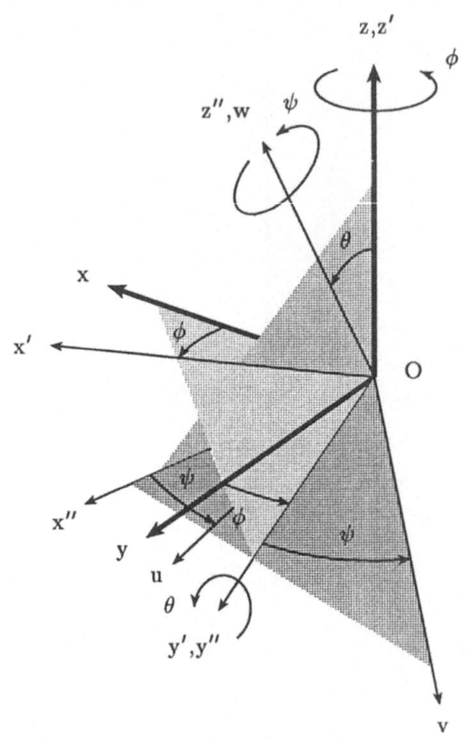

Abb. 3.11. zy'z''-System

gedrehten Koordinatensysteme. Es werden folgende Drehungen in der angegebenen Reihenfolge ausgeführt (Abb. 3.11):

1. Drehung um die z-Achse, Winkel ϕ.
2. Drehung um die neue y-Achse (y'-Achse), Winkel θ.
3. Drehung um die neue z-Achse (z''-Achse), Winkel ψ.

Da die Rotationen immer in dem neuen Koordinatensystem ausgeführt werden, erfolgt die Aufschreibung der Transformationen von links nach rechts. Die resultierende Rotationsmatrix $\mathbf{R}_{zy'z''}$ ist damit:

$$\mathbf{R}_{zy'z''}(\phi,\theta,\psi) = \mathbf{R}(z,\phi)\ \mathbf{R}(y,\theta)\ \mathbf{R}(z,\psi) =$$

$$\begin{bmatrix} -S\psi S\phi + C\theta C\phi C\psi & -C\theta C\phi S\psi - C\psi S\phi & C\phi S\theta & 0 \\ C\theta S\phi C\psi + S\psi C\phi & C\psi C\phi - C\theta S\phi S\psi & S\phi S\theta & 0 \\ -C\psi S\theta & S\psi S\theta & C\theta & 0 \\ 0 & 0 & 0 & 1 \end{bmatrix} \quad (3.12)$$

Sei xyz das Basiskoordinatensystem und uvw das gedrehte Koordinatensystem, dann können die Drehwinkel auch wie folgt erklärt werden (Abb. 3.11):

- Der Drehwinkel ϕ ist der Winkel zwischen der positiven x-Achse und der z , w-Ebene.
- Der Drehwinkel θ ist der Winkel zwischen z-Achse und w-Achse oder der um 90 Grad reduzierte Winkel zwischen der positiven w-Achse und der x , y-Ebene.
- Der Drehwinkel ψ ist der Winkel zwischen der positiven u-Achse und der z , w-Ebene.

Anmerkung:
Die x , y-Ebene steht senkrecht auf der z , w-Ebene. Die u , v-Ebene steht senkrecht auf der z , w-Ebene, aber windschief zur x , y-Ebene.

für Handgelenke des Typs TRT

Die Angabe der Orientierung im zy′z″-System ist ebenso wie die im zx′z″-System besonders geeignet für Handgelenke des Typs **TRT**, da dann die Gelenkwinkel den Verdrehwinkeln der Koordinatensysteme entsprechen. Die genaue Wahl des Systems hängt von der Festlegung der Lage des x′y′z′-Koordinatensystems ab. Die Eignung soll am Beispiel des Handgelenks in Abb. 3.12 kurz gezeigt werden. Wir ordnen jedem beweglichen Teil ein Koordinatensystem zu, welches mit diesem Teil fest verbunden ist. Das xyz-Koordinatensystem ist mit dem Unterarm fest verbunden. Alle Koordinatensysteme haben ihren Koordinatenursprung an einer Stelle, und zwar der Schnittstelle der Drehachsen des Torsionsgelenks des Flansches und des Gelenks zum Aufrichten. Bei Verdrehwinkeln Null sind alle Koordinatensysteme zusammenfallend. Die erste Drehung ist eine Drehung des Rollgelenks um ϕ. Dies ist eine Drehung um die z-Achse. Die zweite Drehung ist eine Drehung um θ des Gelenks zum Aufrichten. Dies ist eine Drehung um die gedrehte y-Achse, also um y′. Die dritte Drehung ist eine Drehung des Flansches um ψ. Dies ist eine Drehung um die zuletzt gedrehte z-Achse, also z″. Damit sind die Gelenkwinkel, wie oben behauptet, gleich den Verdrehwinkeln der Koordinatensysteme.

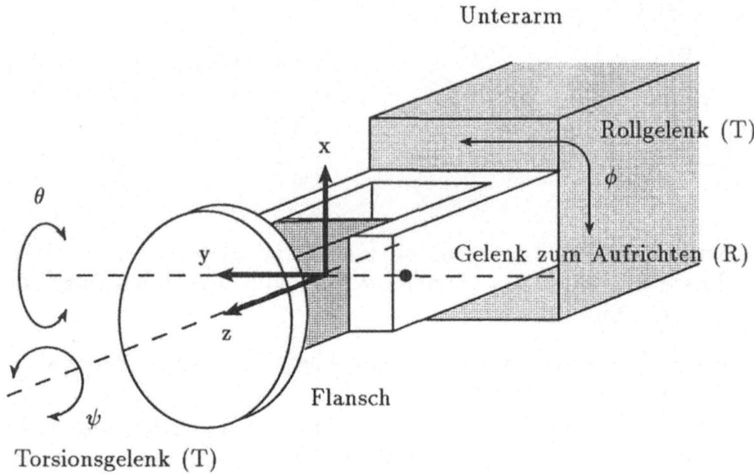

Abb. 3.12. Beziehung zy′z″-System und TRT Handgelenk

4. Roboterkinematik

Ein Roboter besteht aus einer Folge von Armen, die mit Gelenken verbunden sind. Jedem Arm wird ein Koordinatensystem fest zugeordnet. In der Roboterkinematik geht es um die Transformationen zwischen diesen Koordinatensystemen. Durch eine Folge von Transformationen läßt sich beispielsweise aus den Gelenkstellungen die Stellung der Hand des Roboters im Weltkoordinatensystem berechnen. Man nennt dies Vorwärtsrechnung. Damit die Transformationen zwischen diesen Koordinatensystemen besonders einfach werden, gibt es Regeln für die Festlegung der Lage der Koordinatensysteme bezüglich der Achsen. Diese sogenannten Denavit-Hartenberg-Regeln werden zunächst besprochen. Dann werden die Definition der Orientierung durch Euler-Winkel, die Vorwärts- und die Rückwärtsrechnung behandelt. Bei der Rückwärtsrechnung wird aus der vorgegebenen Stellung der Hand im Weltkoordinatensystem die Stellung der Gelenke berechnet. Die grundsätzliche Vorgehensweise wird wieder am Beispiel PUMA 560 konkretisiert.

4.1 Denavit-Hartenberg-Regeln

Koordinatensysteme
Bezeichnungen

Ein Roboter besteht aus einer Folge von Gliedern (Armen), die aufeinanderfolgende Gelenke starr verbinden. Für die Beschreibung der Kinematik werden den einzelnen Armen Koordinatensysteme zugeordnet. Diese werden durch die Gelenkbewegungen gegeneinander verschoben und/oder rotiert. Es bestehen beliebig viele Möglichkeiten, die Lage der Koordinatensysteme für die einzelnen Arme eines Roboters festzulegen. Üblich ist eine Festlegung nach Denavit und Hartenberg [DENA55], die DH-Festlegung. Sie ergibt besonders einfache Transformationsmatrizen.
Bezeichnungen:

- Der Arm i ist die Verbindung zwischen dem i-ten und dem (i+1)-ten Gelenk.
- Das Koordinatensystem S_i ist dem i-ten Arm fest zugeordnet.

DH-Regeln

Gemäß den Bezeichnungen in Abb. 4.1 gelten nach Denavit und Hartenberg folgende Grundregeln für die Festlegung der Koordinatensysteme:

1. Das Koordinatensystem S_0 ist das ortsfeste Ausgangskoordinatensystem (Bezugskoordinatensystem BKS) in der Basis des Roboters. Es bewegt sich nicht, es sei denn der Roboter ist mobil.
2. Die z_i-Achse wird entlang der Bewegungsachse des (i+1)-ten Gelenks gelegt.
3. Die x_i-Achse ist normal zur z_{i-1}-Achse und zeigt von ihr weg. Die x_i-Achse muß natürlich auch immer normal zur z_i-Achse sein, da die Winkel zwischen Koordinatenachsen immer 90 Grad betragen.
4. Die y_i-Achse wird so festgelegt, daß sich ein Rechtssystem ergibt.

Diese Regeln bestimmen die Lage des Koordinatensystems S_0 und die des Koordinatensystems S_n nicht vollständig. Das Bezugskoordinatensystem S_0 (BKS) kann frei gewählt werden, solange die z_0-Achse entlang der Bewegungsachse des ersten Gelenks liegt. Das letzte Koordinatensystem S_n ist das Handkoordinatensystem. Da es kein Gelenk (n+1) gibt, kann das Handkoordinatensystem beliebig gelegt werden, solange die x_n-Achse normal zur z_{n-1}-Achse bleibt.

Sonderfälle

Sind die z_i-Achse und die z_{i-1}-Achse windschief zueinander und schneiden sich nicht, dann ist mit den DH-Regeln die Lage des Koordinatensystems S_i vollständig definiert. In den anderen Fällen gibt es Freiheitsgrade bei der Festlegung von S_i:

- Fall z_i-Achse und z_{i-1}-Achse schneiden sich:
  Der Ursprung O_i ist eindeutig definiert. Es gibt aber zwei Möglichkeiten, x_i als Lot auf die z_i-Achse und die z_{i-1}-Achse zu wählen. Beide Möglichkeiten sind gleichwertig.
- Fall z_i-Achse und z_{i-1}-Achse sind parallel:
  Die x_i-Achse ist eindeutig definiert. Der Ursprung O_i ist jedoch frei wählbar.
- z_i-Achse und z_{i-1}-Achse fallen zusammen: Sowohl die x_i-Achse als auch der Ursprung O_i sind frei wählbar. Dieser Fall liegt beispielsweise bei einem Schubgelenk vor.

Denavit-Hartenberg-Parameter

Bei der Festlegung nach Denavit-Hartenberg ist die Lage jedes Koordinatensystems relativ zu dem vorherigen durch 4 Parameter beschrieben (Abb. 4.1):

d_i ist die Entfernung (entlang der z_{i-1}-Achse) vom Ursprung O_{i-1} des (i-1)ten Koordinatensystems bis zum Schnittpunkt der z_{i-1}-Achse mit der x_i-Achse.

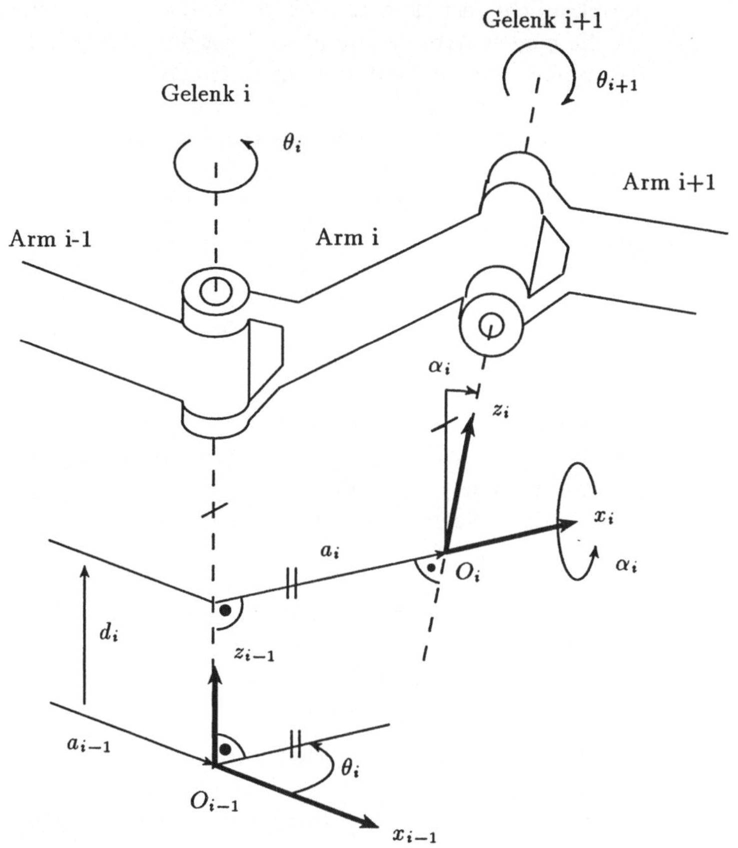

Anmerkung:

Die Querstriche kennzeichnen die jeweils parallelen Linien

Abb. 4.1. Koordinatensysteme nach DH

Anschaulich: Mit dem Gelenk i sind die zwei Normalen für die beiden Arme verbunden. d_i ist der Abstand dieser Normalen gemessen entlang der Gelenkachse i.

θ_i ist der Gelenkwinkel um die z_{i-1}-Achse von der x_{i-1}-Achse zur Projektion der x_i-Achse in die x_{i-1}, y_{i-1}-Ebene.
Anschaulich: Der Winkel zwischen den beiden Normalen gemessen in einer Ebene senkrecht zur Gelenkachse i.

a_i ist die kürzeste Entfernung zwischen der z_{i-1}-Achse und der z_i-Achse. Es ist also die Entfernung zwischen dem Schnittpunkt der z_{i-1}-Achse mit der x_i-Achse und dem Koordinatenursprung des i-ten Koordinatensystems, gemessen entlang der x_i-Achse.
Anschaulich: „Länge" des Armes i.

α_i ist der Drehwinkel um die x_i-Achse, der die z_{i-1}-Achse mit der z_i-Achse ausrichtet.
Anschaulich: Neigungswinkel der beiden Gelenke am Arm i.

Transformationsmatrix

Unter Verwendung dieser Parameter kann das Koordinatensystem S_{i-1} in das Koordinatensystem S_i durch eine Folge von Translationen und elementaren Rotationen überführt werden. Hierzu werden folgende Schritte ausgeführt:

1. Translation entlang der z_{i-1}-Achse um den Wert d_i, also:

$$\mathbf{T}(0, 0, d_i)$$

2. Drehung um die z_{i-1}-Achse um den Winkel θ_i, also:

$$\mathbf{R}(z, \theta_i)$$

3. Translation entlang der neuen x-Achse um den Wert a_i, also:

$$\mathbf{T}(a_i, 0, 0)$$

4. Drehung um die neue x-Achse um den Winkel α_i, also:

$$\mathbf{R}(x, \alpha_i)$$

Damit ergibt sich die DH-Transformationsmatrix ${}^{i-1}\mathbf{A}_i$ zu:

$${}^{i-1}\mathbf{A}_i = \mathbf{T}(0, 0, d_i)\ \mathbf{R}(z, \theta_i)\ \mathbf{T}(a_i, 0, 0)\ \mathbf{R}(x, \alpha_i)$$

Durch Einsetzen der Transformationsmatrizen 3.3, 3.8 und 3.6 ergibt sich:

$$^{i-1}\mathbf{A}_i = \begin{pmatrix} 1 & 0 & 0 & 0 \\ 0 & 1 & 0 & 0 \\ 0 & 0 & 1 & d_i \\ 0 & 0 & 0 & 1 \end{pmatrix} \begin{pmatrix} C\theta_i & -S\theta_i & 0 & 0 \\ S\theta_i & C\theta_i & 0 & 0 \\ 0 & 0 & 1 & 0 \\ 0 & 0 & 0 & 1 \end{pmatrix} *$$

$$* \begin{pmatrix} 1 & 0 & 0 & a_i \\ 0 & 1 & 0 & 0 \\ 0 & 0 & 1 & 0 \\ 0 & 0 & 0 & 1 \end{pmatrix} \begin{pmatrix} 1 & 0 & 0 & 0 \\ 0 & C\alpha_i & -S\alpha_i & 0 \\ 0 & S\alpha_i & C\alpha_i & 0 \\ 0 & 0 & 0 & 1 \end{pmatrix} \tag{4.1}$$

Durch Ausmultiplizieren ergibt sich:

Transformationsmatrix ausmultipliziert

$$^{i-1}\mathbf{A}_i = \begin{pmatrix} C\theta_i & -C\alpha_i * S\theta_i & S\alpha_i * S\theta_i & a_i * C\theta_i \\ S\theta_i & C\alpha_i * C\theta_i & -S\alpha_i * C\theta_i & a_i * S\theta_i \\ 0 & S\alpha_i & C\alpha_i & d_i \\ 0 & 0 & 0 & 1 \end{pmatrix} \tag{4.2}$$

Die Inverse ergibt sich nach Formel 3.5 durch Einsetzen der obigen Matrixelemente zu:

Transformationsmatrix inverse

$$^{i-1}\mathbf{A}_i^{-1} = {}^{i}\mathbf{A}_{i-1} =$$

$$\begin{pmatrix} C\theta_i & S\theta_i & 0 & -a_i \\ -C\alpha_i * S\theta_i & C\alpha_i * C\theta_i & S\alpha_i & -d_i * S\alpha_i \\ S\alpha_i * S\theta_i & -S\alpha_i * C\theta_i & C\alpha_i & -d_i * C\alpha_i \\ 0 & 0 & 0 & 1 \end{pmatrix} \tag{4.3}$$

4.2 Koordinatensysteme des PUMA 560

Für den Roboter Unimation PUMA 560 gelten die folgenden Beziehungen zwischen den Achsen:

Lage Achsen

- Die Achse von Gelenk 1 läuft senkrecht zur Aufstellfläche des Roboters und stimmt mit der Rumpfmittellinie überein.
- Die Achse von Gelenk 2 läuft senkrecht zur Achse von Gelenk 1, schneidet diese und stimmt mit der Mittellinie der Schulter überein.
- Die Achse von Gelenk 3 läuft parallel zur Achse von Gelenk 2.
- Die Achse von Gelenk 4 läuft senkrecht zur Achse von Gelenk 3.
- Die Achse von Gelenk 5 läuft senkrecht zur Achse von Gelenk 4 und schneidet diese.

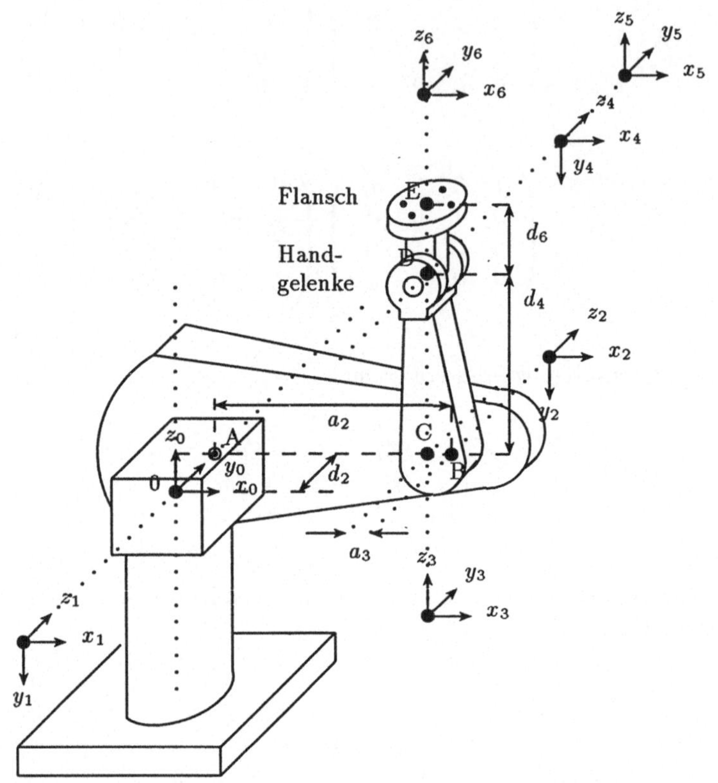

Anmerkung:
Die herausgezeichneten Koordinatensysteme befinden sich an den markierten Punkten im Roboterarm.

Abb. 4.2. Koordinatensystem nach DH beim PUMA 560

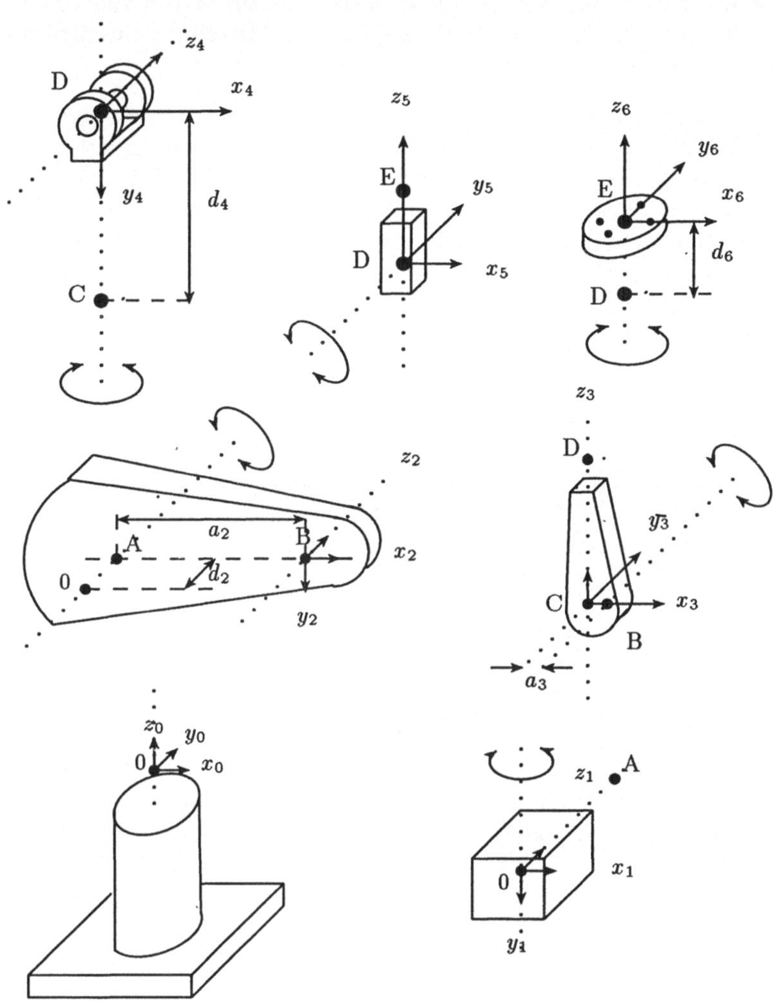

Abb. 4.3. Koordinatensysteme PUMA 560, Explosionszeichnung

- Die Achse von Gelenk 6 läuft senkrecht zur Achse von Gelenk 5, schneidet diese und stimmt mit der Mittellinie des Befestigungsflansches an der Handwurzel überein.

Lage Koordinatensysteme

Aufgrund dieser Beziehungen zwischen den Achsen und mit den DH-Regeln wird für den PUMA 560 die Zuordnung der Koordinatensysteme S_0 bis S_6 üblicherweise nach Abb. 4.2 vorgenommen. Die dargestellte Roboterstellung ist die Null-Stellung, d.h. alle Gelenkwinkel sind Null.

Zuordnung Koordinatensysteme zu Armen

Die folgende Tabelle gibt eine Zuordnung der Koordinatensysteme zu den Teilen des Roboters PUMA 560. Vergleiche hierzu auch Abb. 4.3.

Koord.-System	fest verbunden mit:	Ursprung gemäß Abb. 4.3
S_0	Basis	O
S_1	Schulter	O
S_2	Oberarm	B
S_3	Unterarm	C
S_4	erstem Handgelenkteil	D
S_5	zweitem Handgelenkteil	D
S_6	Flansch	E

DH-Parameter

Zahlenmäßig ergeben sich die folgenden DH-Parameter für den Roboter PUMA 560:

i	α_i	a_i	d_i	θ_i-Bereich
1	-90	0	0	-160 ⋯ +160
2	0	431.8 mm	149.1 mm	-225 ⋯ +45
3	90	-20.3 mm	0	-45 ⋯ +225
4	-90	0	433.1 mm	-110 ⋯ +170
5	90	0	0	-100 ⋯ +100
6	0	0	56.25 mm	-266 ⋯ +266

Die Höhe des Ursprungs von S_0 ist 660.4 mm. Die Parameter gelten für die angegebene Anordnung der Koordinatensysteme. Eine andere Anordnung der Koordinatensysteme für den PUMA 560 ist im Rahmen der Regeln von Denavit und Hartenberg durchaus möglich und wird manchmal auch verwendet.

4.3 Vorwärtsrechnung für den PUMA 560

Unter Vorwärtsrechnung wird allgemein die Bestimmung von Raumkoordinaten, zumeist des Effektors, aus den gegebenen Gelenkwinkeln eines Manipulators verstanden. Diese Bestimmung ist eindeutig, da ein Tupel von Gelenkwinkeln genau eine Stellung (Position und Orientierung) des Effektors festlegt. Die Art der Koordinatensysteme ist frei wählbar, normalerweise werden jedoch rechtwinklige Koordinatensysteme verwendet. Dies wird auch nachfolgend vorausgesetzt.

Da die Armbewegung des Roboters PUMA 560 nur durch Drehbewegungen erfolgt, ist die Endstellung durch Angabe der Drehwinkel θ_1 bis θ_6 bestimmt. Diese Winkel sind daher beim PUMA 560 die freien Parameter in den DH-Transformationsmatrizen. Durch Einsetzen der festen DH-Parameter für den PUMA 560 und Ausmultiplizieren der DH-Transformationsmatrizen ergibt sich: freie Paramter

Transformationsmatrix ${}^0\mathbf{A}_3$

$$ {}^0\mathbf{A}_3 = {}^0\mathbf{A}_1 \, {}^1\mathbf{A}_2 \, {}^2\mathbf{A}_3 = $$

$$ \begin{pmatrix} C1C23 & -S1 & C1S23 & a_2C1C2 + a_3C1C23 - d_2S1 \\ S1C23 & C1 & S1S23 & a_2S1C2 + a_3S1C23 + d_2C1 \\ -S23 & 0 & C23 & -a_2S2 - a_3S23 \\ 0 & 0 & 0 & 1 \end{pmatrix} \tag{4.4} $$

Hierbei sind folgende Abkürzungen verwendet worden:

$$ \begin{aligned} Ci &= \cos\theta_i & \qquad Cij &= \cos(\theta_i + \theta_j) \\ Si &= \sin\theta_i & \qquad Sij &= \sin(\theta_i + \theta_j) \end{aligned} $$

Wobei bei der Berechnung die bekannten Additionstheoreme für Winkelfunktionen verwendet wurden:

$$ \begin{aligned} \cos(\alpha + \beta) &= \cos\alpha \ \cos\beta - \sin\alpha \ \sin\beta \\ \sin(\alpha + \beta) &= \sin\alpha \ \cos\beta + \cos\alpha \ \sin\beta \end{aligned} $$

Analog ergibt sich:

Transformationsmatrix ${}^3\mathbf{A}_6$

$$ {}^3\mathbf{A}_6 = {}^3\mathbf{A}_4 \, {}^4\mathbf{A}_5 \, {}^5\mathbf{A}_6 = $$

$$ \begin{pmatrix} C4C5C6 - S4S6 & -C4C5S6 - S4C6 & C4S5 & d_6C4S5 \\ S4C5C6 + C4S6 & -S4C5S6 + C4C6 & S4S5 & d_6S4S5 \\ -S5C6 & S5S6 & C5 & d_4 + d_6C5 \\ 0 & 0 & 0 & 1 \end{pmatrix} \tag{4.5} $$

Transformationsmatrix ${}^0\mathbf{A}_6$

Für die Vorwärtsrechnung wird ${}^0\mathbf{A}_6$ benötigt. Die resultierenden Formeln für die zugehörigen Matrixelemente sind ziemlich unübersichtlich. Als Kompromißlösung zwischen Geschwindigkeit der Rechnung und Handlichkeit der Formeln ist es daher für numerische Berechnungen sinnvoll, die Matrixelemente der beiden obigen Matrizen ${}^0\mathbf{A}_3$ und ${}^3\mathbf{A}_6$ direkt zu berechnen, da diese noch relativ einfach sind; dann aber die benötigte Transformationsmatrix ${}^0\mathbf{A}_6$ mit normaler numerischer Matrixmultiplikation zu ermitteln.

4.4 Effektorkoordinatensystem beim PUMA 560

Definition nsa

Zur Manipulation von Objekten durch den Roboter wird ein Effektor benötigt, beispielsweise ein Greifer. Der Effektor ist am Flansch der Handwurzel befestigt. Bei der Manipulation von Objekten muß der Effektor in eine bestimmte Stellung gebracht werden. Die Stellung des Effektors wird durch ein Effektorkoordinatensystem (Toolkoordinatensystem) S_t beschrieben. Üblich als Greiferkoordinatensystem ist das sogenannte (**nsa**)-Koordinatensystem. Hier gilt:

- Der Vektor **a** ist normal zum Flansch und zeigt vom Effektor weg; **a** ist die z-Achse des (**nsa**)-Koordinatensystems; (approach vector of hand).
- Der Vektor **s** geht in Richtung der Bewegung der Finger eines Greifers; **s** ist die y-Achse des (**nsa**)-Koordinatensystems; (sliding vector of hand).
- Der Vektor **n** ist normal zur Bewegung der Finger eines Greifers und normal zu **a**; **n** ist die x-Achse des (**nsa**)-Koordinatensystems; (normal vector of hand). Sie wird so ausgerichtet, daß sich ein Rechtssystem ergibt.
- Der Vektor **p** in einem Referenzkoordinatensystem S_r zeigt auf den Ursprung des (**nsa**)-Koordinatensystems.

Transformationsmatrix ${}^r\mathbf{A}_t$

Die Beziehung zwischen Angaben im Effektorkoordinatensystem S_t und einem Referenzkoordinatensystem S_r, typischerweise dem Flanschkoordinatensystem S_6, wird durch die Transformationsmatrix ${}^r\mathbf{A}_t$ ausgedrückt. Wie in Formel 3.1 hergeleitet, können die Elemente der Transformationsmatrizen als Koordinaten der Einheitsvektoren der Koordinatenachsen des transformierten Koordinatensystems im Ausgangskoordinatensystem interpretiert werden. Damit gilt (beim Roboterfreiheitsgrad 6):

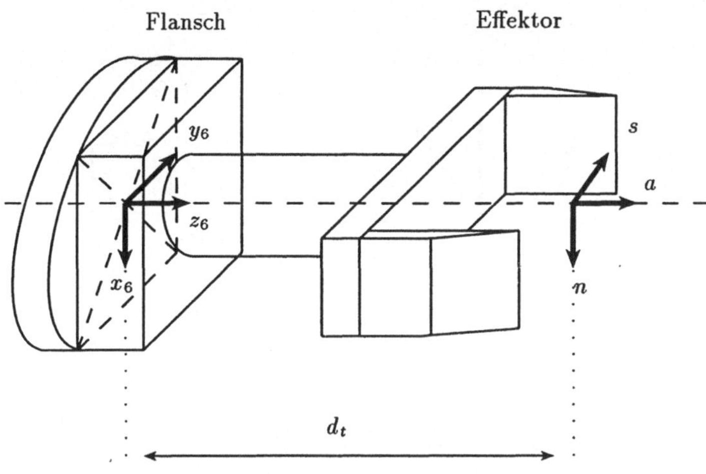

Abb. 4.4. Beispiel für ein Effektorkoordinatensystem

$$
{}^{0}\mathbf{A}_t = {}^{0}\mathbf{A}_6 \; {}^{6}\mathbf{A}_t = \begin{pmatrix} nx_0 & sx_0 & ax_0 & px_0 \\ ny_0 & sy_0 & ay_0 & py_0 \\ nz_0 & sz_0 & az_0 & pz_0 \\ 0 & 0 & 0 & 1 \end{pmatrix} \tag{4.6}
$$

Hierbei sind nx_0, ny_0 und nz_0 die Komponenten des Vektors $\mathbf{n}$ im S_0-Koordinatensystem. Analoges gilt für die anderen Vektoren $\mathbf{s}$ und $\mathbf{a}$.

Das ($\mathbf{nsa}$)-Koordinatensystem wird so gelegt, daß es gegenüber dem Koordinatensystem S_6 nicht gedreht ist, sondern lediglich entlang der z_6-Achse um d_t verschoben wird (Abb. 4.4). Damit ergibt sich:

$$
{}^{6}\mathbf{A}_t = \begin{pmatrix} 1 & 0 & 0 & 0 \\ 0 & 1 & 0 & 0 \\ 0 & 0 & 1 & d_t \\ 0 & 0 & 0 & 1 \end{pmatrix} \tag{4.7}
$$

Diese Transformation kann beim PUMA 560 auch dadurch berücksichtigt werden, daß d_6 in ${}^{5}\mathbf{A}_6$ durch $d_6 + d_t$ ersetzt wird.

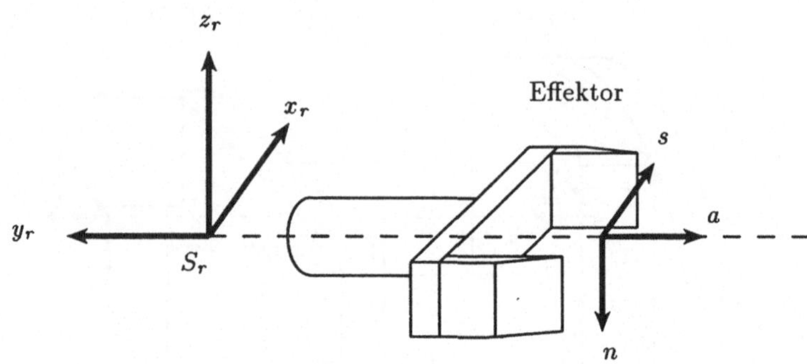

Abb. 4.5. Null-Lage beim **OAT**-System des PUMA 560

4.5 Orientierung beim PUMA 560

Definition OAT

Beim PUMA 560 hat der Hersteller die Orientierung des Effektorkoordinatensystems durch drei Winkel **O**, **A**, **T** bezüglich eines Referenzkoordinatensystems S_r definiert. Die Winkel sind wie folgt festgelegt:

- **O** ist der Winkel von der y_r-Achse zur Projektion der a-Achse in die x_r, y_r-Ebene (orientation).
- **A** ist der Winkel von der x_r, y_r-Ebene zur a-Achse (altitude).
- **T** ist der Winkel von der x_r, y_r-Ebene zur s-Achse bei Drehung um die a-Achse (tool).

Null-Lage

Die vom Hersteller festgelegte Null-Lage (**O** = **A** = **T** = 0) der Koordinatensysteme ist in Abb. 4.5 angegeben.

Schritte bei Transformation

Ausgehend vom Referenzkoordinatensystem kommt man in vier Schritten zum Effektorkoordinatensystem:

1. Ausgehend von dem Referenzkoordinatensystem erfolgt eine Drehung um **O** um die z_r-Achse (Abb. 4.6). Es entsteht das Koordinatensystem S'.
2. Es wird das gedrehte Koordinatensystem S'' gemäß der oben geschilderten Null-Lage erzeugt (Abb. 4.7). a″ und s″ liegen in der x_r, y_r-Ebene. Die Transformationsmatrix ergibt sich unmittelbar aus der Tatsache, daß die Elemente der Transformationsmatrix die Einheitsvektoren der Koordinatenachsen von S'', ausgedrückt in Koordinaten von S', sind (Formel 3.1).
3. Es wird um den Winkel **A** um die neue y-Achse (s″-Achse) gedreht (Abb. 4.8). Es entsteht das Koordinatensystem S'''. a‴

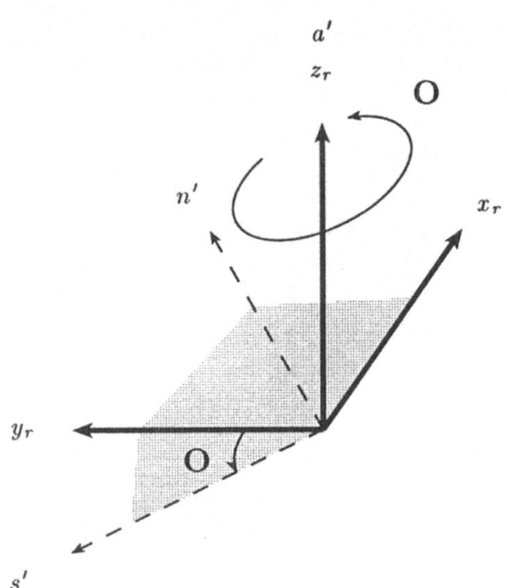

Abb. 4.6. Schritt 1: Drehung um **O** um die z_r-Achse

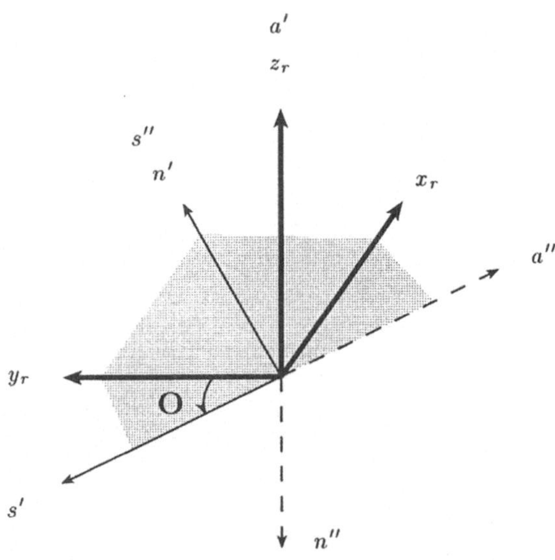

Abb. 4.7. Schritt 2: Drehung in Null-Lage

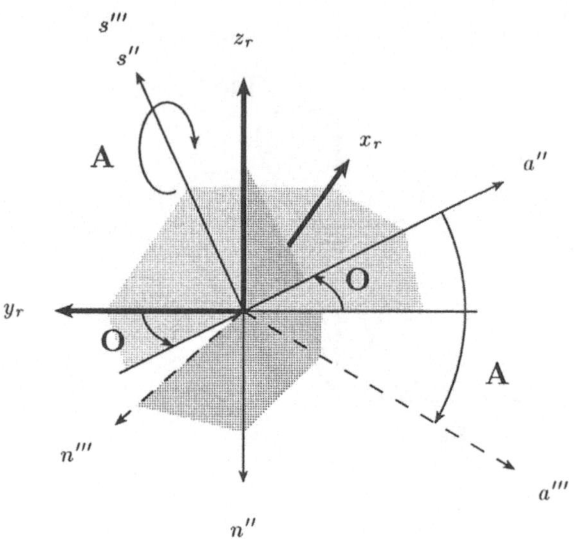

Abb. 4.8. Schritt 3: Drehung um **A** um die neue y-Achse (s'')

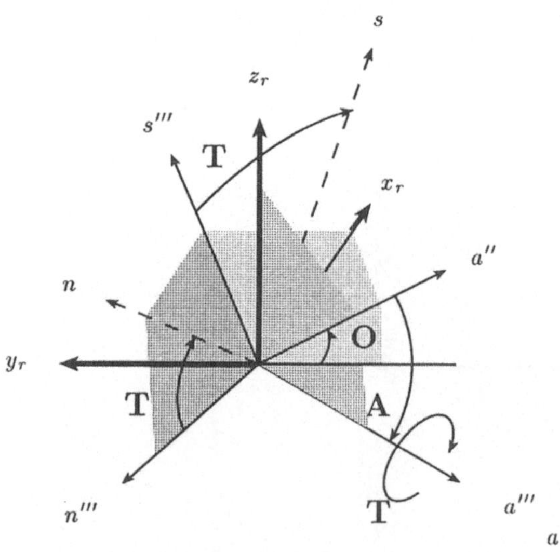

Abb. 4.9. Schritt 4: Drehung um **T** um die neue z-Achse (a''')

und n''' liegen in der z_r, a'' n'' -Ebene. Diese steht senkrecht auf der x_r, y_r -Ebene, in der auch s''' liegt.

4. Es wird um den Winkel **T** um die neue z-Achse (a'''-Achse) gedreht (Abb. 4.9). Es entsteht das **nsa**-Koordinatensystem. a'' liegt in der x_r, y_r -Ebene. a'' ist die Projektion der a-Achse in die x_r, y_r -Ebene. Damit sind die eingangs gegebenen Definitionen von **O** und **A** erfüllt. s''' liegt in der x_r, y_r -Ebene. Durch die Drehung um **T** wird s''' aus der x_r, y_r -Ebene herausgedreht bis zur neuen Achse s. Damit ist auch die Definition von **T** erfüllt.

Entsprechend diesen Schritten ergibt sich für die Transformation zwischen dem Referenz- und dem Effektor-Koordinatensystem:

Transformationsmatrix ${}^r\mathbf{A}_t$

$$
{}^r\mathbf{A}_t = \mathbf{R}(z, \mathbf{O}) \begin{pmatrix} 0 & 1 & 0 & 0 \\ 0 & 0 & -1 & 0 \\ -1 & 0 & 0 & 0 \\ 0 & 0 & 0 & 1 \end{pmatrix} \mathbf{R}(y, \mathbf{A})\, \mathbf{R}(z, \mathbf{T})
$$

Hierbei beschreibt die zweite Transformationsmatrix die Transformation in der Null-Lage zwischen S_r und S_t. Zur Handhabung ist es einfacher, anstelle der Winkel **O**, **A**, **T** modifizierte Winkel **O'**, **A'**, **T'** zu verwenden, die den Euler-Winkeln in einem zy'z''-System entsprechen. Dann muß gelten:

modifizierte Winkel O'A'T'

$$
\begin{aligned}
{}^r\mathbf{A}_t &= \mathbf{R}(z, \mathbf{O}) \begin{pmatrix} 0 & 1 & 0 & 0 \\ 0 & 0 & -1 & 0 \\ -1 & 0 & 0 & 0 \\ 0 & 0 & 0 & 1 \end{pmatrix} \mathbf{R}(y, \mathbf{A})\, \mathbf{R}(z, \mathbf{T}) \\
&= \mathbf{R}(z, \mathbf{O}')\, \mathbf{R}(y, \mathbf{A}')\, \mathbf{R}(z, \mathbf{T}')
\end{aligned}
\tag{4.8}
$$

Daraus folgt:

$$
\begin{aligned}
\mathbf{O}' &= \mathbf{O} - 90^\circ \\
\mathbf{A}' &= \mathbf{A} + 90^\circ \\
\mathbf{T}' &= \mathbf{T}
\end{aligned}
$$

4.6 Rückwärtsrechnung

Bei der Rückwärtsrechnung werden aus der vorgegebenen Effektorstellung die Gelenkwinkel θ_i berechnet. Die Stellung ist gegeben durch das 6-Tupel Position (**p**) und Orientierung (**n**, **s**, **a**).

Definition

Hier werden nur Drehgelenke betrachtet. Die grundsätzliche Vorgehensweise wäre aber auch bei Schubgelenken oder kombinierten Dreh- und Schubgelenken anwendbar.

Probleme

Bei der Rückwärtsrechnung gibt es folgende Probleme:

- Die Lösungen sind in der Regel nicht eindeutig, es gibt also mehrere Gelenkstellungen, die zur gleichen Effektorstellung führen (z.B. Abb. 4.10).
- Die gefundene mathematische Lösung kann eine unzulässige Stellung ergeben, da beispielsweise ein Winkel aufgrund mechanischer Begrenzungen nicht eingestellt werden kann.
- Für die Rückwärtsrechnung existiert kein allgemein anwendbares Verfahren.
- Die Rückwärtsrechnung muß oft schritthaltend mit der Bewegung des Roboters erfolgen. Muß der Roboter beispielsweise exakte Bahnen abfahren, dann müssen während der Bewegung viele Zwischenpunkte berechnet werden. Hierzu stehen dann nur wenige Millisekunden zur Verfügung.

Diese Punkte sollen nachfolgend etwas ausführlicher erläutert werden.

Eindeutigkeit der Lösungen

nicht eindeutige Lösung

Abb. 4.10 zeigt ein einfaches Beispiel für nicht eindeutige Lösungen. Hier kann derselbe Punkt im dreidimensionalen Raum mit zwei Stellungen der Arme erreicht werden. Im Beispiel wird der Punkt einmal von oben und einmal von unten erreicht.

Bei Robotern mit Freiheitsgrad $f \geq 6$ ist, wenn man von Grenzfällen und mechanischen Begrenzungen absieht, jede Effektorstellung mehrdeutig, d.h. sie läßt sich durch mehrere Einstellungen für die Gelenkvariablen erreichen.

Reduktionsstellung

Eine Effektorstellung heißt Reduktionsstellung, wenn zum Erreichen dieser Stellung ein Roboter mit einem Freiheitsgrad $f < 6$ ausreichen würde. Liegt dieser Fall vor, dann können einige der Gelenkvariablen völlig frei gewählt werden.

Unzulässige Stellungen

unerreichbare Stellung

Ausgehend von einer gewünschten Effektorstellung werden bei der Rückwärtsrechnung die dazu notwendigen Gelenkvariablen mathematisch bestimmt. Gibt es mindestens eine Lösung für die Gelenkvariablen, dann nennen wir die zugeordnete Effektorstellung

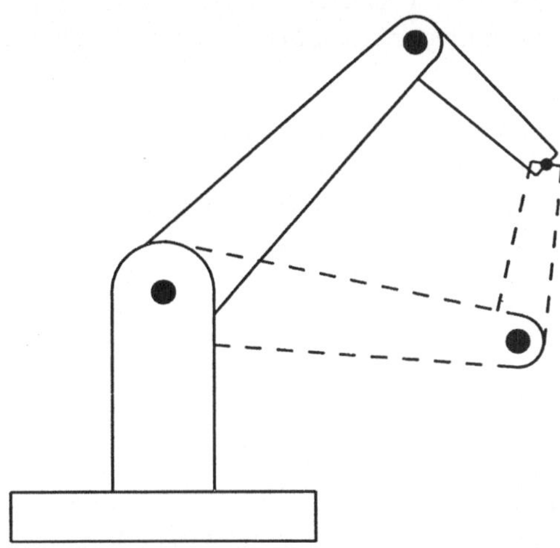

Abb. 4.10. Zwei Lösungen für die Armstellung

eine „prinzipiell erreichbare" Effektorstellung. Eine Effektorstellung, die auch bei beliebigen Gelenkwinkeln nicht eingestellt werden kann, heißt „unerreichbare" Stellung. Eine unerreichbare Stellung ist beispielsweise ein Punkt im Raum, der vom Roboter so weit entfernt ist, daß er auch bei völlig ausgestrecktem Arm nicht erreicht werden kann.

unzulässige Stellung

Die Rückwärtsrechnung erfolgt auf der Basis der rein geometrischen Beziehungen zwischen den Koordinatensystemen eines Roboters. Das Ergebnis kann daher physikalische Begrenzungen nicht berücksichtigen. Durch zusätzliche Abprüfungen muß deshalb die Lösungsmenge der „prinzipiell erreichbaren" Effektorstellungen aus der Rückwärtsrechnung auf die wirklich zulässigen Einstellungen eingeschränkt werden. Eine „zulässige" Stellung ist dabei eine prinzipiell erreichbare Stellung, die auch unter den gegebenen physikalischen Randbedingungen eingestellt werden kann. Eine „unzulässige" Stellung ist dementsprechend eine prinzipiell erreichbare Stellung, die aber unter den gegebenen physikalischen Randbedingungen nicht erreicht werden kann.

Gründe für unzulässige Stellungen

Für eine unzulässige Effektoreinstellung können folgende Gründe vorliegen:

- Ein Gelenkwinkel liegt außerhalb des in der Realität aufgrund der Konstruktion zulässigen Winkelbereichs.
- Die Roboterarme kollidieren mit Hindernissen im Arbeitsraum.

- Das Objekt im Effektor oder der Effektor selbst kollidieren mit Hindernissen in der Umgebung des Roboters oder mit den Roboterarmen.

unzulässige Zwischenstellungen

Wichtig ist natürlich auch, daß bei einer Bewegung von der Ist-Stellung zur neuen Soll-Stellung keine unzulässigen Zwischenstellungen eingenommen werden. Falls Hindernisse in der Umwelt vorhanden sind, muß also eine kollisionsfreie Trajektorienplanung erfolgen. Verfahren hierzu finden sich beispielsweise in [LATO91] oder [GLAV91].

Verfahren der Rückwärtsrechnung

Verfahren

In der Literatur sind mehrere Verfahren zur Rückwärtsrechnung beschrieben. Eine grundlegende Darstellung findet sich beispielsweise in Paul [PAUL81]. Es gibt aber im Gegensatz zur Vorwärtsrechnung kein Verfahren, das für alle Roboter anwendbar wäre. Üblich sind folgende Vorgehensweisen:

1. Explizite Rückwärtsrechnung
2. Spezielle Rückwärtsrechnung für den PUMA 560
3. Inkrementelle Rückwärtsrechnung

Die explizite und die spezielle Rückwärtsrechnung werden nachfolgend behandelt. Zu Einzelheiten über die inkrementelle Rückwärtsrechnung siehe beispielsweise [PAUL81].

4.7 Explizite Rückwärtsrechnung

Ausgangspunkt

Bei der expliziten Rückwärtsrechnung geht man von der Transformationsmatrix 4.6

$$ {}^{0}\mathbf{A}_t = {}^{0}\mathbf{A}_6\, {}^{6}\mathbf{A}_t = \begin{pmatrix} nx_0 & sx_0 & ax_0 & px_0 \\ ny_0 & sy_0 & ay_0 & py_0 \\ nz_0 & sz_0 & az_0 & pz_0 \\ 0 & 0 & 0 & 1 \end{pmatrix} \qquad (4.9) $$

aus. Hierbei stehen auf der rechten Seite die Komponenten der gegebenen Größen **p**, **n**, **s** und **a** im Bezugskoordinatensystem S_0. Sie definieren die zu erreichende Stellung (Position und Orientierung) des Effektors. Die Matrix ${}^{0}\mathbf{A}_t$ enthält die unbekannten Winkel θ_i. Durch elementweise Gleichsetzung ergibt sich ein System von Gleichungen für die unbekannten Winkel. Diese werden im Prinzip nach den gesuchten Winkeln aufgelöst.

Gleichungen

Auswahl der Gleichungen

Das entstehende System von Gleichungen enthält 9 Gleichungen, also mehr als zur Bestimmung der sechs unbekannten Winkel erforderlich ist. Der Grund dafür ist, daß die Elemente der Transformationsmatrizen, wie früher besprochen, nicht unabhängig voneinander sind. Man kann sich aus den entstehenden Gleichungen also besonders günstige aussuchen. Günstig sind Gleichungen, bei denen eines der gleichgesetzten Matrixelemente eine Konstante ist oder nur bereits bekannte Größen enthält. Eine zusätzliche Auswahl möglicherweise geeigneter Gleichungen ergibt sich durch Multiplizieren der obigen Gleichung 4.9 mit Inversen der Teilmatrizen von links oder von rechts. Dies kann mehrfach wiederholt werden. Die Auswahl der günstigsten Gleichungen bleibt dabei der Intuition überlassen. Es gibt kein festes Verfahren dafür.

Nach Paul [PAUL81] muß bei der Berechnung der Lösung auf folgende Punkte geachtet werden: Wichtige Punkte

- Ein unbekannter Winkel θ_i darf nicht über den Arcuscosinus oder den Arcussinus berechnet werden. Dies würde zu einer unnötigen Mehrdeutigkeit der Lösung und zu numerischen Ungenauigkeiten in der Nähe von $cos(\theta) = \pm 1$ bzw. $sin(\theta) = \pm 1$ führen, da dort die Herleitung Null ist.
- Winkel sollten über den Arcustangens berechnet werden. Dadurch treten die oben genannten Probleme nicht auf.
- Um dabei die Winkel in dem richtigen Quadranten zu erhalten, definieren wir folgende Funktion über den Hauptwert des Arcustangens: Arctan Definition

$$Arctan(y,x) = \begin{cases} 0 & \text{für } x = 0, y = 0 \\ \pi/2 & \text{für } x = 0, y > 0 \\ 3 * \pi/2 & \text{für } x = 0, y < 0 \\ \arctan(y/x) & \text{für } x > 0, y \geq 0 \\ 2 * \pi - \arctan(y/x) & \text{für } x > 0, y < 0 \\ \pi - \arctan(y/x) & \text{für } x < 0, y \geq 0 \\ \pi + \arctan(y/x) & \text{für } x < 0, y < 0 \end{cases}$$

Das gesamte Vorgehen soll am Beispiel der Bestimmung der Gelenkwinkel θ_4, θ_5 und θ_6 beim PUMA 560 gezeigt werden. Die Einheitsvektoren **n**, **s** und **a** des Effektorkoordinatensystems sind vorgegeben. Weiter setzten wir voraus, daß die Winkel θ_1, θ_2 und θ_3 bereits bestimmt wurden. Damit stehen die unbekannten Winkel in der Transformationsmatrix ${}^3\mathbf{A}_6$. Deshalb wird Gleichung 4.9 mit ${}^0\mathbf{A}_3^{-1}$ von links und mit ${}^6\mathbf{A}_t^{-1}$ von rechts durchmultipliziert. Man erhält: Beispiel für PUMA 560

$$ {}^3\mathbf{A}_6 = {}^0\mathbf{A}_3^{-1} \begin{pmatrix} nx_0 & sx_0 & ax_0 & px_0 \\ ny_0 & sy_0 & ay_0 & py_0 \\ nz_0 & sz_0 & az_0 & pz_0 \\ 0 & 0 & 0 & 1 \end{pmatrix} {}^6\mathbf{A}_t^{-1} $$

Gleichungen

Die linke Seite dieser Gleichung ist durch Gleichung 4.5 explizit gegeben. Die rechte Seite erhält man durch Ausmultiplizieren unter Verwendung der Inversen der Gleichungen 4.4 und 4.7. Die ausmultiplizierte Matrix werde mit **M** und dementsprechend ihre Elemente mit m_{ij} bezeichnet. Damit gilt:

$$\mathbf{M} = {}^0\mathbf{A}_3^{-1} \begin{pmatrix} nx_0 & sx_0 & ax_0 & px_0 \\ ny_0 & sy_0 & ay_0 & py_0 \\ nz_0 & sz_0 & az_0 & pz_0 \\ 0 & 0 & 0 & 1 \end{pmatrix} {}^6\mathbf{A}_t^{-1}$$

Damit ergibt sich das Gleichungssystem:

$$\begin{gathered} {}^3\mathbf{A}_6 = \\ \begin{pmatrix} C4C5C6 - S4S6 & -C4C5S6 - S4C6 & C4S5 & d_6C4S5 \\ S4C5C6 + C4S6 & -S4C5S6 + C4C6 & S4S5 & d_6S4S5 \\ -S5C6 & S5S6 & C5 & d_4 + d_6C5 \\ 0 & 0 & 0 & 1 \end{pmatrix} \\ = \mathbf{M} \end{gathered} \tag{4.10}$$

Lösung θ_4

Durch Gleichsetzung der Elemente (1,3) bzw. (2,3) und nachfolgender Division ergibt sich:

$$\theta_4 = Arctan(sign(S5) * m_{23}, sign(S5) * m_{13})$$

Hierbei wurde der gemeinsame Faktor S5=sin(θ_5) gekürzt. Da es bei den Parametern von *Arctan* jedoch auch auf das Vorzeichen von S5 ankommt, damit der richtige Quadrant bestimmt werden kann, bleibt dieses erhalten. Je nach dem Wert von $sign(S5)$ erhält man zwei Werte von θ_4, die sich um π unterscheiden. Wir setzen nachfolgend $sign(S5) = -FLIP$. Es gilt:

- Ist der Drehwinkel θ_5 um z_4-Achse ein positiver Winkel, dann ist $flip = -1$ (NOFLIP). Sonst ist $flip = +1$ (FLIP).

Berechnet man die beiden benötigten Matrixelemente, dann ergibt sich mit C23 für $\cos(\theta_2 + \theta_3)$ und S23 für $\sin(\theta_2 + \theta_3)$:

$$\begin{aligned} \theta_4 = Arctan(& -flip * (-S1ax_0 + C1ay_0), \\ & -flip * (C1C23ax_0 + S1C23ay_0 - S23az_0)) \end{aligned}$$

Gleichungen

Zur Bestimmung der restlichen Gelenkstellungen gehen wir aus von der Transformationsmatrix:

$$
{}^{4}\mathbf{A}_6 = \begin{pmatrix} C6C5 & -S6C5 & S5 & S5d6 \\ S5C6 & -S5S6 & -C5 & -C5d6 \\ S6 & C6 & 0 & 0 \\ 0 & 0 & 0 & 1 \end{pmatrix}
$$

Diese Transformationsmatrix muß gleich sein, der Matrix **Q**, berechenbar aus dem Ausdruck:

$$
\mathbf{Q} = {}^{4}\mathbf{A}_6 = {}^{3}\mathbf{A}_4^{-1}\,{}^{3}\mathbf{A}_6 = {}^{3}\mathbf{A}_4^{-1}\,\mathbf{M}
$$

Damit ergibt sich die Gleichung:

$$
\begin{pmatrix} C6C5 & -S6C5 & S5 & S5d6 \\ S5C6 & -S5S6 & -C5 & -C5d6 \\ S6 & C6 & 0 & 0 \\ 0 & 0 & 0 & 1 \end{pmatrix} = \mathbf{Q}
$$

Durch Gleichsetzung der Elemente (1,3) bzw. (2,3) und Division ergibt sich: Lösung θ_5

$$
\theta_5 = Arctan(q_{13}, -q_{23})
$$

Setzt man die berechneten Werte für q_{13} und q_{23} ein, dann ergibt sich:

$$
\begin{aligned}
\theta_5 = Arctan(\; & (C1C23C4 - S1S4)ax_0 + \\
& +(S1C23C4 + C1S4)ay_0 - S23C4az_0, \\
& C1S23ax_0 + S1S23ay_0 + C23az_0)
\end{aligned}
$$

Durch Gleichsetzung der Elemente (3,1) bzw. (3,2) und Division ergibt sich: Lösung θ_6

$$
\theta_6 = Arctan(q_{31}, q_{32})
$$

Setzt man die berechneten Werte für q_{31} und q_{32} ein, dann ergibt sich:

$$
\begin{aligned}
\theta_6 = Arctan(\; & -(C1C23S4 + S1C4)nx_0 + \\
& +(-S1C23S4 + C1C4)ny_0 + S23S4nz_0, \\
& -(C1C23S4 + S1C4)sx_0 + \\
& +(-S1C23S4 + C1C4)sy_0 + S23S4sz_0)
\end{aligned}
$$

Damit ist die Rückwärtsrechnung für die drei unbekannten Handgelenkwinkel θ_4 bis θ_6 durchgeführt. Auffällig ist: Diese Winkel hängen nicht von der Position des Effektors, sondern nur von dessen Orientierung ab. Der Grund ist die spezielle Konstruktion der Handgelenke beim PUMA 560. Hier muß durch geeignete Einstellung der Gelenkwinkel θ_1 bis θ_3 schon dafür gesorgt werden, daß sich nach Einstellung der Orientierung durch die Handgelenke die gewünschte Position ergibt. Dies wird im nächsten Abschnitt gezeigt.

4.8 Spezielle Rückwärtsrechnung für den PUMA 560

Grundidee

Die Gelenkachsen der Roboter liegen normalerweise nicht windschief zueinander, sondern liegen oft parallel oder rechtwinklig. Hierdurch vereinfacht sich die Rückwärtsrechnung, und bei bestimmten konstruktiven Eigenschaften [HEIS85] lassen sich die Formeln für die Rückwärtsrechnung sogar geschlossen angeben. In solchen Fällen ist eine roboterspezifische Vorgehensweise oft einfacher als eine explizite Rückwärtsrechnung über die Transformationsmatrizen, wie im vorherigen Abschnitt vorgestellt. Dies soll am Beispiel des Roboters PUMA 560 gezeigt werden. Hier lassen sich die Formeln für die Rückwärtsrechnung aufgrund rein geometrischer Überlegungen herleiten.

Konfigurationsparameter

Um eine eindeutige Lösung zu erhalten, muß der Benutzer die gewünschte Konfiguration durch drei Konfigurationsparameter ARM, ELBOW und FLIP beschreiben. Die Parameter können die Werte +1 oder −1 annehmen. Ihre Bedeutung ist:

ARM

- $ARM = +1(-1)$: Der Arm ist rechter (linker) Arm, d.h. ein positiver Winkel θ_2 bewegt das Handgelenk in positive (negative) z_0-Richtung (siehe Abb. 4.11). Beim PUMA 560 werden die Wortsymbole RIGHTY und LEFTY verwendet.

ELBOW

- $ELBOW = +1(-1)$: Der Ellenbogen ist oberhalb (unterhalb) des Handgelenks. Im Fall „Ellenbogen oberhalb Handgelenk" hat das Handgelenk des rechten (linken) Arms einen negativen (positiven) y_2-Wert. Im Fall „Ellenbogen unterhalb Handgelenk" hat das Handgelenk des rechten (linken) Arms einen positiven (negativen) y_2-Wert (siehe Abb. 4.12). Beim PUMA 560 werden die Wortsymbole ABOVE und BELOW verwendet.

FLIP

- $flip = +1(-1)$: Der Drehwinkel θ_5 um die z_4-Achse ist ein positiver Winkel ($flip = -1$, NOFLIP) oder ein negativer Winkel ($flip = +1$, FLIP). Dieser Konfigurationsparameter wurde bei der Bestimmung von θ_4 im vorhergehenden Abschnitt bereits eingeführt. Beim PUMA 560 werden die Wortsymbole FLIP und NOFLIP verwendet.

Ausgangswerte

Bei der Rückwärtsrechnung ist die Lage des Toolkoordinatensystems S_t bezüglich des Koordinatensystems S_0 gegeben. Lage und Orientierung von S_t seien gegeben durch:

- den Vektor $\mathbf{p}_t$ vom Koordinatenursprung von S_0 zum Koordinatenursprung von S_t und
- durch die Vektoren $\mathbf{n}$, $\mathbf{s}$ und $\mathbf{a}$.

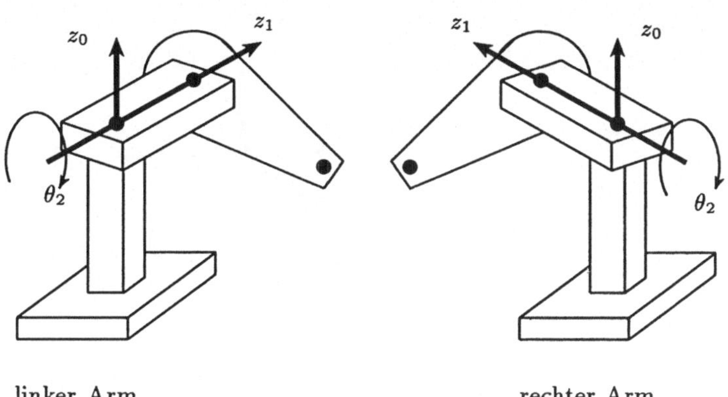

linker Arm rechter Arm

rechter (linker) Arm:
positives θ_2 bewegt Arm in positive (negative) z_0-Richtung

Abb. 4.11. Bedeutung des Konfigurationsparameters ARM

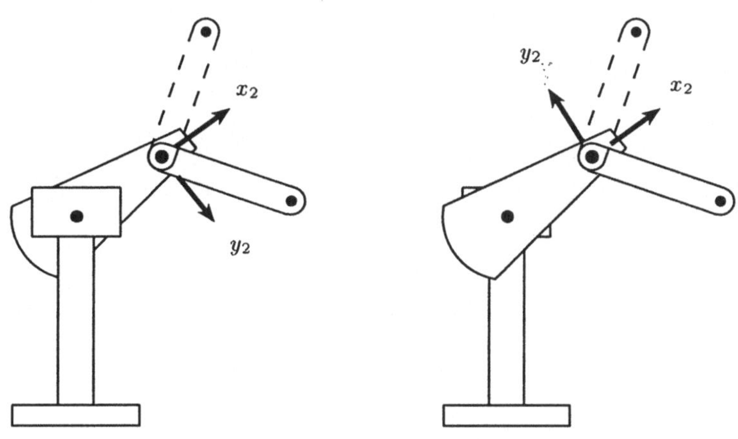

linker Arm rechter Arm

Ellenbogen oberhalb Hand (gestrichelt: unterhalb Hand)

Ellenbogen oberhalb Hand des rechten (linken) Arms:
Handgelenk hat negativen (positiven) y_2-Wert

Abb. 4.12. Konfigurationsparameter ELBOW

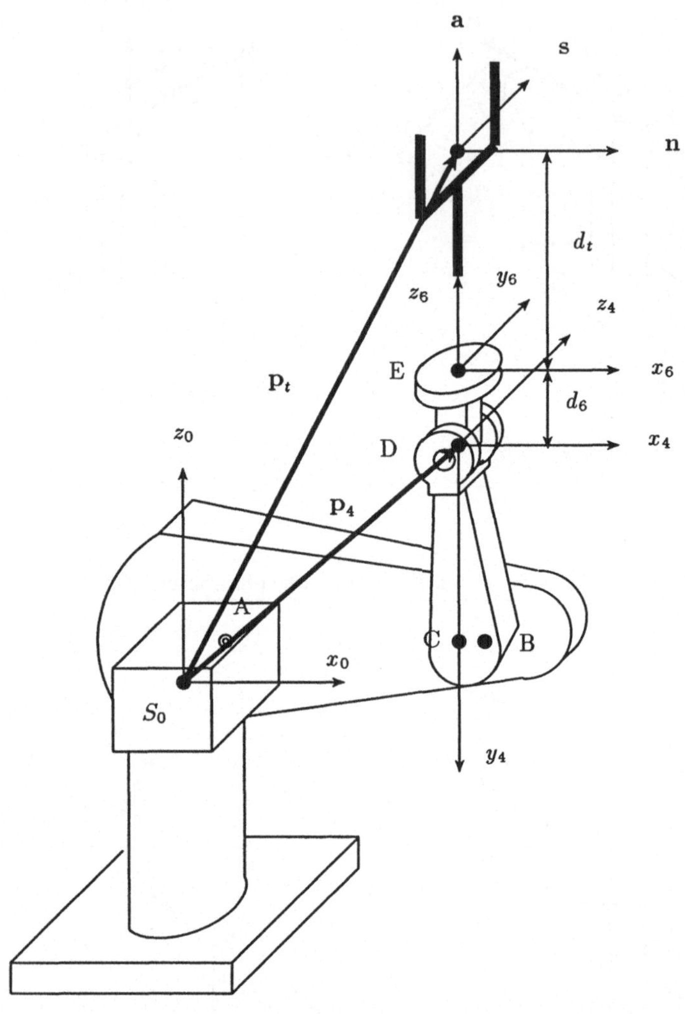

Abb. 4.13. Zur Rückwärtsrechnung beim PUMA 560

Oft ist die Lage des Toolkoordinatensystems nicht in S_0, sondern im Weltkoordinatensystem gegeben. In diesem Fall muß eine (triviale) Umrechnung in S_0 erfolgen.

Ziel-Lage S_4

Wir nehmen an, daß eine übliche Anordnung des Effektors vorliegt, dann liegen $\mathbf{a}$ und z_6 in einer Geraden und zeigen in dieselbe Richtung (Abb. 4.13). Weiterhin sei d_t der Abstand der Koordinatenursprünge von S_6 und S_t. Unter diesen Annahmen läßt sich aufgrund der Geometrie der Handgelenke des PUMA 560 der Vektor $\mathbf{p}_4$ vom Ursprung von S_0 zum Ursprung des Koordinatensystems S_4 leicht berechnen:

$$\mathbf{p}_4 = \mathbf{p}_t - (d_6 + d_t) * \mathbf{a}$$

Da die Orientierung des Effektors durch die Winkel θ_4, θ_5 und θ_6, die Position des Koordinatensystems S_4 aber durch die Winkel θ_1, θ_2 und θ_3 eingestellt wird, kann die Rückwärtsrechnung in zwei getrennt lösbare Teilprobleme zerlegt werden: Zerlegung in 2 Teilprobleme

1. Die Winkel der ersten drei Gelenke werden so bestimmt, daß S_4 an der Position $\mathbf{p}_4$ ist. Der Vektor $\mathbf{p}_4$ wird nachfolgend kurz mit $\mathbf{p}$ bezeichnet. Seine Komponenten im Koordinatensystem S_0 sind px_0, py_0 und pz_0.
2. Die Winkel der letzten drei Gelenke werden so bestimmt, daß S_t die gewünschte Orientierung hat. Dies ist in Abschnitt 4.7 bereits durchgeführt worden.

Bestimmung von θ_1

Die Ursprünge der Koordinatensysteme S_2, S_3 und S_4 liegen in der x_2, y_2-Ebene (Abb. 4.2, Abb. 4.14 und Abb. 4.15). Eine Drehung um θ_2 und um θ_3 bewegt die Ursprünge dieser Koordinatensysteme nur in dieser Ebene. Der Winkel θ_1 muß also so bestimmt werden, daß der Endpunkt von $\mathbf{p}$ in der x_2, y_2-Ebene liegt. Die x_2, y_2-Ebene liegt parallel zur x_1, y_1-Ebene. Der Abstand zwischen diesen beiden Ebenen ist d_2. A ist der Schnittpunkt der x_2, y_2-Ebene mit der z_1-Achse. D′ ist die Projektion des Punktes D in die x_0, y_0-Ebene. Bestimmung θ_1

Mit den Bezeichnungen für die Koordinatensysteme des PUMA 560 ergeben sich für den linken Arm die einfachen geometrischen Beziehungen gemäß Abb. 4.16. Mit den Abkürzungen Lösung linker Arm

$$R^2 = px_0^2 + py_0^2 \quad \text{und} \quad r^2 = R^2 - d_2^2$$

ergibt sich sofort:

$$\begin{aligned} \sin\alpha &= d_2/R & \qquad \sin(\alpha+\theta_1) &= py_0/R \\ \cos\alpha &= r/R & \qquad \cos(\alpha+\theta_1) &= px_0/R \end{aligned}$$

und daraus folgt

$$\theta_1 = Arctan(rpy_0 - d_2px_0, d_2py_0 + rpx_0)$$

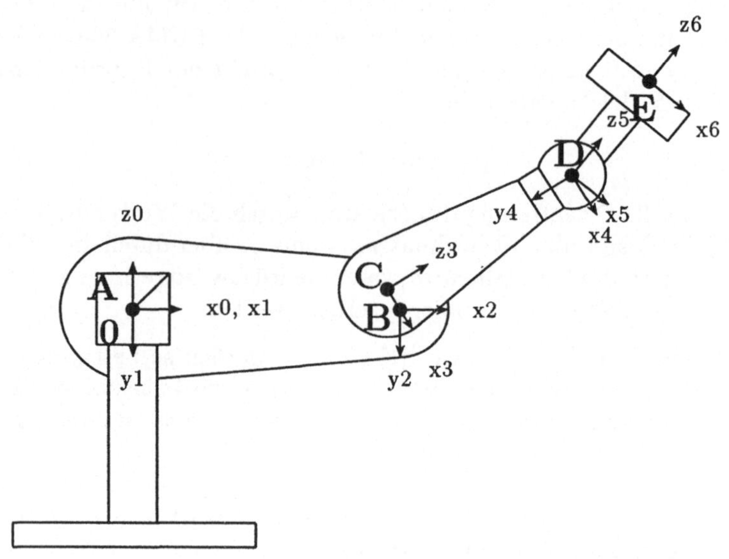

Abb. 4.14. PUMA 560 von der Seite, Drehungen um z2 und z4

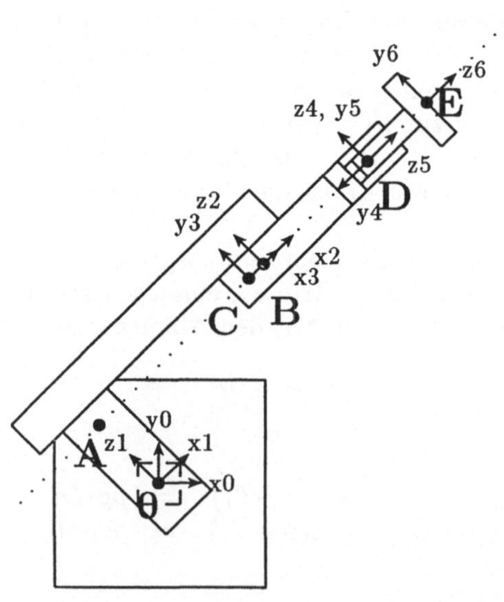

Abb. 4.15. PUMA 560 von oben, Drehungen um z0 und z2

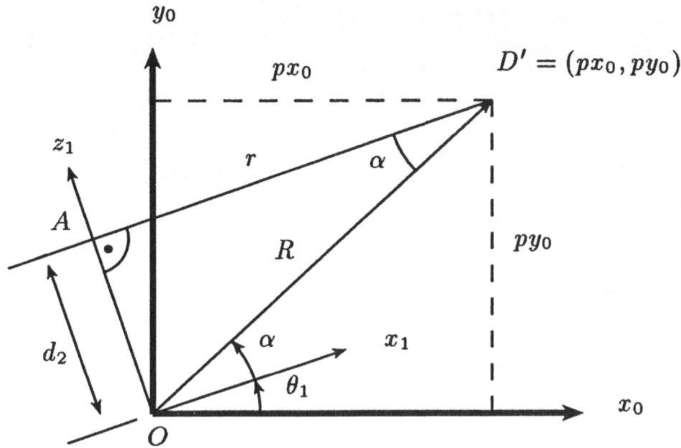

Abb. 4.16. Bestimmung von θ_1 bei linkem Arm

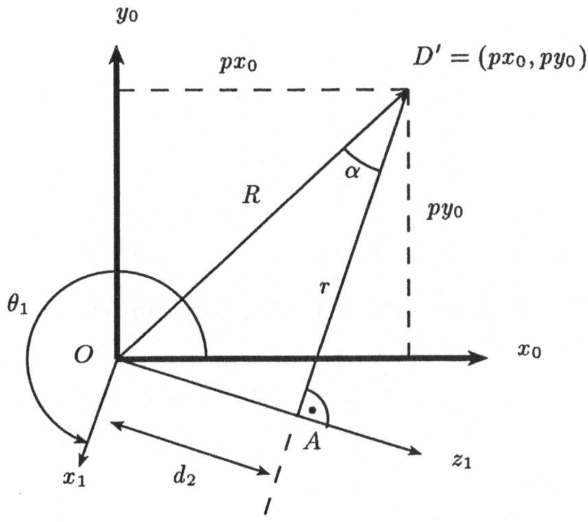

Abb. 4.17. Bestimmung von θ_1 bei rechtem Arm

Lösung rechter Arm

Auf analoge Art und Weise läßt sich die Einstellung für den rechten Arm herleiten. Die Konfiguration zeigt Abb. 4.17. Mit den bereits eingeführten Abkürzungen für R^2 und r^2 ergibt sich sofort:

$$\begin{aligned} \sin\alpha &= d_2/R & \sin(-\alpha + \theta_1 - \pi) &= py_0/R \\ \cos\alpha &= r/R & \cos(-\alpha + \theta_1 - \pi) &= px_0/R \end{aligned}$$

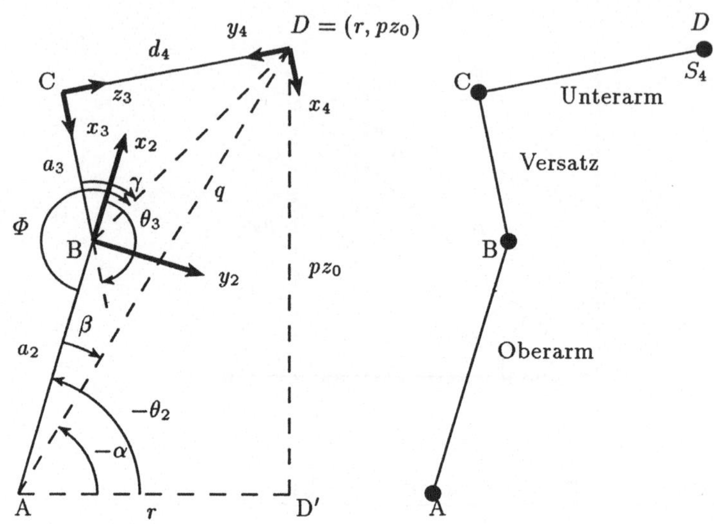

Konfiguration: linker Arm, Ellenbogen oberhalb Hand

Abb. 4.18. Bestimmung von θ_2 und θ_3

Daraus folgt:

$$\theta_1 = Arctan(-rpy_0 - d_2px_0, d_2py_0 - rpx_0)$$

allgemeine Lösung

Mit der Variablen ARM lassen sich die beiden Formeln vereinheitlichen zu:

$$\theta_1 = Arctan(-ARM * rpy_0 - d_2px_0, -ARM * rpx_0 + d_2py_0)$$

Bestimmung von θ_2

Bestimmung θ_2

Es wird nun die Lage der Koordinatensysteme in der x_2, y_2-Ebene betrachtet. Hierbei bezeichnen A bis D wieder die Ursprünge der Koordinatensysteme. Abb. 4.18 gibt die geometrischen Verhältnisse für den linken Arm und den Ellenbogen oberhalb der Handwurzel.

Die anderen drei Konfigurationen können analog aufgezeichnet werden. Auf eine Einzelherleitung der Formeln für die vier Konfigurationen wird hier jedoch verzichtet. Stattdessen wird sofort die allgemeine Form der Ergebnisse unter Verwendung der Konfigurationsparameter angegeben. Mit der Abkürzung $K = ARM * ELBOW$ ergibt sich:

$$\theta_2 = \alpha + K * \beta$$

$$q^2 = r^2 + pz_0^2 = px_0^2 + py_0^2 - d_2^2 + pz_0^2$$

$$\sin\alpha = -pz_0/q \qquad \cos\alpha = -r * ARM/q$$

Der Kosinussatz für das schiefwinklige Dreieck ABD lautet:

$$d_4^2 + a_3^2 = a_2^2 + q^2 - 2 * a_2 * q * \cos\beta$$

Hieraus ergibt sich:

$$\cos\beta = \frac{px_0^2 + py_0^2 + pz_0^2 + a_2^2 - d_2^2 - a_3^2 - d_4^2}{2 * a_2 * \sqrt{px_0^2 + py_0^2 + pz_0^2 - d_2^2}}$$

Allgemein gilt dann noch:

$$\sin^2\beta = 1 - \cos^2\beta$$

Hieraus wird $\sin(\beta)$ berechnet. Mit dem Additionstheorem für Winkelfunktionen ergibt sich wegen $\theta_2 = \alpha + K * \beta$:

$$\sin\theta_2 = \sin\alpha\cos\beta + K\cos\alpha\sin\beta$$

$$\cos\theta_2 = \cos\alpha\cos\beta - K\sin\alpha\sin\beta$$

Aus diesen beiden Gleichungen wird θ_2 berechnet:

$$\theta_2 = Arctan(\sin\theta_2, \cos\theta_2)$$

Bestimmung von θ_3

Die Abb. 4.18 erlaubt auch die Bestimmung von θ_3. Es gilt: Bestimmung θ_3

$$\theta_3 = \Phi - \gamma$$

$$\sin\gamma = \frac{d_4}{\sqrt{a_3^2 + d_4^2}} \qquad \cos\gamma = \frac{a_3}{\sqrt{a_3^2 + d_4^2}}$$

Der Kosinussatz bezüglich des schiefwinkligen Dreiecks ABD ergibt:

$$\cos(2\pi - \Phi) = \cos\Phi = \frac{a_2^2 + (d_4^2 + a_3^2) - q^2}{2 * a_2 * \sqrt{d_4^2 + a_3^2}}$$

$$\sin \Phi = K * \sqrt{1 - \cos^2 \Phi}$$

Mit dem Additionstheorem für die Winkelfunktionen ergibt sich dann wieder:

$$\sin \theta_3 = \sin \Phi \cos \gamma - \cos \Phi \sin \gamma$$

$$\cos \theta_3 = \cos \Phi \cos \gamma + \sin \Phi \sin \gamma$$

Daraus wird nun θ_3 berechnet:

$$\theta_3 = Arctan(\sin \theta_3, \cos \theta_3)$$

4.9 Problemfälle bei der Rückwärtsrechnung

Probleme

Bei der Rückwärtsrechnung können die folgenden drei typischen Probleme auftreten:

1. Durch numerische Ungenauigkeiten führen die berechneten Gelenkwinkel möglicherweise zu einer Stellung, die nicht exakt die gewünschte ist.
2. Es werde der Ausschnitt des Arbeitsbereichs, für den eine bestimmte Einstellung der Konfigurationsparamter gilt, als Konfigurationsraum bezeichnet. Die Ausgangsstellung und die Zielstellung des Roboters können nun in verschiedenen Konfigurationsräumen liegen. Bei bestimmten Robotern, z.B. dem PUMA 560, ist es nicht möglich, während eines Bewegungsbefehls den Konfigurationsraum zu verlassen. Dies bedeutet, daß die Endstellung, obwohl prinzipiell erreichbar und zulässig, im Zuge einer bestimmten Bahn möglicherweise nicht erreichbar ist.
3. Wird eine Roboterbahn in einem festen Konfigurationsraum abgefahren, dann kann es vorkommen, daß in einem Teilschritt von wenigen Millisekunden plötzlich ein großer Winkelbereich durchlaufen werden muß. Dieser Fall ist besonders kritisch, da die schnelle Bewegung beispielsweise für das transportierte Objekt kritisch oder von der Motorbelastung her unmöglich ist. Siehe hierzu auch das nachfolgende Alpha5-Problem als Beispiel. Als Abhilfe ist es erforderlich, an geeigneten Stellen der Bahn einen Konfigurationswechsel vorzusehen.

Beispiel: Alpha5-Problem

Das Alpha5-Problem ist charakteristisch für das oben genannte Problem 3. Es tritt, wie der Name sagt, bei der Bewegung um den Winkel θ_5 auf. Die Abb. 4.19 veranschaulicht das Alpha5-Problem. Sie zeigt die Bewegung bei zwei verschiedenen Einstellungen von θ_4, die sich um 180 Grad unterscheiden.

Ausgangs-situation

Will man eine Bewegung um den Winkel θ_5, so ist es naheliegend, von Stellung a in Stellung c oder von Stellung d in Stellung f zu drehen. Der Winkel θ_4 bleibt dabei fest. Die beiden Ausgangsstellungen a und d unterscheiden sich nur um 180 Grad im Winkel θ_4 (und in θ_6). Aufgrund der Konfigurationsparameter FLIP ($\theta_5 < 0$) und NOFLIP ($\theta_5 > 0$) bei PUMA 560 gehören aber die Stellungen a und f bzw. d und c jeweils zu einem anderen Konfigurationsraum. Die Stellungen b und e nennt man degenerierte Stellungen. Sie können als zu beiden Konfigurationsräumen gehörig betrachtet werden.

Alpha5-Problem

Beim PUMA-Roboter erfolgt bei einem Fahrbefehl die Bewegung von der Ausgangsstellung zur Zielstellung immer ohne Wechsel des Konfigurationsraums. Ist die Ausgangsstellung a, so werden demnach die Stellungen a-b-e-f durchlaufen. Dabei muß innerhalb eines Bahninkrements, d.h. in wenigen Millisekunden, von einer Stellung in der Nähe von b nach einer Stellung in der Nähe von e gewechselt werden. Dies bedeutet, daß in dieser Zeitspanne θ_4 um 180 Grad gedreht werden muß. Dies führt zu einer Überlastung des Antriebs und daher zu einem Abbruch der Bewegung mit Fehler.

Vermeidung

Eine Vermeidung des Alpha5-Problems ist nur durch Aufteilung der Gesamtbewegung in geeignete Teilbewegungen durch den Programmierer möglich. Hierzu werden alle zulässigen Konfigurationen für die einzelnen Bahnpunkte bestimmt. Dann wird für das Abfahren der Bahn eine Folge von Bahnpunkten mit den zugehörigen Konfigurationen bestimmt, die eine minimale Bewegung der Gelenke verursachen. Aufeinanderfolgende Punkte, die demselben Konfigurationsraum angehören, können zu einem Bahnsegment zusammengefaßt werden. Jedes Bahnsegment kann dann in einem Bewegungsbefehl an den Roboter übergeben werden.

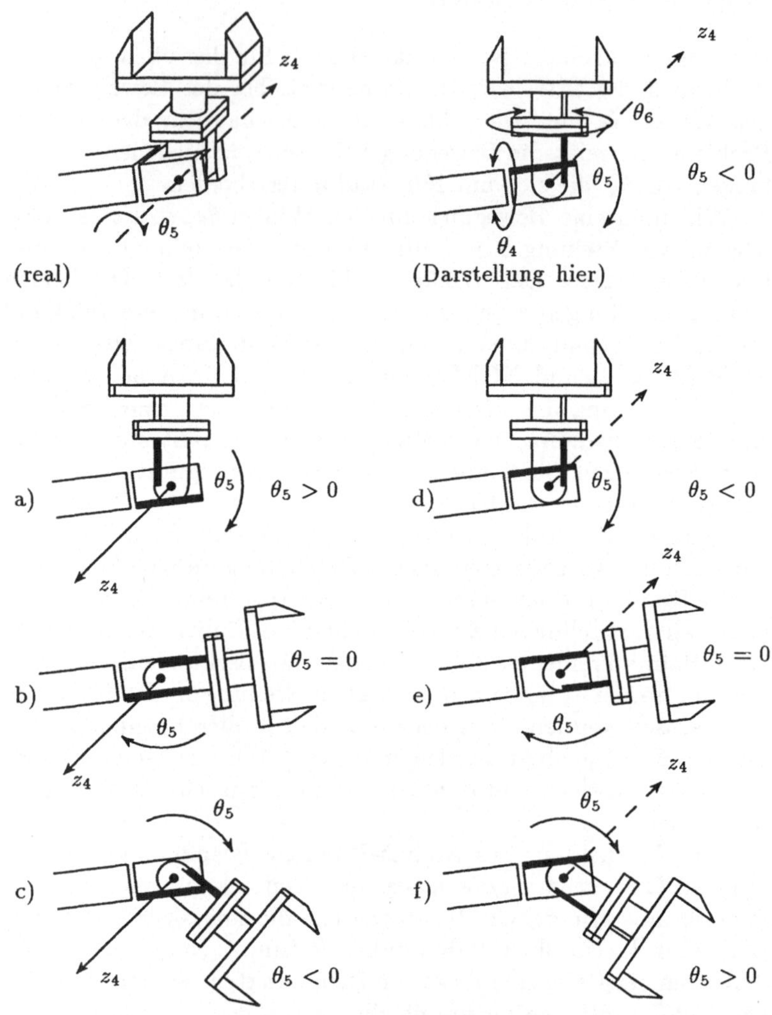

Abb. 4.19. Stellungen bei Bewegung um θ_5

5. Programmierung von Robotern

In diesem Kapitel werden die verschiedenen Arten der Programmierung von Robotern behandelt. Dabei wird nicht nur auf den Vorgang des Programmierens, sondern auch auf die nötige Systemumgebung eingegangen. Behandelt werden sowohl die on-line als auch die off-line Methoden. Bei den on-line Methoden wird der Roboter zur Programmierung benötigt. Beispiele dazu sind die Programmierung durch Beispiele oder durch Training. Bei den off-line Methoden wird das Roboterprogramm ohne Benutzung des Roboters erstellt. Der Roboter wird erst zum Test benötigt. Zu den off-line Methoden gehören die grafisch, interaktive Programmierung und die textuelle Programmierung auf roboter- und aufgabenorientierter Ebene. Der notwendigen Systemumgebung für die aufgabenorientierte Programmierung wird besondere Beachtung geschenkt, da diese Technik die Voraussetzung für autonome Systeme mit intelligenten Robotern darstellt, insbesondere zum Einsatz in der flexiblen Fertigung.

5.1 Arten der Programmierung

Ein Industrieroboter muß frei programmierbar sein. Der Bediener oder Programmierer kann also einem Roboter eine beliebige Folge von Anfahrpunkten vorgeben. Diese Punktfolge kann dann der Roboter beliebig oft abfahren. Es ist klar, daß die freie Wahl von Punkten durch Hindernisse in der Umgebung und durch konstruktive Beschränkungen des Roboters, beispielsweise bei den Gelenkwinkeln, eingeschränkt wird. frei programmierbar

Für die Programmierung eines Roboters, insbesondere für die Vorgabe von Bewegungsbahnen, kann man on-line und off-line Methoden unterscheiden. Bei den on-line Methoden wird der Roboter zur Programmierung benötigt. Bei den off-line Methoden wird das Roboterprogramm ohne Benutzung des Roboters erstellt. Der Roboter wird erst zum Test benötigt. Die nachfolgenden Ausführungen basieren jedoch auf einer anderen Klassifizierung, nämlich der nach Programmierverfahren: Arten

- Programmierung durch Beispiele,
- Programmierung durch Training,
- roboterorientierte (textuelle) Programmierung,
- aufgabenorientierte (textuelle) Programmierung.

Die ersten beiden Programmierverfahren werden in den nachfolgenden Abschnitten dieses Kapitels genauer dargestellt. Die roboter- und aufgabenorientierte Programmierung wird in diesem Kapitel nur kurz skizziert, da eine Vertiefung in den späteren Kapiteln erfolgt.

5.2 Programmierung durch Beispiele

Programmierung durch Beispiele (engl. teach in) heißt, daß man den Roboter, genauer den Effektor, die gewünschte Bahn entlang führt. Dabei wird eine ausreichende Anzahl von Bahnpunkten (Position und Orientierung) im Steuerrechner abgespeichert. Die Folge der Bahnpunkte kann danach beliebig oft abgefahren werden. Erfolgt das Entlangführen mit dem realen Roboter an der realen Bahn, beispielsweise der Schweißnaht eines Blechteils, spricht man von einem on-line Verfahren. Wird das Entlangführen interaktiv in einem Robotersimulationssystem (Abschnitt 5.7) durchgeführt, handelt es sich um eine Art der off-line Programmierung.

Verfahren bei der Programmierung durch Beispiele

Je nachdem wie die gewünschten Bahnpunkte bei der Programmierung durch Beispiele eingestellt werden, lassen sich noch folgende Unterklassen definieren:

- Einstellen des Roboters,
- manuelle Programmierung, [1]
- Teach-In-Programmierung,
- Master-Slave Programmierung (einschließlich Teleoperation, die meist zur Master-Slave Programmierung gerechnet wird, obwohl bei ihr die abgefahrenen Bahnen nicht zum Zwecke späterer Wiederholung gespeichert werden).

Einstellen

Das Einstellen von Robotern ist das älteste „Programmierverfahren". Hier stehen keine Servoregler zur Verfügung, sondern jedes Gelenk kann nur eine sehr begrenzte Anzahl diskreter Stellungen einnehmen. Für die einzelnen Anfahrpunkte werden die Gelenkstellungen mit Schaltern oder mechanischen Stoppern festgelegt. Aufgabe der Robotersteuerung ist es dann, Signale an die einzelnen Stellglieder zu senden, so daß zum richtigen Zeitpunkt

[1] Einstellen von Robotern und manuelle Programmierung werden hier wie bei Groover [GROO87] verwendet. Dagegen benutzen Blume und Dillmann [BLUM81] beide Begriffe genau entgegengesetzt.

die richtige Stopperstellung eingestellt wird. Die Zuordnung von Anfahrpunkten zu Stopperstellungen in der Steuerung kann beispielsweise mit Codiermatrizen erfolgen. In der Regel kann man nur kleine Mengen von Anfahrpunkten zu einem „Programm" zusammenfassen. Die freie Programmierung von Bahnpunkten ist überdies durch die Diskretisierung (d.h. Feinheit der Einteilung) der Gelenkwinkel stark eingeschränkt.

manuelle Programmierung

Bei der manuellen Programmierung sind die Gelenkmotoren und die Bremsen des Roboters so eingestellt, daß der Roboter durch einen Menschen bewegt werden kann. Der „Programmierer" führt den Effektor von Hand entlang der gewünschten Bahn, beispielsweise entlang einer Schweißnaht. Die Bahn wird durch eine Folge von (Zwischen-)Zielpunkten definiert. Ist ein solcher erreicht, werden die zugehörigen Werte der Gelenkwinkel durch Drücken einer Taste am Roboter oder Steuerrechner abspeichert. Der Nachteil dieses Verfahrens ist, daß schwere Roboter nicht so leicht von Hand bewegbar sind. Dazu kommt, daß in engen Fertigungszellen oft nicht ausreichend Platz für einen Bediener ist, um an beliebigen Positionen einzugreifen, und daß diese Art der Programmierung für den Bediener unter Umständen gefährlich sein kann. Daher findet man die manuelle Programmierung heute in der Praxis kaum noch vor.

Teach-In Programmierung
Teach Box

Bei der Teach-In-Programmierung benutzt der Bediener ein spezielles Eingabegerät, um den Effektor zu positionieren. Dieses spezielle Eingabegerät heißt auch Teach Box, Teach Pendant oder Lehrgerät. Es ist Bestandteil der Robotersteuerung (Abb. 5.1). Zumeist werden drei Möglichkeiten zur Teach-In-Programmierung angeboten:

- Einzelbewegung der Gelenke,
- Bewegungen des Effektors in **x**-, **y**- oder **z**-Richtung zur Einstellung einer Position,
- Drehungen um die Winkel **O**, **A** und **T** zur Einstellung einer Orientierung.

Zur Teach Box gehören weiterhin Tasten, um Anfahrpunkte zu speichern oder zu löschen, sowie Tasten zum Starten und Abbrechen ganzer Programme. Komfortablere Geräte lassen auch das Einstellen von Geschwindigkeiten und die Eingabe von Befehlen zur Bedienung eines Greifers zu.

Joystick
Maus

Seit einigen Jahren gibt es alternative Geräte zur Teach Box, die deren nicht allzu komfortable Mehrtastenbedienung verbessern sollen. Zum Beispiel wird probiert, mit Joystick oder Maus den Teach-Vorgang zu beschleunigen. Hier gibt es allerdings Schwierigkeiten mit der erzielbaren Positioniergenauigkeit und mit dem

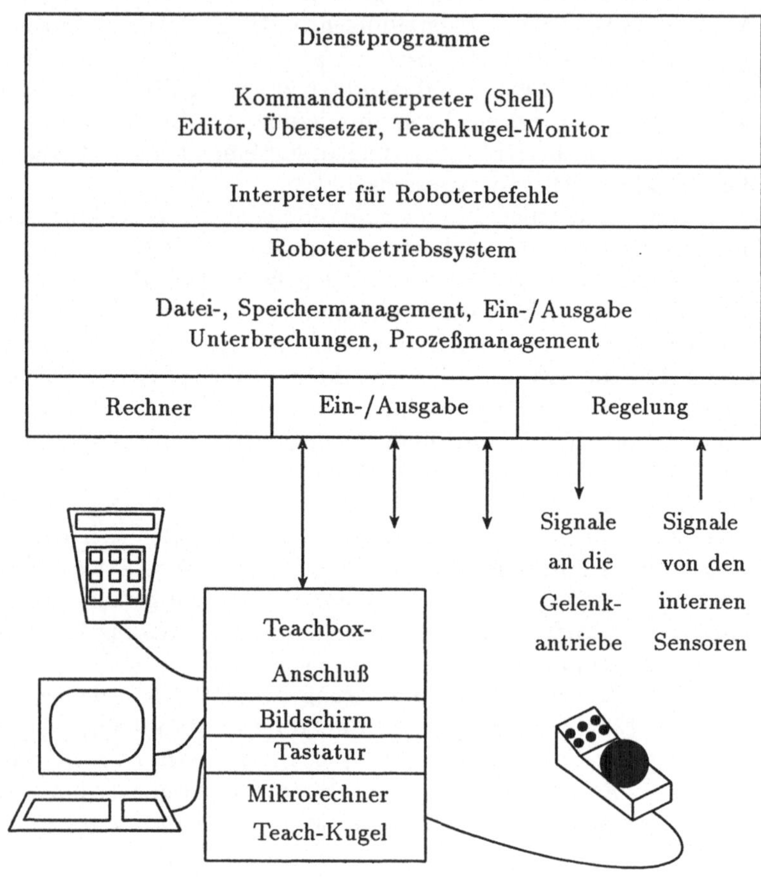

Abb. 5.1. Umgebung für Roboterprogrammierung

Teach-Kugel

Manipulieren von mehr als zwei Freiheitsgraden. Eine weitere Alternative ist die sogenannten Teach-Kugel. Mit ihr läßt sich jeder Roboter in sechs Freiheitsgraden simultan bewegen. Auf der Basis eines Kraft-Momenten-Sensors (KMS) wertet der Mikrorechner der Teach-Kugel die von der menschlichen Hand auf die Kugel ausgeübten drei Kräfte und drei Momente aus. Die Kräfte werden als Abweichungen in **x**-, **y**- und **z**-Richtung interpretiert, die Momente als Drehungen um die Winkel **O**, **A** und **T**. Damit stellt die Teach-Kugel eine äußerst komfortable, wenn auch zu Anfang

nicht immer ganz leicht zu bedienende, „3D-Maus“ zum Roboterprogrammieren dar.
Anmerkung:
Eine weitere Anwendung von Teach-Kugeln findet sich in CAD-Systemen. Dort will man die dargestellten Bilder auf dem Bildschirm verschieben und um alle Achsen drehen können. Das erleichtert die Betrachtung von Details z.B. einer Konstruktionszeichnung aus verschiedenen Blickwinkeln.

Master-Slave Programmierung

Die Master-Slave-Programmierung ist eine Möglichkeit, auch schwerste Roboter manuell zu programmieren. Der menschliche Bediener führt hier einen Master-Roboter, der klein ist und leicht bewegt werden kann. Gleichzeitig wird die Bewegung auf den (großen, schweren) Slave-Roboter übertragen. Die Bereitstellung von jeweils zwei Robotern mit geeigneter Kopplung kann das Verfahren allerdings sehr teuer machen. Es wird daher fast ausschließlich in der Ausprägung „Teleoperation“ verwendet.

Teleoperation

Teleoperation wird immer dort benötigt, wo der Aufenthalt für Menschen schwierig zu bewerkstelligen oder gefährlich ist, wie in verstrahlten Räumen, unter Wasser oder im Weltraum. Das Verfahren arbeitet wie die Master-Slave-Programmierung, jedoch werden normalerweise keine Zwischenpunkte abgespeichert. Da der Master oft sehr weit vom Slave entfernt ist, wird die aktuelle Szene beim Slave zum Bediener am Master per Kamera übertragen. Bei bestimmten Manipulationen ist eine skalierte Rückführung der Kräfte, die auf den Slave einwirken, zum Master notwendig. Dies ist beispielsweise nötig, wenn Gegenstände „mit Gefühl“ gegriffen werden sollen.

Schwierigkeiten bei der Bedienung des Slave können durch Übertragungsverzögerungen, etwa bei der Übertragung der Signale über Funkstrecken, auftreten. Beispielsweise kann die Lage eines Unterwasserroboters durch Strömungseinflüsse schneller verändert werden als der Bediener Kamerabilder erfassen kann und seine Bewegungskorrekturen wirksam werden. Ein anderes Beispiel sind ferngesteuerte Teleroboter im Weltraum. Hier erfolgen während der Übertragungszeit der Signale deutliche Veränderungen der Umgebung. Als Abhilfe werden hier prädiktive Algorithmen verwendet, die zukünftige Positionen des Slave aus den beobachteten Bewegungsvektoren schätzen (siehe beispielsweise [HIRZ93, SHER93]). Bei nicht allzu abrupt wechselnden Umwelteinwirkungen kann dann der Slave doch noch genau geführt werden.

Vorteile Programmierung durch Beispiele

Vorteile der Programmierung durch Beispiele gegenüber der textuellen Programmierung sind vor allem:

- Es sind keine Programmierkenntnisse erforderlich, so daß die Programmierung der Roboter auch ohne Informatik-Kenntnisse erfolgen kann.
- Es sind keine zusätzlichen Rechner zur Programmierung notwendig.
- Der Arbeitsraum muß nicht vermessen werden, da die Stellung der Objekte im Weltkoordinatensystem nicht bekannt sein muß.
- Die Programmierung erfolgt direkt mit dem realen Roboter in der Zielumgebung im Rahmen der beabsichtigten Aufgabe, also unter Berücksichtigung aller konstruktiven Ungenauigkeiten des Roboters und aller sonstigen Störgrößen.

Nachteile Programmierung durch Beispiele

Der Hauptnachteil der Programmierung durch Beispiele ist, daß der Einbezug von Sensoren und die Korrektur von Bahnen aufgrund von Sensorinformationen nicht möglich ist. Das heutige Programmieren durch Beispiele wird also bei intelligenten Robotern nicht mehr anwendbar sein.

5.3 Programmierung durch Training

Programmierung durch Training

Bei der Programmierung durch Training wird dem Roboter die auszuführende Aktion vorgeführt. Sensoren nehmen die Aktion auf. Der Roboter führt die vorgemachte Aktion solange immer wieder aus (Training), bis sie gewissen Gütekriterien genügt, z.B. in bezug auf Genauigkeit, Schnelligkeit usw. Dabei muß über externe Sensoren die Abweichung von der gewünschten Zielvorgabe festgestellt werden. Mit Hilfe der gemessenen Abweichung wird jeweils versucht, das Programm weiter zu verbessern. Programmierung durch Training ist ein Forschungsthema und (noch) nicht für reale Aufgaben anwendbar.

Beispiel

Eine erste „einfache“ Trainingsaufgabe sei an einem Beispiel erläutert [NEUB92]. Dem Roboter sei die Aufgabe vorgegeben, einer Schweißnaht entlangzufahren. Ein erstes, grobes, aber lernfähiges Roboterprogramm sei vorhanden. Die noch groben Ausgangsdaten für die Roboterbahn seien dabei beispielsweise aus einem CAD-Modell des Werkstücks generiert. Mit diesen Daten wird die Bahn (erst einmal langsam) abgefahren und die Abweichung mit Hilfe externer Sensoren, wie Kamera oder Laserscanner, festgestellt. Danach kommt der Lernschritt im Programm, bei dem die Bahndaten automatisch verbessert werden, und der Zyklus beginnt von vorn. Wenn die gewünschte Güte erreicht ist, also Abweichungen nur noch unterhalb eines gewissen Schwellwerts liegen, kann das Programm den Schweißvorgang steuern, jetzt ohne Verwendung von Sensorik.

Training durch Vormachen

Eine zweite, deutlich komplexere Situation ergibt sich beim Training durch Vormachen. Hier führt ein Mensch eine bestimmte Tätigkeit aus, die der Roboter beobachten und später nachvollziehen soll. In die Programmierumgebung eingebundene Kameras beobachten dabei den Menschen. Die aufgenommenen Bildfolgen werden analysiert und daraus das gesuchte Roboterprogramm erzeugt. Von Training spricht man deshalb, weil die ersten auf diese Weise generierten Programme in der Regel nicht gleich korrekt funktionieren. Erst wiederholtes Vormachen bei gleichzeitiger Selbstanalyse des Roboters führt zur gewünschten Verbesserung.

Probleme Training

Das Verfahren wäre natürlich die denkbar einfachste Methode der Roboterprogrammierung. Damit ließen sich z.B. bisher von Menschen in einer Fabrik ausgeführte Handhabungen unmittelbar mit Robotern automatisieren. Jedoch kann man heute auf diese Weise erst Programme für ganz simple Vorgänge erzeugen, beispielsweise Klötzchen umstellen oder einfachstes Fügen [KUNI94, IKEU91]. Außerdem werden teilweise stark vereinfachte Laborbedingungen vorausgesetzt wie schwarze Klötze und ein Trainer mit weißen Handschuhen. Die Hauptprobleme betreffen folgende Themenbereiche:

- Bildverarbeitung und -interpretation
  Hierzu gehören das exakte Erkennen von Objekten, Positionen und Orientierungen im Raum sowie das Verfolgen bewegter Objekte.
- Sensorintegration
  Hierzu gehört die Einbeziehung unterschiedlichster Sensoren in die Lösung einer Aufgabe und die Integration der Sensordaten für die Auswertung. Als Beispiel sei genannt, daß an einer bestimmten Stelle eines Objekts (Bohrung) eine Schraube mit einer bestimmten Kraft eingeschraubt werden soll. Die Lage der Schraube wird beispielsweise mit einer Kamera überwacht, die Entfernung der Schraube und die Lage der Bohrung werden mit einem Abstandssensor vermessen und die ausgeübte Kraft wird mit einem Kraft-Momenten-Sensor erfaßt. Zur Bestimmung der Lage der Schraube aus dem Kamerabild wird auch die gemessene Entfernung verwendet.
- Analyse der beobachteten Vorgänge
  Aus den beobachteten Aktionen muß eine Sequenz elementarer und für die Lösung der Aufgabe notwendiger Handlungen mit bestimmter Semantik extrahiert werden.

Interpretation Vorgänge

Die Frage nach der Lösbarkeit der Problematik, die notwendigen Elementarhandlungen für eine Aufgabe aus einer Bildfolge zu extrahieren, ist als offen anzusehen. Das liegt vor allem daran, daß die Kamera nur das Ergebnis einer menschlichen Handlung sehen kann, nicht aber ihr Zustandekommen. Somit ist dem Analyseprogramm nicht bekannt, aufgrund welcher Sinneswahrnehmungen und unter welchen impliziten Annahmen der Mensch was tut. Zum Beispiel, welche Kräfte übt er auf ein Objekt aus, welche Schwerkraft- oder Fliehkrafteinwirkungen gleicht er aus, muß eine Bewegung bis zum Kontakt zweier Werkstücke ausgeführt werden usw. Andere Probleme betreffen die notwendige Abstraktion der beobachteten Aktionen. Beispielsweise muß erkannt werden, ob ein Zittern bei einer Bahnbewegung notwendig ist, weil dadurch ein Stift besser eingesetzt werden kann, oder ob es einfach eine zitternde Bewegung des Menschen war, die ohne Einfluß auf das Ergebnis ist. Im letzteren Fall sollte die Bahn natürlich geglättet werden und die Zitterbewegung nicht exakt nachgefahren werden.

aktuelles Forschungsgebiet

Die Behandlung solcher Probleme, auch durch Einbezug weiterer Sensoren, ist daher ein aktuelles Forschungsgebiet. Dazu gehört auch das Entwickeln einer formalen Sprache (Gestensyntax) zur Repräsentation und Verarbeitung der Elementarbewegungen eines Menschen in einem Rechner [KANG91]. Bis jetzt werden zum Beobachten nur Kameras herangezogen und letztlich nur geometrische Information über die Positionen der manipulierten Teile extrahiert. Im Analyseprogramm sind dann mehr oder weniger grobe Faustregeln eingebettet, die das menschlichen Verhalten nachmodellieren. Andere Ansätze gehen davon aus, daß das Roboterprogramm bereits weiß, welche Aufgabe unter welchen Randbedingungen zu lösen ist. Die Beobachtung der menschlichen Aktionen soll dann nur dazu verwendet werden, Lösungen zu finden, ihre Durchführung zu optimieren und fehlende Parameter durch Messung beim Vormachen zu ergänzen. Da diese Programmiermethode als Forschungsgebiet erst ganz am Anfang steht, lassen sich hier noch keine wesentlichen Erfolge berichten.

5.4 Neuronale Netze

Aufbau

Für eingeschränkte Teilaufgaben bei der Programmierung von Robotern wurde auch der Einsatz neuronaler Netze vorgeschlagen. Wir können dieses Vorgehen hier als Teilaspekt der Programmierung durch Beispiele betrachten. Neuronale Netze wurden als stark vereinfachende Abstraktion der im menschlichen Gehirn ablaufenden Vorgänge entwickelt. Die Knoten im neuronalen Netz entsprechen dabei den Neuronen, die Kanten im Netz den Synapsen im Gehirn. Die Signale aller eingehenden Kanten eines Knotens werden gewichtet und aufsummiert. Überschreitet die Summe einen Schwellwert, wird vom Knoten ein Signal auf die Ausgangskante(n) geschickt. Die Eingabe in ein neuronales Netz nennen wir Eingangsmuster, entsprechend ist das Ergebnis das Ausgangsmuster. Solche Muster lassen sich zum Codieren von Information verwenden. Jedes Bit des Eingangsmusters wird auf eine Eingangskante eines Knotens geführt. Ausgewählte Ausgangskanten von Knoten, repräsentieren die einzelnen Bits des Ausgangsmusters.

Ergebnis

Legt man ein Eingangsmuster an das neuronale Netz an, dann stellt sich als Ergebnis ein Ausgangsmuster ein. Beim Trainieren werden für alle Knoten die Gewichte ihrer Eingangskanten und die Schwellwerte für einen Aufgabenbereich so bestimmt, daß die Ausgangsmuster die gewünschten Reaktionen auf die Eingangsmuster darstellen.

Einsatzbereiche

Neuronale Netze werden bisher vor allem in der Bild- und Sprachverarbeitung benutzt, also bei der Mustererkennung. Erst in neuerer Zeit kam der Versuch dazu, motorische Fähigkeiten bei Manipulatoren oder mobilen Robotern zu lernen, bei letzteren speziell im Zusammenhang mit Gehmaschinen und sonstigen Mehrbeinern [KOHO89].

Vorteile

Die Vorteile neuronaler Netze sind:

- Sie sind weitgehend unempfindlich gegen Störungen oder Rauschen bei den Eingangsvektoren. Einzelne fehlerhafte Sensorsignale führen also nicht zu fehlerhafter Reaktion. Daher sind die Netze besonders geeignet für Klassifikationsaufgaben in der Bild- und Sprachverarbeitung.
- Sie haben die Fähigkeit zur Selbstadaption. Bei sich dauerhaft verändernder Umwelt, nicht bei einzeln auftretenden Störungen, können die Gewichte im Netz entsprechend angepaßt werden. Es muß nichts umprogrammiert werden und Geräte wie Roboter und Kameras sind nicht neu zu kalibrieren.
- Sie haben eine einheitliche Struktur und relativ einfache Berechnungsvorgänge, so daß eine unmittelbare Übertragung auf massiv parallele Rechnerarchitekturen möglich ist. Dies ist insbesondere bei der Steuerung motorischer Aktivitäten unumgänglich, da sonst die Rechenzeiten nicht akzeptabel sind.

5.5 Roboterorientierte Programmierung

Definition

Bei der roboterorientierten Programmierung erfolgt die Steuerung des Roboters durch ein Roboterprogramm mit expliziten Bewegungsbefehlen, z.B. „fahre auf einer geraden Linie nach Punkt B". Das Roboterprogramm ist in einer Roboterprogrammiersprache textuell geschrieben. Unter Roboterprogrammiersprache wird üblicherweise eine Sprache verstanden, die sich in etwa auf der Ebene höherer Programmiersprachen bewegt. Zur groben Charakterisierung einer Roboterprogrammiersprache können wir uns eine der üblichen universellen Programmiersprachen, beispielsweise C, als Ausgangsbasis vorstellen. Diese Sprache wird dann insbesondere ergänzt durch:

- Roboterspezifische Datentypen, beispielsweise Transformationsmatrizen, und die Operatoren darauf;
- Befehle zur Bewegung des Roboters und
- Befehle zur Bedienung der Effektoren.

Roboterprogrammiersprachen werden in den nachfolgenden Kapiteln noch ausführlich behandelt.

5.6 Aufgabenorientierte Programmierung

Definition

Die aufgabenorientierte Programmierung zählt ebenfalls zur textuellen Programmierung. Bei der bereits besprochenen roboterorientierten Programmierung legt der Programmierer fest WIE der Roboter eine Aufgabe zu lösen hat. Um beispielsweise ein Werkzeug in eine Maschine einzulegen, benutzt er eine Folge von Bewegungs- und Greiferbefehlen. Die aufgabenorientierte Programmierung erfolgt in einer Abstraktionsebene, die deutlich über den roboterorientierten Programmiersprachen liegt. Diese Programmierebene wird üblicherweise mit intelligenten Robotern in Verbindung gebracht. Bei der aufgabenorientierten Programmierung muß der Programmierer nur noch spezifizieren, WAS der Roboter tun soll.

Aufgabenplaner und seine Bestandteile

Beispielsweise wird die Aufgabe „hole Werkzeug W und lege es in Maschine M ein" spezifiziert. Hieraus wird dann durch einen Modul „Aufgabenplaner" ein Roboterprogramm in einer roboterorientierten Programmiersprache erzeugt. Um die Aufgabe zu lösen, benötigt der Aufgabenplaner beispielsweise

- eine Wissensbasis mit einem Umweltmodell (Fabrik, Fertigungszellen, Roboter, Maschinen),

- eine Wissensbasis mit Regeln, wie eine Aufgabe in Einzelschritte zu zerlegen ist,
- Algorithmen zur Montageplanung (im obigen Beispiel für das Einspannen von Werkzeugen in die Maschine),
- Algorithmen zur Greifplanung,
- Algorithmen zur Bahnplanung,
- Algorithmen zur Sensorintegration,
- Synchronisationsmuster zur Koordination der Tätigkeiten des Roboters mit der Umwelt.

Die aufgabenorientierte Programmierung ist noch Forschungsgegenstand. Sie wird besonders für komplexere Probleme interessant, da dann die Programmierung in roboterorientierten Sprachen zu umfangreich und zu fehleranfällig wird. Ein wichtiger Anwendungsbereich der aufgabenorientierten Programmierung ist beispielsweise die Kooperation und Interaktion mehrerer mit Sensorik ausgestatteter, intelligenter Roboter mit Maschinen. Forschung

Aufgabenorientierte Schnittstellen für Zellen- oder gar Steuerrechner von Robotern und Maschinen fehlen in der industriellen Praxis noch. Für die bisherige, i.d.R. ohne Sensorik abgewickelte Fertigung ist das (noch) ausreichend. Will man jedoch mit Sensoren mehr Autonomie in den Ablauf der einzelnen Ebenen bringen, z.B. für die flexible Fertigung, dann ist der Wechsel von der geräteorientierten zur aufgabenorientierten Programmierung unerläßlich. Nur wenn entsprechend abstrakte Schnittstellen auch auf den unteren CIM Ebenen vorhanden sind, können Programme ökonomisch erstellt und gewartet werden. Probleme

Die aufgabenorientierte Programmierung wird in späteren Kapiteln noch ausführlich behandelt.

5.7 Robotersimulationssystem

Robotersimulationssysteme erlauben die Darstellung der Bewegung von einem oder mehreren Robotern auf einem Grafikbildschirm. Die Roboter werden bei den heutigen Workstations nicht mehr als dreidimensionale Drahtgittermodelle, sondern bereits als Volumen- oder Oberflächenmodelle dargestellt. Neben den Robotern lassen sich noch weitere Elemente einer kompletten Fertigungszelle aufbauen, wie Arbeitstische, Maschinen, Werkstücke. Damit die geometrische Beschreibung der Objekte nicht von Hand eingegeben werden muß, wird das Robotersimulationssystem meist mit einem CAD-System gekoppelt. Das CAD-System kann zum Simulationssystem gehören. Sehr oft ist es aber ein getrenntes Programmpaket, das die erstellten Objekte in einem (genormten) Definition

Datenformat ablegt. Dies kann dann vom Simulationssystem gelesen und interpretiert werden.

Kinematikmodell

Um nun Roboter oder andere Objekte bewegen zu können, benötigt das Simulationssystem ein kinematisches Modell. Bei Robotern kommt dann zu den geometrischen Abmessungen noch Information über die kinematische Verkettung von Teilobjekten (Armen) durch Gelenke. Sie enthält auch Angaben über Winkelbegrenzungen und andere Einschränkungen. Wenn ein Gelenk am Bildschirm gedreht wird, muß sich automatisch auch die Lage aller daran anschließenden Roboterbestandteile gemäß der modellierten Kinematik mitändern. Komplexe Systeme modellieren bei der Bewegung auch die Regelkreise für die Gelenke und die Dynamik der Objekte.

automatischer Kollisionstest

Eine wichtige Leistung des Simulationssystems ist der automatische Kollisionstest. Hier wird es nicht mehr allein dem menschlichen Beobachter überlassen, Kollisionen am Bildschirm zu erkennen, sondern der Test erfolgt direkt in der Simulation [TAUB88]. Am Bildschirm wird dann die Kollisionsstelle angezeigt. Bei sehr knappen Abständen zu Objekten kann natürlich eine Bahn in der Simulation noch als kollisionsfrei akzeptiert werden, obwohl in der Realität aufgrund der Dynamik eine Kollision auftreten würde. Die Güte der Kollisionstests hängt von den Verfahren und von der Diskretisierung des dargestellten Raumes ab.

Bedienoberfläche

Die Bewegung der Roboter im Robotersimulationssystem kann auf zwei Arten erfolgen:

- Durch Drehen von Drehknöpfen (dials) am Gerät, deren Drehung die Gelenkwinkel des Roboters verstellt,
- durch Eingabe einer Zielstellung des Effektorkoordinatensystems über die Tastatur (Cursortasten, Maus, Teach-Kugel usw.),
- durch Interpretation (Ausführung) eines Roboterprogramms im Robotersimulationssystem.

Die Eingabe von Stellungen durch Drehknöpfe oder Tastatur kann zu einer grafisch interaktiven Generierung von Roboterprogrammen ausgebaut werden. Die Interpretation eines Roboterprogramms im Robotersimulationssystem kann zum off-line Testen von Roboterprogrammen eingesetzt werden.

rechnergestützte Generierung von Roboterprogrammen

Bei der rechnergestützten Generierung des Roboterprogramms mit Hilfe eines grafisch, interaktiven Robotersimulationssystems wird ähnlich wie beim Programmieren durch Beispiele vorgegangen. Der Effektor eines Roboters wird am Bildschirm mit den Cursortasten, der Maus, den Drehknöpfen, der Teach-Kugel oder anderen Geräten richtig positioniert. Die Gelenke des Roboters drehen sich dabei entsprechend mit und führen so die „Arme“

nach. Ist ein gewünschter Punkt erreicht, dann werden die Gelenkwinkel oder die Stellung im Weltkoordinatensystem abgespeichert. Hieraus wird dann ein einfaches Roboterprogramm erzeugt. Dieses enthält im wesentlichen nur die ausgeführten Bewegungsbefehle. Die meisten Simulationssysteme haben verschiedene Robotertypen modelliert und können Programme für unterschiedliche Steuerungen generieren.

automatische Bahnplanung

Bei der geschilderten rechnergestützten Erzeugung von Roboterprogrammen ist ein wichtiger Teilaspekt die kollisionsfreie Bewegung von einem Ausgangspunkt zu einem Zielpunkt. Eine weitgehend automatische Bahnplanung durch das System würde den Programmierer stark entlasten und die Erstellung des Roboterprogramms beschleunigen. Grundsätzlich ist das Problem einer automatischen Bahnplanung mathematisch gelöst. Verfahren zur Bahnplanung finden sich beispielsweise bei [HWAN92, LATO91, GLAV91]. Die Algorithmen sind aber von sehr hoher Zeitkomplexität, nämlich polynomial in den n Freiheitsgraden des Roboters [SCHW82]. Das hat zur Folge, daß die Laufzeit solcher Algorithmen für realistische Anwendungen zu hoch ist. Neuere Ansätze reduzieren den Aufwand drastisch durch Integration von zufallsgesteuerten Algorithmen [GLAV91]. Damit können jetzt teilautomatische Bahnplanungen in Robotersimulationssystemen nutzbar gemacht werden.

Testen Roboterprogramme

Wir betrachten nun die Ausführung eines Roboterprogramms durch das Robotersimulationssystem mit der Zielsetzung des Testens von Roboterprogrammen. Hierbei wird eine gemischte offline und on-line Testmethodik eingesetzt. Diese setzt voraus, daß das Roboterprogramm unverändert wahlweise durch die reale Robotersteuerung oder durch das Robotersimulationssystem ausgeführt werden kann.

on-line

Beim reinen on-line Testen wird das Roboterprogramm in der realen Umgebung mit dem realen Roboter getestet. Hierdurch ist zwar sichergestellt, daß das Programm richtig arbeitet, aber es entstehen auch eine Reihe von Problemen:

- Der reale Roboter wird in der realen Umgebung benötigt. Dies bedeutet möglicherweise einen Stillstand eines Teils der Fertigung in dieser Zeit und damit hohe Kosten.
- Durch Progranmmierfehler entsteht die Gefahr einer Beschädigung des Roboters oder seiner Umgebung.
- Werden während des Tests Materialien bearbeitet, dann werden diese meist nicht weiterverwendbar sein. Es entsteht also ein hoher Materialverbrauch.
- Der Test ist erst möglich, wenn der Roboter und seine Umgebung aufgebaut sind. Damit entsteht beispielsweise in der Ferti-

gung ein unerwünschter Zeitverzug zwischen Bereitstellung der Fertigungsgeräte und Anlauf der Produktion.

gemischt off-line und on-line

Beim gemischten off-line und on-line Testen wird versucht, diese Probleme so weit wie möglich zu vermeiden. In einer ersten Testphase wird das Roboterprogramm mit Hilfe eines Robotersimulationssystems ausgetestet. Erst wenn es dort fehlerfrei läuft, wird in einer zweiten, hoffentlich sehr kurzen Testphase der reale Roboter in der realen Umgebung verwendet. Beispielsweise entsteht aus der CAD-Konstruktionszeichnung eines bestimmten Blechteils das Programm zum Ausschneiden mit Hilfe eines vom Roboter geführten Laserschneidgeräts. Das Programm wird in das Simulationssystem eingespielt und in der dort modellierten Schneidzelle getestet. Dabei ist zu kontrollieren, entweder automatisch oder von einem menschlichen Beobachter am Bildschirm, ob die gewünschte Bahn entsteht und ob bei den Bewegungen Kollisionen mit Fixier- oder anderen Zelleneinrichtungen auftreten. Ist das nicht der Fall, kann man das Programm am realen Roboter testen, wobei die Wahrscheinlichkeit von Fehlern, die zu Schäden an der Zelleneinrichtung führen können, nur noch gering ist.

Simulation Sensoren

Um komplexere, insbesondere sensorgesteuerte Roboterprogramme simulieren zu können, reicht die übliche Simulation der Bewegung eines Roboters in einer starren Umgebung natürlich nicht aus. Hinzu kommen müssen in dem Robotersimulationssystem:

- Die Simulation der Sensoren (beispielsweise was „sieht“ eine (simulierte) Kamera am Roboter in der simulierten Umwelt),
- die Simulation der Effektoren,
- die Simulation der Kommunikation mit der Umwelt und
- die Simulation der durch die Roboterbefehle oder durch sonstige Geräte bewirkten Umweltveränderungen.

Erste Prototypen von Robotersimulationssystemen mit solchen Leistungen sind in Forschungsumgebungen entstanden.

Probleme

Probleme beim Einsatz der Robotersimulationssysteme zum Testen sind heute noch:

- Die Anschaffungskosten, auch für die Bibliotheken der verschiedenen Robotertypen, sind hoch.
- Die erzielbare Genauigkeit in der Modellierung reicht oft noch nicht aus, beispielsweise wenn die Dynamik oder die Regelung des Roboters nicht oder nicht ausreichend genau berücksichtigt wird.
- Die Abmessungen der Objekte und ihre Lage im Weltkoordinatensystem sind zu ungenau, da beispielsweise die CAD-Modelle nicht wirklich exakt mit den gefertigten Teilen übereinstimmen

oder da die Roboter und ihre Umgebung nicht genau vermessen wurden.

Eine detaillierte Übersicht über Konzepte, Aufbau und Funktionsweise der in Deutschland hauptsächlich verwendeten Robotersimulationssysteme ist in [WLOK91] zu finden.

5.8 Kartesische Echtzeit-Schnittstelle

Aufgabenteilung im Netz

Die heutigen Robotersteuerrechner sind im Vergleich zu den modernen Workstations bezüglich Speicherplatz und Prozessorleistung stark beschränkt. Um sie dennoch in der aufgabenorientierten Programmierung einzusetzen, müssen sie an einen externen Leitrechner angeschlossen werden. Dieser erledigt dann zur Laufzeit die Planungsaufgaben, die Sensordatenverarbeitung und die Kommunikation zu anderen Komponenten. Der Leitrechner ist in ein Rechnernetz integriert. Spezielle Teilaufgaben der Planung können auch auf andere Rechner des Netzes ausgelagert werden (vgl. Abschnitt 2.11 und Abb. 2.20).

Bahnkorrektur

Traditionell wird das auszuführende Roboterprogramm als Ganzes oder in Portionen an den Steuerrechner des Roboters übertragen. Der Programmablauf erfolgt dann unter der Kontrolle der Robotersteuerung. Der Leitrechner kann allenfalls Abbruchbefehle senden, wenn z.B. seine Sensoren drohende oder bereits aufgetretene Fehler erkennen. Bei vielen Anwendungen ist diese Art des Programmablaufs nicht akzeptabel, da der Leitrechner beispielsweise Bahnkorrekturen aufgrund von Sensorergebnissen durchführen muß. Im Extremfall läuft überhaupt kein Programm mehr im Steuerrechner des Roboters (bis auf die Kommunikationsabwicklung), sondern der Leitrechner sendet nacheinander einzelne Bewegungsbefehle an die Steuerung. Die volle Programmkontrolle liegt dann beim Leitrechner.

kartesische Echtzeit-Schnittstelle

Ein Beispiel dafür ist die Kartesische Echtzeit-Schnittstelle KES von E. Hagg [HAGG90b]. Sie kann als C- oder Pascal-include Modul auf einem Leitrechner benutzt werden. Darin werden alle Funktionen angeboten, um Korrekturwertsätze an die Robotersteuerung zu schicken, bzw. Ergebniswerte und Quittungen von ihr zu empfangen. Zusätzlich ist über die KES die gesamte Funktionalität der Steuerung über entsprechende Funktionen verfügbar, insbesondere alle Kommandos.

Regelung vom Leitrechner aus

Ist der Leitrechner in der Lage, neue Bewegungsbefehle innerhalb weniger Interpolationstakte der Steuerung zu erzeugen und zu übertragen (beim PUMA 560 dauert ein Takt 28 ms), dann

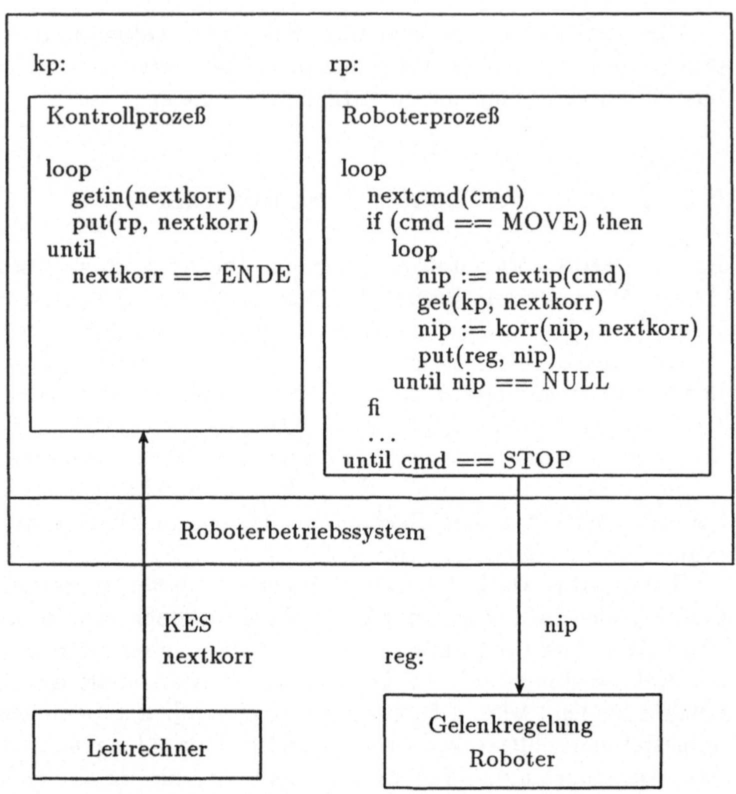

Abb. 5.2. Verarbeitung externer Korrekturwerte

kann er unter Zuhilfenahme externer Sensoren die Effektorposition sogar regeln. Ein Beispiel wäre, mit Kamerahilfe Werkstücke von einem bewegten Förderband zu greifen. Damit Bahnkorrekturen (und damit auch Regelungen) vom Leitrechner aus erfolgen können, muß das Roboterbetriebssystem parallel zum Ablauf eines Programms Korrekturwerte empfangen können. Diese werden dann zum Regelungsmodul geschickt und bei der nächsten Interpolation berücksichtigt.

In Abb. 5.2 wird das Prinzip gezeigt. Kontroll- und Roboterprozeß arbeiten parallel. Dabei wartet der Kontrollprozeß in einer Schleife mit `getin` an der Leitrechnerschnittstelle auf Korrekturwerte `nextkorr` und leitet sie nach Eintreffen mit `put(rp, ...)` an den Roboterprozeß weiter. Der Roboterprozeß frägt die Schnittstelle zum Kontrollprozeß bei jeder inneren Schleife in der Bearbeitung eines Bewegungskommandos einmal mit dem nichtwartenden `get(kp, nextkorr)`. Ist `nextkorr` ungleich Null, wird der nächste Interpolationspunkt `nip` der Bahn durch den Aufruf von `corr(nip,nextkorr)` verändert, bevor er mit `put(reg,...)` an die Regelung übermittelt wird. Auf diese Weise kann bei jedem Interpolationsschritt ein neuer Korrekturwert aufgeschlagen werden.

Algorithmus zur externen Bahnkorrektur

Es gibt kumulative und nichtkumulative Bahnkorrekturen.

kumulative und nichtkumulative Bahnkorrekturen

- Kumulative Änderung heißt, das jeder Korrekturwert zu einer permanenten Bahnabweichung führt. Damit kehrt der Effektor nach der Korrektur nicht mehr auf die ursprüngliche Bahn zurück, sondern verfährt die Bahn zum um die Korrekturwerte verschobenen Zielpunkt.
- Nichtkumulative Änderung bedeutet dagegen, daß der Effektor nur solange von der Bahn abweicht, wie Korrekturwerte ungleich Null empfangen werden. Danach kehrt der Effektor wieder auf die programmierte Bahn zurück.

6. Konzepte roboterorientierter Programmierung

Eine roboterorientierte Programmierung beinhaltet vor allem, daß die Steuerung des Roboters durch ein Roboterprogramm mit expliziten Bewegungsbefehlen erfolgt, z.B. „fahre auf einer geraden Linie zum Punkt P". Bewegungsbefehle sind jedoch nur ein Bestandteil einer Roboterprogrammiersprache. Das Kapitel beginnt daher, nach einem kurzen Überblick über die Entstehung der roboterorientierten Programmierung, mit einer Beschreibung aller notwendigen Sprachelemente. Sie werden in einer leicht verständlichen, herstellerunabhängigen Syntax notiert, die meist an C, gelegentlich auch an AL angelehnt ist.

6.1 Entstehung der Roboterprogrammiersprachen

Teach-In

Der Einsatz von Robotern in der Fertigung wurde zunächst bei der Massenproduktion gleichartiger Teile vorgenommen. Dort war Teach-In-Programmierung akzeptabel, da sie nur einen geringen Aufwand im Verhältnis zu Aufbau und Einrichtung der Automatisierungsanlage erforderte. Außerdem waren die Programme, verglichen mit der Programmierzeit, sehr lange bei der Produktion in Gebrauch [AMBL84].

Roboterprogrammiersprachen

Die fortschreitende Automatisierungstechnik mit immer komplexeren Maschinen und integrierter Sensorik und die Tendenz zur variantenreichen Fertigung mit mittleren und kleinen Losen bei gleichzeitig kürzeren Produktlebenszeiten erzwangen den Einsatz von Roboterprogrammiersprachen. Dies wurde durch die Entwicklung der Rechnertechnologie gefördert, durch die leistungsfähige und dennoch preiswerte Steuerrechner verfügbar wurden. Im Jahr 1981 sahen es Blume und Dillmann [BLUM81] noch als umstritten an, ob sich die textuelle Roboterprogrammierung gegenüber der Programmierung durch Beispiele (Teach-In) auf Dauer durchsetzen würde. Seit Mitte der 80er Jahre gilt dies jedoch als gesichert [GINI85].

Varianten der Realisierung

Um eine Roboterprogrammiersprache zu entwickeln, sind prinzipiell drei Wege möglich:

1. Vollständiger Neuentwurf der Sprache,
2. Weiterentwicklung einer vorhandenen Automatisierungs- oder Steuerungssprache oder
3. Erweiterung einer schon vorhandenen, allgemein einsetzbaren Programmiersprache um roboterorientierte Sprachelemente bzw. Prozeduren.

Alle drei Vorgehensweisen sind für die existenten Roboterprogrammiersprachen zu finden.

Beispiele Neuentwurf

- Beispiele für den vollständigen Neuentwurf der Sprache sind AL [FINK75] sowie VAL und VAL II [SHIM79, SHIM85].

Beispiele Weiterentwicklung Steuerungssprache

- Beispiele für die Weiterentwicklung einer bereits vorhandenen Automatisierungs- oder Steuerungssprache sind RAPT oder ROBEX . RAPT [AMBL82] wurde aus der Programmiersprache APT für NC-Maschinen (numerical-controlled machines) abgeleitet. ROBEX [WECK81] entstand aus EXAPT (EXtended APT). Bei NC-Maschinen werden Bewegungsachsen zur Werkstückbearbeitung wie Drehen, Bohren oder Fräsen mittels assemblerähnlicher Befehle kontrolliert, beispielsweise „z -50" für „bewege Hand in negativer z-Richtung um 50 mm".

Beispiele Weiterentwicklung universelle Programmiersprache

- Beispiele für die Erweiterung einer schon vorhandenen, universellen Programmiersprache sind AUTOPASS [LIEB77] und PASRO [BLUM85b]. AUTOPASS ist in PL/1 und PASRO (PAScal für ROboter) in Pascal eingebettet.

Bewertung Vorgehensweisen

Die verschieden Vorgehensweisen bringen bestimmte Vorteile:

- Bei einem vollständigen Neuentwurf der Sprache ist man frei von Sachzwängen und Implementierungsdetails vorgegebener Sprachen. Die neue Sprache kann unter Vermeidung bekannter Schwachpunkte konzipiert werden, insbesondere können reichhaltige, roboterorientierte Datentypen realisiert werden.
- Die Weiterentwicklung einer schon vorhandenen NC-Sprache ist weniger aufwendig als ein vollständiger Neuentwurf. Verfügbare NC-Programmierer können schnell für die neuen Roboterprogrammiersprachen ausgebildet werden. Außerdem wurden NC-Steuerungen früher auch für Roboter verwendet, so daß keine neuen Systeme notwendig waren.
- Die Erweiterung einer schon vorhandenen und allgemein einsetzbaren Programmiersprache ist deutlich weniger aufwendig als ein vollständiger Neuentwurf, da viele Sprachelemente ohne Änderungen verwendet werden können. Dies gilt insbesondere für die Definition komplexer Datenstrukturen, die arithmetischen und logischen Ausdrücke, die Organisation paralleler

Abläufe, die Kommunikations- und EA-Schnittstellen sowie die Ablaufstrukturen. Außerdem existieren oft schon vielfältige Bibliotheken von Unterprogrammen und Hilfsprogrammen. Die bereits vorhandenen Sprachmittel sind oft mächtiger und syntaktisch und semantisch ausgereifter als bei den NC-Sprachen. Die Ausgangssprache wird auch an anderen Stellen verwendet, so daß in der Sprache bereits ausgebildete Mitarbeiter verfügbar sind. Die Integration in große Programmkomplexe ist leichter, da dieselbe Programmiersprache verwendet werden kann.

Bis heute gibt es, trotz vieler Versuche und Implementierungen, immer noch keine weltweit standardisierte Roboterprogrammiersprache. Der derzeitige deutsche Standard [DIN 93] führt nicht in die Zukunft.

6.2 Sprachelemente von Roboterprogrammiersprachen

Übersicht Sprachelemente

Kurz zusammengefaßt: Roboterorientierte Roboterprogrammiersprachen sollten im Idealfall folgende Sprachelemente enthalten:

- Befehle für die Bewegung eines oder mehrerer Roboter,
- Befehle für den Betrieb von Greifern und Werkzeugen,
- Befehle für die externen Sensoren,
- Befehle zur Ein-/Ausgabe von Daten und Signalen über die verschiedenen Schnittstellen,
- Befehle zur Synchronisation und Kommunikation mit anderen Prozessen,
- Anweisungen zur Berechnung von Ausdrücken aller Art,
- Anweisungen zur Ablaufsteuerung,
- Prozedurkonzept,
- Befehle für Parallelverarbeitung,
- Befehle zur Unterbrechungsbehandlung,
- Konstruktor- und Selektorbefehle für komplexe, strukturierte Datentypen, beispielsweise für Geometriedatenobjekte, wie Vektoren, Transformationsmatrizen oder Frames,
- Definition von generischen Operationen durch den Benutzer,
- Befehle zur logischen Verkettung von Koordinatensystemen (z.B. AFFIX und UNFIX in AL).

Nicht alle dieser Sprachelemente sind in den heute üblichen Roboterprogrammiersprachen zu finden. Teilweise sind auch Sprachelemente nur rudimentär vorhanden.

Notation Sprachelemente

Bei der nachfolgenden Beschreibung einzelner Sprachmittel bilden die roboterspezifischen Elemente den Schwerpunkt. Zu ihrer Darstellung werden folgende Notationen verwendet:

- Die Darstellung der Sprachelemente erfolgt in der Notation der Programmiersprache C. Es werden jedoch auch Konstrukte erlaubt, die in C nicht möglich sind, beispielsweise die Zuweisung an Strukturen.
- Ein hervorzuhebender Zwischenraum wird durch ␣ gekennzeichnet.
- Variablennamen, die mit „p“ beginnen, deuten an, daß die Variable eine Adresse enthält. Sie ist also ein Zeiger (pointer) auf eine andere Variable.

6.3 Beispiel für Roboterwelt

kartesische Stellungen

Um den Roboterprogrammierer von der Kenntnis roboterspezifischer Kinematiken auf Gelenkebene freizuhalten, läßt man in den Roboterprogrammiersprachen kartesische Stellungen zur Definition von Anfahrpunkten zu. Daraus ergeben sich insbesonders folgende Vorteile:

- Es entstehen lesbare Programme, da kartesische Stellungen leichter nachzuvollziehen sind als Gelenkwinkelangaben.
- Art und Anzahl von Gelenken bleiben dem Programmierer verborgen.
- Die Anwenderprogramme können leichter auf andere Roboter übertragen werden.
- Die direkte Umsetzung von Konstruktionsdaten und CAD-Modellen in Roboterprogramme ist möglich.

Das Arbeiten mit kartesischen Stellungen bedeutet aber auch, daß die kartesischen Stellungen der zu manipulierenden Objekte bekannt sein müssen.

Roboterwelt Koordinatensysteme

Der Arbeitsraum des Roboters mit den darin befindlichen Objekten stellt die Roboterwelt dar. In den Roboterprogrammiersprachen wird die Stellung des Effektors durch Position und Orientierung in einem Bezugskoordinatensystem definiert. Dieses Bezugskoordinatensystem wird üblicherweise als Weltkoordinatensystem bezeichnet. Es ist fest in der Roboterwelt angeordnet. Um Objekte greifen zu können, muß deren Stellung im Weltkoordinatensystem ebenfalls bekannt sein. Die Roboterwelt muß also exakt vermessen werden, es sei denn, man arbeitet mit Sensoren, die die Stellung der Objekte bestimmen können.

Roboterwelt Beispiel

Ein einfaches Beispiel für eine Roboterwelt ist in Abb. 6.1 dargestellt. Es handelt sich um eine strukturierte Welt mit Objekten.

AFFIX

Zwei Objekte A und B können in folgenden Beziehungen zueinander stehen:

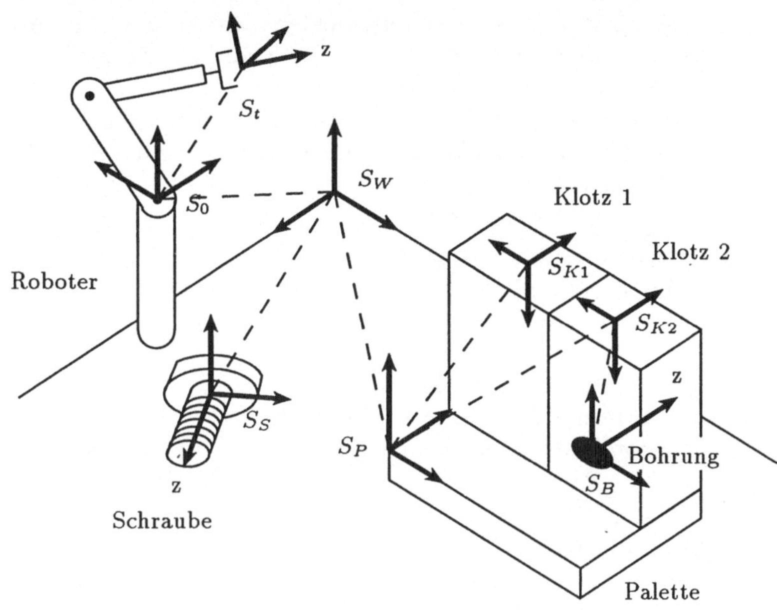

Abb. 6.1. Beispiel für eine Roboterwelt

- A und B sind unabhängig. Eine Bewegung eines der Objekte beeinflußt die Stellung des anderen Objekts nicht.
- B ist mit A einseitig verbunden. Sprachmittel in AL: AFFIX B TO A NONRIGIDLY. Beispiel: Klotz B steht auf Palette A. Falls A bewegt wird, dann wird B mitbewegt. Falls B gegriffen und bewegt wird, dann ändert sich die Lage von A nicht.
- B ist mit A beidseitig verbunden. Falls A (B) bewegt wird, dann wird B (A) mitbewegt. Sprachmittel in AL: AFFIX B TO A RIGIDLY. Beispiel: Klotz A wird mit Klotz B verschraubt.

Referenzkoordinatensystem

Wir können diesen Sachverhalt auch dadurch beschreiben, daß wir Objekte einführen, die selbst wieder aus (Teil-) Objekten bestehen. Die Zuordnung von Teilobjekten zu Objekten ist dynamisch. Die Lage der Objekte in der Roboterwelt wird durch ihre Stellung im Weltkoordinatensystem S_W angegeben. Wenn ein Objekt bewegt wird, verändert sich mit diesem Objekt auch die Lage seiner Teilobjekte im Weltkoordinatensystem. Die relative Lage der Teilobjekte zum bewegten Objekt bleibt aber erhalten.

Es ist daher sinnvoll, jedem Objekt ein Objektkoordinatensystem zuzuordnen und die Lage von Teilobjekten nicht absolut im Weltkoordinatensystem, sondern relativ zum Koordinatensystem des übergeordneten Objekts anzugeben. In dem Beispiel gibt es das Weltkoordinatensystem S_W und daneben noch die nachfolgend aufgeführten Koordinatensysteme, deren Lage bezüglich eines Referenzkoordinatensystems jeweils durch einen Translationsvektor und drei Winkel definiert wird:

S_0	Basiskoordinatensystem des Roboters
S_t	Effektorkoordinatensystem des Roboters
S_P	Koordinatensystem der Palette
S_S	Koordinatensystem einer Schraube
S_{K1}	Koordinatensystem des Klotzes 1
S_{K2}	Koordinatensystem des Klotzes 2
S_B	Koordinatensystem einer Bohrung in dem Klotz 2

6.4 Das Framekonzept

Definition

Zur Beschreibung der Stellung von Objekten werden meist homogene Transformationsmatrizen eingesetzt (siehe Kapitel 4). Diese Transformationsmatrizen geben die Stellung des Objekts bezogen auf ein Referenzkoordinatensystem an. Die vollständige Beschreibung der Stellung eines Objekts besteht also aus einer Transformationsmatrix und einem Verweis auf ein Referenzkoordinatensystem, d.h. auf die Beschreibung des Referenzobjekts. Eine solche Beschreibung wird in Anlehnung an die Roboterprogrammiersprache AL [FINK75] oft auch Frame genannt.

Referenzgraph

Durch die obige Verkettung der Frames entsteht ein gerichteter Graph (Framereferenzgraph). Ein Beispiel für einen Framereferenzgraphen findet sich in Abb. 6.2. Dieser beschreibt die Szene in Abb. 6.1. Als Bezeichnung der Frames und daher auch als Index in den Transformationsmatrizen wird jeweils der Index des Koordinatensystems aus Abb. 6.1 verwendet. Jeder Framereferenzgraph muß folgende Bedingungen erfüllen:

1. Das Welt- oder Basiskoordinatensystem hat kein Bezugsframe.
2. Jedes Frame hat genau ein Bezugsframe.
3. Jedes Frame kann Bezugsframe von beliebig vielen Frames sein.
4. Der Graph muß zyklenfrei sein, weil sonst die im Zyklus enthaltenen Frames nicht mehr in Weltkoordinaten umgerechnet werden könnten.

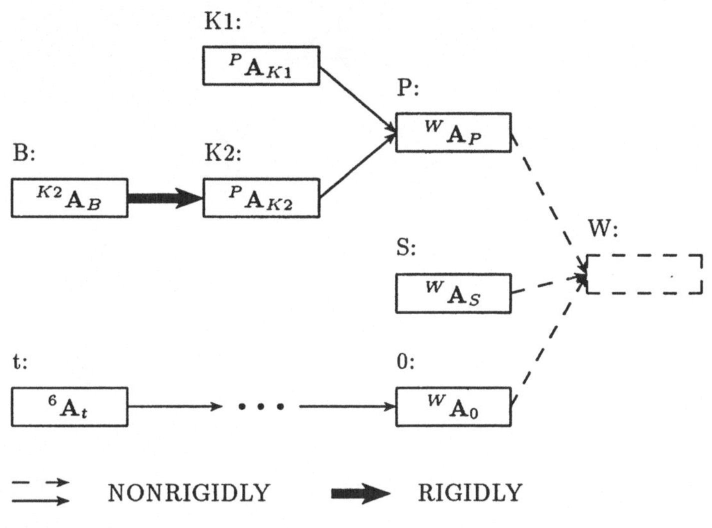

Abb. 6.2. Framereferenzgraph

Als Schreibweise für die Transformationsmatrix eines Frames $f2$, das das Frame $f1$ als Referenzframe hat, wählt man analog zu den Transformationsmatrizen aus Kapitel 4: $^{f1}\mathbf{A}_{f2}$.

Notation

Wie in Abschnitt 6.3 bereits ausgeführt, kann ein Objekt mit seinem Referenzobjekt in den Beziehungen

Beziehungen NONRIGIDLY RIGIDLY

- einseitig verbunden (NONRIGIDLY) oder
- beidseitig verbunden (RIGIDLY)

stehen. Die Kanten des Framereferenzgraphen können mit diesen Beziehungen markiert werden.

Für den Datentyp FRAME ergibt sich so folgende Definition:

Datentyp Frame

```
typedef struct {
  TRANSFORMATION TransM;
  FRAME *pReferenzFrame;
  string AffixKey;
  } FRAME;
```

Hierbei enthält die Variable AffixKey die Beziehung zwischen den Objekten, also RIGIDLY oder NONRIGIDLY.

Ist $f1$ das Weltkoordinatensystem, so bezeichnet man das Frame als absolutes Frame, sonst als relatives Frame. Der Vorteil relativer Frames ist, daß in vielen Fällen auf explizite Umrechnungen (Koordinatentransformationen) im Programm verzichtet

Vorteile der Frames

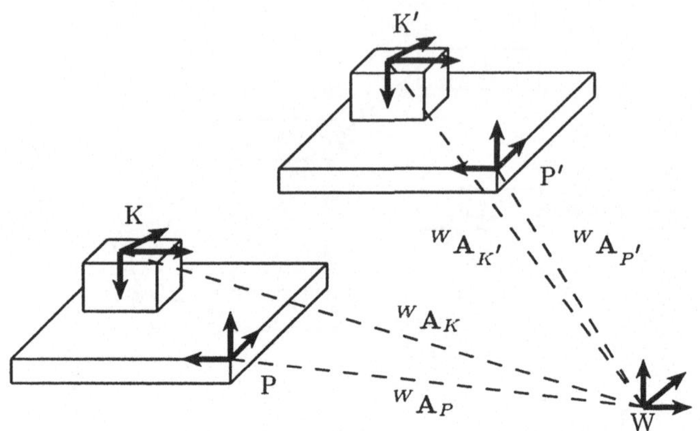

Anmerkung:
– – – bedeutet Referenzframe

Abb. 6.3. Palettenverschiebung: K mit absolutem Frame

werden kann. Dort, wo sie dennoch nötig sind, kann man sie überdies automatisieren. Als Beispiel diene die Abb. 6.3. Sie zeigt eine Palette, auf der ein Klotz steht. Wird die Palette von P nach P′ bewegt, dann bewegt sich der Klotz mit nach K′. Ist das Frame des Klotzes in Weltkoordinaten mit $^W\mathbf{A}_K$ definiert, dann muß seine Transformationsmatrix nach der Bewegung in $^W\mathbf{A}_{K'}$ geändert werden.

Bezieht sich wie in Abb. 6.4 das Frame des Klotzes auf die Palette mit $^P\mathbf{A}_K$, dann ist an $^P\mathbf{A}_K$ nichts zu ändern, wenn die Palette bewegt wird. Die relative Lage des Klotzes auf der Palette bleibt ja unverändert. Zum Zugriff auf den Klotz muß natürlich immer auch seine Transformationsmatrix im Weltkoordinatensystem bekannt sein. Diese wird als Produkt zweier Matrizen bei Bedarf berechnet als

$$^W\mathbf{A}_K = {}^W\mathbf{A}_P * {}^P\mathbf{A}_K$$

Anmerkung:

Unterschied zu AL

Ein ähnliches Framekonzept wie das hier beschriebene wurde von Bocionek [BOCI84] implementiert. Das Framekonzept in AL weist zu dem hier beschriebenen Konzept einen wesentlichen Unterschied auf. In AL wird im relativen Frame eines Objekts, beispielsweise des Klotzes K, stets auch noch die Transformationsmatrix $^W\mathbf{A}_K$ bezüglich des Weltkoordinatensystems **W** gespeichert. Der Vorteil ist, daß zu jedem Zeitpunkt die Weltkoordinaten des

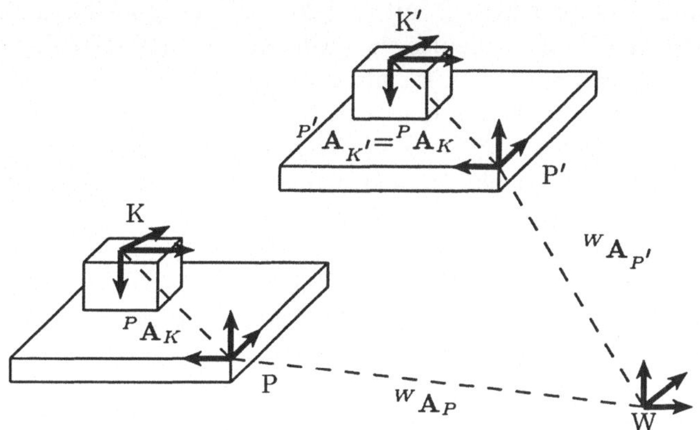

Anmerkung:
– – – bedeutet Referenzframe

Abb. 6.4. Palettenverschiebung: K mit relativem Frame

Objekts zur Verfügung stehen. Der wesentliche Nachteil ist, daß beispielsweise bei einer Palette P, auf der viele Klötze mit relativem Frame stehen, bei mehreren aufeinanderfolgenden Palettenbewegungen immer Berechnungen der Transformationsmatrizen der Klötze für das Weltkoordinatensystem erfolgen, auch wenn dann gar nicht auf die Klötze zugegriffen wird. In diesem Fall ist eine Berechnung der Transformationsmatrizen erst bei Bedarf günstiger.

Operationen für Frames

Zum Umgang mit Frames werden von einer Roboterprogrammiersprache Sprachmittel bereitgestellt, um die Verkettungsinformation zwischen Frames zu definieren und auch wieder zu löschen. Gleichzeitig muß auch die Transformationsmatrix im Frame, die die Stellung eines Objekts angibt, modifiziert werden. Die nachfolgend aufgeführten Dienste sind in prozeduraler Form angegeben. Achtung: Die Semantik entspricht nicht der Semantik in AL [FINK75] und auch nicht üblicher Semantik in anderen Programmiersprachen. Die hier gewählte Semantik ist für die Roboterprogramme besser geeignet, da sie den Transport des Objekts k unterstützt.

AFFIX

- void AFFIX(k, p, AffixKey);
  FRAME *k, *p;
  string AffixKey;

Wirkung: [1] Objekt k wird mit Objekt p einseitig (AffixKey ist NONRIGIDLY) oder beidseitig (AffixKey ist RIGIDLY) verbunden. Im Frame von k sei als bisheriges Referenzframe das Frame r vermerkt. Durch den Aufruf von AFFIX wird die momentane Lage des Objekts k im Weltkoordinatensystem nicht verändert. Bei der nachfolgenden Umrechnung der Transformationsmatrizen sind nun zwei Fälle zu beachten:

AFFIX Fall 1

- Fall 1: Beispiel: Klotz k wird von Palette r auf die Palette p umgestellt. Objekt k ist mit r nicht beidseitig verbunden. Deshalb kann die Referenz auf r durch eine Referenz auf p ersetzt werden. Es wird dazu aus dem bisherigen Frame für k die Transformationsmatrix ${}^{W}\mathbf{A}_k$ bezüglich des Weltkoordinatensystems berechnet. Dann wird ${}^{W}\mathbf{A}_p$ berechnet. Die Transformationsmatrix ${}^{p}\mathbf{A}_k$ bezogen auf das Referenzframe p wird dann so berechnet, daß die Stellung von k im Weltkoordinatensystem unverändert bleibt. Dies führt zu ${}^{p}\mathbf{A}_k = {}^{W}\mathbf{A}_p{}^{-1} * {}^{W}\mathbf{A}_k$. Damit wird das neue Frame für k:
  k->pReferenzFrame = p;
  k->AffixKey = AffixKey;
  k->TransM = ${}^{p}\mathbf{A}_k$;

AFFIX Fall 2

- Fall 2: Objekt k ist mit r beidseitig verbunden. Zum Verständnis der nachfolgend geschilderten Wirkung wird zunächst eine vorgesehene Anwendung skizziert:

AFFIX Beispiel

  Anwendungsbeispiel gemäß Abb. 6.5: Wird eines der Objekte A, B, C oder E gegriffen und bewegt, dann werden die Objekte A, B, C, D und E mitbewegt. Das Objekt F bleibt zurück. Wird D gegriffen, dann wird nur D bewegt.
  Allgemeine Beschreibung: Der Greifer ist in Greifstellung. Das Objekt k wird gegriffen. Durch das Greifen ändert sich die Lage des Objekts k nicht. Nach dem Greifen ist das Objekt k beidseitig mit dem Greifer verbunden. Dies wird durch den Aufruf AFFIX(&k, &greiferframe, RIGIDLY) registriert. Wenn sich anschließend der Greifer bewegt, dann wird k mitbewegt. Alle Objekte, die direkt oder indirekt eine Referenz auf k haben, werden mitbewegt. Es wird aber auch noch das Referenzobjekt r von k mitbewegt, wenn dieses Objekt r mit k beidseitig verbunden ist. Dies gilt rekursiv, bis eine einseitige Verbindung im Referenzgraphen gefunden wird. Erst diese Verbindung kann dann gelöst werden. Falls r mitbewegt

[1] Nachfolgend wird häufig abkürzend auch dann von einem Objekt x gesprochen, wenn man genauer ausgedrückt dasjenige Objekt meint, das dem Frame zugeordnet ist, auf das x zeigt.

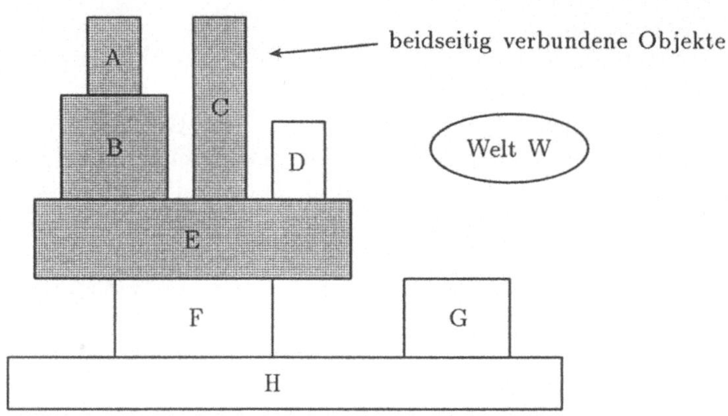

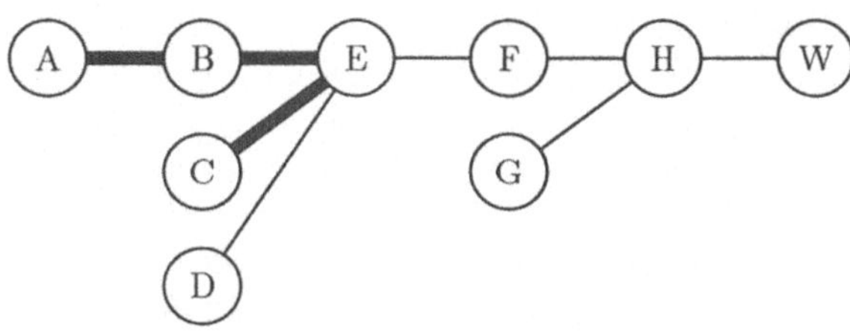

Referenzgraph (dicke Linie: beidseitig verbunden)

Abb. 6.5. Beispiel für AFFIX

wird, dann werden natürlich auch alle Objekte, bei denen r Referenzobjekt ist, mitbewegt.

Wirkung: Es wird die Referenzkette von Frames ausgehend von Frame k solange verfolgt, bis erstmals ein Frame f auftritt, in dem die Variable AffixKey den Wert NONRIGIDLY hat. Das Objekt f ist also das letzte noch mittransportierte Objekt. Gibt es kein solches Objekt f, dann ist das Objekt k auch noch mit der Welt fest verbunden. In diesem Fall liegt ein Programmier- oder Modellierungsfehler vor, da solche Objekte nicht transportiert werden können. Wir setzen also jetzt voraus, daß es ein solches Objekt f gibt. Dann wird ausgeführt: AFFIX(&f, p, AffixKey). Hierbei liegt dann Fall 1 vor. AFFIX Wirkung

Als Bezugsobjekt kann bei AFFIX auch das Weltkordinatensystem angegeben werden.

UNFIX

- void UNFIX(k, p);
  FRAME *k, *p;
  Zum Verständnis der nachfolgend geschilderten Wirkung wird erneut eine vorgesehene Anwendung skizziert.

UNFIX Beispiel

Anwendung: Das Objekt k wurde mit dem Greifer (Objekt p) gegriffen und an seinen Bestimmungsort transportiert. Dort wird der Greifer geöffnet. Hierdurch ändert sich die aktuelle Lage von k nicht mehr. Die beidseitige Verbindung mit dem Greifer wird durch UNFIX gelöst. Alle Objekte, die direkt oder indirekt eine Referenz auf k hatten, wurden mittransportiert. Alle Objekte, die im Referenzgraph auf dem Weg von k zu p liegen, wurden ebenfalls mittransportiert. Objekt k hat gemäß dem Anwendungsbeispiel bei AFFIX eine beidseitige Verbindung mit diesen Objekten. Nach dem UNFIX wird normalerweise ein AFFIX gegeben, um das Objekt k relativ zu einem neuen Objekt, beispielsweise zu einer Palette, auf die k gestellt wurde, zu positionieren.

UNFIX Wirkung

Wirkung: UNFIX löst die Verbindung von Objekt k mit Objekt p. Die Referenzkette von Frames ausgehend von Frame k wird solange verfolgt, bis erstmals ein Frame f auftritt, in dem das Referenzframe das Frame p ist. Gibt es in der Kette kein solches Frame, dann liegt ein Fehler vor. Sind in der abgearbeiteten Kette nicht alle Verbindungen beidseitig , dann liegt ein Fehler vor. Im fehlerfreien Fall wird gesetzt:

f->pReferenzFrame = &WELT;
f->AffixKey = NONRIGIDLY;
f->TransM = ${}^{W}\mathbf{A}_f$;

Anmerkungen:
- Die Angabe von p allein reicht nicht aus, da es möglicherweise mehrere Frames gibt, die als Referenzobjekt p haben.
- Die zwingende Angabe eines unmittelbaren Vorgängers von p wäre für den Benutzer unbequem. Im Programm wird ja ein Objekt gegriffen und dieses wieder losgelassen. Man möchte sich dabei nicht um die mitbewegten Objekte kümmern.

Vorteile der Frames

Zu den Vorteilen der Verwendung ausschließlich *kartesischer* Stellungen bei Frames kommen durch Bereitstellung geeigneter Sprachmittel für die Frameverkettung weitere Vorteile hinzu:

- Man kann beim Aufruf von AFFIX die Zyklenfreiheit des veränderten Framereferenzgraph prüfen und AFFIX nur ausführen, wenn Zyklenfreiheit gewährleistet ist.

- Die beliebig staffelbare Verkettung von Frames erlaubt ein sehr genaues Modellieren der Zusammenhangsbeziehungen auch komplexer Umgebungen, z.B. in einer Fertigungszelle.
- Der Programmierer kann die physikalischen Zusammenhänge der Objekte seiner Welt bzw. die Veränderung von Koordinatensystemen nach Bewegungen sehr einfach formulieren.
- Durch geeignete Wahl der Verkettungen lassen sich notwendige Umrechnungen auf ein Minimum reduzieren.
- In manchen Programmiersystemen werden die dennoch nötigen Transformationen automatisch vom Laufzeitsystem abgewickelt, ohne daß sich der Programmierer darum kümmern muß. Dies reduziert natürlich mögliche Fehler in der Programmierphase.

Nachteile der Frames

Als Nachteil des Framekonzepts ist die in bestimmten Situationen unnötig häufige Berechnung von Transformationsmatrizen zu sehen. Dies spielt aber bei den heutigen schnellen Rechnern keine Rolle mehr.

6.5 Datentypen, Datenobjekte

elementare Datentypen

In einer Roboterprogrammiersprache sollten als elementare Datentypen zunächst diejenigen der gängigen Programmiersprachen zur Verfügung stehen, beispielsweise

- Basistypen, wie bool, char, string, int, real, double,
- Ausschnittypen über den Basistypen,
- Aufzählungstypen und
- zusammengesetzte Datentypen, wie array, record bzw. struct, union, set.

roboterspezifische Datentypen

In Roboterprogrammiersprachen sollten weitere anwendungsspezifische Datentypen verfügbar sein, insbesondere folgende Datentypen für Kinematikobjekte:

- Datentyp VECTOR zur Darstellung von Punkten im Raum mit homogenen Koordinaten,
- Datentyp RotMatrix zur Darstellung von Rotationsmatrizen,
- Datentyp TransMatrix zur Darstellung homogener Transformationsmatrizen,
- Datentyp FRAME zur Darstellung von Frames (dieser Datentyp wurde bereits im Abschnitt 6.4 eingeführt),
- Datentyp JointPosition zur Darstellung der Gelenkwinkel bei Drehgelenken und der Schubdistanzen bei Schubgelenken des Roboters.

Diese Datentypen könnten natürlich auch mit den Standarddatentypen der Sprache, wie array oder record, definiert werden. Durch die Benutzung der speziellen Datentypen bekommen die Variablen jedoch eine spezielle, eindeutige Semantik. Diese kann vom Übersetzer ausgenutzt werden, beispielsweise zum Verhindern unerlaubter Operationen oder für eine effiziente Verknüpfung mit eigenen Operatoren. Siehe hierzu Abschnitt 6.6. Neben solchen Operatoren gehören zu den Datentypen Konstruktor- und Selektoranweisungen. Diese werden in Abschnitt 6.7 besprochen.

vordefinierte Datenobjekte

In Roboterprogrammiersprachen werden üblicherweise auch einige Standarddatenobjekte fest vordefiniert, wie

- STARTPOS oder PARKPOS für die Parkposition des Roboters,
- WORLD für das Frame des Weltkoordinatensystems,
- BASE für das Frame des Basiskoordinatensystems des Roboters bezogen auf das Weltkoordinatensystem,
- HAND für das Frame, das die Lage des Flanschkoordinatensystems (bei PUMA 560: S_6) angibt,
- TOOL für das Frame des Effektors (Arbeitspunkt des Effektors) bezogen auf das Frame HAND,
- XVector für die homogenen Koordinaten (1, 0, 0, 1),
- YVector für die homogenen Koordinaten (0, 1, 0, 1),
- ZVector für die homogenen Koordinaten (0, 0, 1, 1),
- NULLVECTOR für (0, 0, 0, 1),
- IdRotMatrix, IdTransMatrix für Einheitsmatrizen,
- RobError ist eine Variable, die den zuletzt aufgetretenen Fehler bei der Ausführung des Roboterprogramms enthält.

Maßeinheiten

In vielen Roboterprogrammiersprachen sind die zu verwendenden Maßeinheiten festgelegt, beispielsweise „alle Längen sind in mm anzugeben“. Besser ist es, dem Benutzer die freie Wahl der Maßeinheiten zu überlassen. Dies macht die Programme portabler, lesbarer und weniger fehleranfällig. Zudem kann der Übersetzer Unvereinbarkeiten erkennen oder automatisch Anweisungen zur Umrechnung vor Verknüpfungen generieren. Erlaubt sind alle gängigen Maßeinheiten, beispielsweise mm, cm, m, inch, Newton, Grad. Für den Übersetzer ist es am einfachsten, Maßeinheiten mit einem Multiplikationszeichen an die Zahlenkonstanten anzufügen. In diesem Fall kann die angegebene Maßeinheit als vordefinierte Konstante betrachtet werden, die die Umrechnung auf die interne Maßeinheit des Robotersystems enthält. Zum Beispiel wird durch

```
r = MakeRotMatrix (ZVector, 75 * Grad);
```

die Rotationsmatrix für eine Elementarrotation um die z-Achse um den Winkel 75 Grad erzeugt.

6.6 Ausdrücke

Zum Berechnen von logischen oder arithmetischen Ausdrücken stehen die üblichen Operatoren und Funktionen zur Verfügung. Für die roboterspezifischen Datentypen (Kinematikobjekte) werden die Operatoren naheliegend erweitert:

Operationen geometrische Datenobjekte

- Es sind Zuweisungen an alle Kinematikobjekte möglich.
- Mit dem Operator + bzw. − kann eine Vektoraddition bzw. -subtraktion ausgeführt werden.
- Mit dem Operator + (−) kann ein Frame oder eine Transformationmatrix mit einem Vektor verknüpft werden. Das Ergebnis entspricht dem Produkt des Frames oder der Transformationmatrix mit einer Transformationmatrix t. Letztere beschreibt die durch den Vektor definierte Translation.
- Mit dem Operator $*$ kann das Produkt zweier Transformationsmatrizen ${}^{s1}\mathbf{A}_{s2} * {}^{s2}\mathbf{A}_{s3}$ gebildet werden. Das Ergebnis ist dann ${}^{s1}\mathbf{A}_{s3}$.
- Mit dem Operator $*$ kann das Produkt eines Frames f mit einer Transformationsmatrix t gebildet werden. Das Ergebnis ist ein Frame e mit:
  e.pReferenzFrame = f.pReferenzFrame;
  e.AffixKey = f.AffixKey;
  e.TransM = f.TransM $*$ t;
- Mit dem Operator $*$ kann das Produkt eines Frames oder einer Transformationsmatrix mit einem Vektor gebildet werden. Das Ergebnis ist der gedrehte Vektor.
- Mit dem Operator $*$ kann das Skalarprodukt zweier Vektoren berechnet werden.
- Mit dem Operator $\times$ wird das Kreuzprodukt zweier Vektoren berechnet.

In der Tabelle 6.1 werden die erlaubten Verknüpfungen für Kinematikobjekte aufgelistet. Dabei bezeichne SCALAR die elementaren Datentypen int, real oder double.

erlaubte Verknüpfungen

6.7 Konstruktoren und Selektoren für Kinematikobjekte

Konstruktor- und Selektoroperationen erlauben den Aufbau und die Zerlegung von Datenstrukturen ohne Kenntnis von deren Implementierung (Datenabstraktion). Beispielsweise muß der Programmierer nicht wissen, ob die Datenstruktur TransMatrix intern als 4x4-Matrix oder aus Gründen der Speicherplatzeffizienz nur als 3x4-Matrix ohne die letzte Zeile definiert ist.

Konstruktorfunktionen

SCALAR	*	VECTOR	→	VECTOR
VECTOR	±	VECTOR	→	VECTOR
VECTOR	*	VECTOR	→	SCALAR
VECTOR	×	VECTOR	→	VECTOR
RotMatrix	*	VECTOR	→	VECTOR
RotMatrix	*	RotMatrix	→	RotMatrix
TransMatrix	±	VECTOR	→	TransMatrix
TransMatrix	*	VECTOR	→	VECTOR
TransMatrix	*	TransMatrix	→	TransMatrix
FRAME	±	VECTOR	→	FRAME
FRAME	*	VECTOR	→	VECTOR
FRAME	*	TransMatrix	→	FRAME

Tabelle 6.1. Verknüpfungen für Kinematikobjekte

Die bereits eingeführten kinematischen Datenobjekte VECTOR, RotMatrix, TransMatrix, FRAME und JointPosition setzen sich jeweils aus einfacheren Datentypen zusammen. Sei SCALAR wieder der Basistyp für numerische Daten, dann kann man die folgenden Konstruktorfunktionen definieren:

MakeVector

- VECTOR MakeVector (x, y, z);
  SCALAR x, y, z;
  Wirkung: Aus den Skalarwerten x, y und z wird ein Datenobjekt vom Datentyp VECTOR erzeugt.

MakeRotMatrix

- RotMatrix MakeRotMatrix (v1, v2, v3);
  VECTOR v1, v2, v3;
  Wirkung: Aus den drei Spaltenvektoren v1, v2 und v3 wird ein Datenobjekt vom Datentyp RotMatrix erzeugt.

MakeRotMatrix

- RotMatrix MakeRotMatrix (axis, angle);
  VECTOR axis;
  SCALAR angle;
  Wirkung: Es wird die Rotationsmatrix für die Drehung um den Winkel angle um die angegebene Achse erzeugt.[2]

MakeRotMatrix

- RotMatrix MakeRotMatrix (art, w1, w2, w3);
  string art;
  SCALAR w1, w2, w3;
  Wirkung: Es wird die Rotationsmatrix für die durch die drei Euler-Winkel w1, w2 und w3 angegebene Orientierung berech-

---

[2] Es wird angenommen, daß die Roboterprogrammiersprache generische Funktionen erlaubt. Dies sind Funktionen, die den gleichen Namen haben, aber sich durch die Anzahl der Parameter und/oder durch den Typ der Parameter unterscheiden.

net. Die Folge der Drehachsen bei der Definition dieser Winkel wird durch die Zeichenkette art angegeben. Beispiel: art ist der String zy'z'' für die Winkel **O**, **A** und **T** beim PUMA 560 (Abschnitt 4.5). Anstelle von zy'z'' kann auch kurz VAL angegeben werden.

- TransMatrix MakeTransMatrix (rot, v); Make-TransMatrix
  RotMatrix rot;
  VECTOR v;
  Wirkung: Es wird die Tranformationsmatrix aus dem Translationsvektor v und der Rotationsmatrix rot berechnet.
- TransMatrix HERE (); HERE
  Wirkung: Es wird die Tranformationsmatrix für die aktuelle Roboterstellung bezogen auf das Weltkoordinatensystem als Ergebnis bereitgestellt.
- FRAME MakeFrameWelt (pReferenzFrame, TransM, AffixKey); Make-FrameWelt
  FRAME *pReferenzFrame;
  TransMatrix TransM;
  string AffixKey;
  Wirkung: Ergebnis ist das Frame f, das die Stellung von k bezüglich des gegebenen Referenzobjekts r darstellt. Die Stellung von k im Weltkoordinatensystem ist durch die Tranformationsmatrix TransM gegeben. Sie ist also ${}^{W}\mathbf{A}_k$. Der Parameter pReferenzFrame ist die Adresse eines Frames, das die Stellung eines zweiten Objekts r bezeichnet. Hieraus läßt sich die Stellung von r im Weltkoordinatensystem berechnen. Diese sei gegeben durch ${}^{W}\mathbf{A}_r$. Aus den angegebenen Parametern wird ein Frame f für das Objekt k berechnet, wobei die Transformationsmatrix im Frame für f sich auf das Referenzobjekt r abstützt. Es muß also gelten ${}^{W}\mathbf{A}_k = {}^{W}\mathbf{A}_r * {}^{r}\mathbf{A}_k$. Damit ergeben sich folgende Werte im Frame f:
  f.pReferenzFrame = pReferenzFrame;
  f.AffixKey = AffixKey;
  f.TransM = pReferenzFrame->TransM^{-1} * TransM;
  Die anschließende Aktualisierung der Verzeigerung des Framereferenzgraphen ist nicht interessant und wird deshalb hier nicht weiter ausgeführt.
- FRAME MakeFrameRel (pReferenzFrame, TransM, AffixKey); MakeFrameRel
  FRAME *pReferenzFrame;
  TransMatrix TransM;
  string AffixKey;
  Wirkung: Ergebnis ist das Frame f, das die Stellung von k bezüglich des gegebenen Referenzobjekts r darstellt. Die Stel-

lung von k relativ zum Objekt r ist durch die Tranformationsmatrix TransM gegeben. Sie ist also ${}^{r}\mathbf{A}_{k}$. Der Parameter pReferenzFrame ist die Adresse eines Frames, das die Stellung eines zweiten Objekts r bezeichnet. Damit ergeben sich folgende Werte im Frame f:

f.pReferenzFrame = pReferenzFrame;
f.AffixKey = AffixKey;
f.TransM = TransM;

Die anschließende Aktualisierung der Verzeigerung des Framereferenzgraphen ist nicht interessant und wird deshalb hier nicht weiter ausgeführt.

Make-JointPosition

- JointPosition MakeJointPosition (w1, w2, ... , wn);
  SCALAR w1, w2, ... , wn;
  Wirkung: Es wird ein Datenobjekt vom Typ JointPosition aus den n Winkeln (Schubdistanzen) w1, w2, ... , wn erzeugt. Hierbei ist ein n-achsiger Roboter vorausgesetzt.

Selektor-funktionen

Selektorfunktionen liefern die Bestandteile komplexer Datenobjekte. Da der interne Aufbau der Kinematikobjekte vor dem Benutzer verborgen ist, können die einzelnen Komponenten nur über Selektorfunktionen angesprochen werden. Auf eine vollständige Liste der Selektorfunktionen (als Inverse der Konstruktorfunktionen) wird hier verzichtet. Als Beispiele seien nur folgende Selektorfunktionen genannt:

GetX

- SCALAR GetX (v);
  VECTOR v;
  Ergebnis: die x-Koordinate des Vektors v.

GetAxis

- VECTOR GetAxis (r);
  RotMatrix r;
  Wirkung: Es wird die Drehachse einer Rotationsmatrix r berechnet. Da verschiedene Konstruktoren für Rotationsmatrizen möglich sind, muß die Achse aus den Elementen der Rotationsmatrix berechnet werden.

GetVectorN

- VECTOR GetVectorN (r);
  RotMatrix r;
  Ergebnis: die erste Spalte der Rotationsmatrix r.

GetVectorS

- VECTOR GetVectorS (r);
  RotMatrix r;
  Ergebnis: die zweite Spalte der Rotationsmatrix r.

GetVectorA

- VECTOR GetVectorA (r);
  RotMatrix r;
  Ergebnis: die dritte Spalte der Rotationsmatrix r.

- RotMatrix GetRotMatrix (t); TransMatrix t; Ergebnis: die Rotationsmatrix aus der Transformationsmatrix t. — GetRotMatrix
- AdresseFrame GetpReferenzFrame (f); FRAME f; Ergebnis: die Adresse des Bezugsframes des Frames f. — GetpReferenz-Frame
- TransMatrix GetTransMatrixRel (f); FRAME f; Ergebnis: die Transformationsmatrix bezogen auf das Referenzkoordinatensystem im Frame f. — Get-TransMatrixRel
- TransMatrix GetTransMatrixWelt (f); FRAME f; Ergebnis: die Transformationsmatrix bezogen auf das Weltkoordinatensystem für das Frame f. — Get-TransMatrixWelt
- string GetAffixKey (f); FRAME f; Ergebnis: der AffixKey aus dem Frame f. — GetAffixKey
- SCALAR GetJointPosition (i, j); SCALAR i; JointPosition j; Wirkung: Das Ergebnis ist der Winkelwert (die Schubdistanz) wi aus der Stellungsvariablen j des Datentyps JointPosition. Es gilt $0 \leq i \leq n$ bei einem n-achsigen Roboter. — Get-JointPosition

Die saubere Verwendung von Konstruktor- und Selektorfunktionen kann zu sehr viel Schreibarbeit führen. Daher werden manchmal Abkürzungen erlaubt, z.B. eine Indizierung wie in Reihungen. Ein Beispiel wäre j[1] für den ersten Gelenkwinkel der Stellungsvariablen j.

6.8 Bewegungsanweisungen

Allgemeines

Bewegungsanweisungen stoßen die Bewegung eines Roboters von der momentanen Stellung zu einer Zielstellung an. Die Bewegung erfolgt parallel zur weiteren Ausführung des Roboterprogramms. In der Bewegungsanweisung ist immer die Zielstellung des Roboters definiert, beispielsweise durch Angabe einer Transformationsmatrix. Weitere Detailspezifikationen zur Ausführung der Bewegung, beispielsweise die Geschwindigkeit, werden je nach Sprache in der Bewegungsanweisung selbst oder durch vorheriges Setzen von Variablen definiert. In der nachfolgenden Beschreibung werden die Anweisungen im Zusammenhang mit der Bewegung eines Roboters in prozeduraler Form geschrieben. Die Syntax ist wieder die Syntax von C. Der dargestellte Sprachausschnitt entspricht wieder keiner der verfügbaren Roboterprogrammiersprachen.

Bewegungsarten

Folgende Arten von Bewegungen sind üblich:

- Bewegungsanweisungen mit Angabe der Gelenkwinkel bzw. der Schubdistanzen (Gelenkbewegungen).
- Bewegungsanweisungen mit Angabe der Stellung des Effektors im Weltkoordinatensystem (kartesische Bewegungen).

Vorteile Gelenkwinkel

Die Verwendung von Gelenkwinkeln bietet folgende Vorteile:

- hohe Einstellgenauigkeit der Position;
- hohe Wiederholgenauigkeit;
- eindeutige Roboterkonfiguration;
- keine Rückwärtsrechnung erforderlich;
- direkte Verwendung der Daten aus Teach-In möglich.

Nachteile Gelenkwinkel

Die Hauptnachteile sind:

- Abhängigkeit des Roboterprogramms vom Robotertyp;
- kein Bezug der Gelenkwinkel zu der Lage von Objekten im Weltkoordinatensystem, es sei denn, im Roboterprogramm selbst würde explizit eine Rückwärtsrechnung durchgeführt. Damit ist es schwierig, das Programm an Änderungen im Arbeitsraum anzupassen oder Sensoren zu integrieren.

Die Nachteile der Gelenkbewegungen werden bei den kartesischen Bewegungen vermieden. Dafür gehen die obengenannten Vorteile verloren. Da bei anspruchsvolleren Aufgaben die Vorteile der Verwendung von kartesischen Bewegungsanweisungen überwiegen, sollte man in Roboterprogrammen normalerweise kartesische Bewegungsanweisungen verwenden.

Bewegungsanweisungen mit Gelenkwinkeln DriveJoint

Die Bewegungsanweisungen für Roboter unter Angabe der Gelenkwinkel sind:

- Einzelgelenkbewegung:
  void DriveJoint (i, w);
  SCALAR i, w;
  Wirkung: Das Gelenk i wird bis zum Winkel w gedreht (Drehgelenk) oder bis zur Schubdistanz w verschoben (Schubgelenk).

DriveAllJoints UNKOORDINIERT

- Unkoordinierte Gelenkbewegung:
  void DriveAllJoints (n, j, UNKOORDINIERT);
  SCALAR n; JointPosition j;
  Wirkung: Alle n Gelenke fahren mit maximaler Geschwindigkeit, bis sie zu verschiedenen Zeitpunkten die vorgegebene Endstellung erreicht haben. In dem Feld j stehen die Zielwinkel w oder die Schubdistanzen je nach Art des jeweiligen Gelenks.

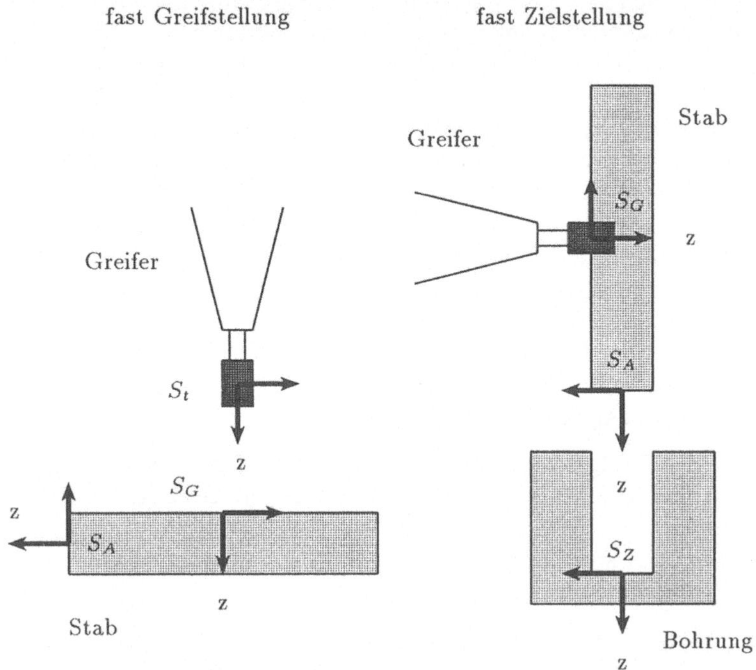

Abb. 6.6. Ausgangs- und Zielkoordinatensystem

- Koordinierte Gelenkbewegung:
  void DriveAllJoints (n, j, KOORDINIERT);
  SCALAR n; JointPosition j;
  Wirkung: Alle n Gelenke werden in die angegebene Zielstellung gefahren. Hierbei wird die Geschwindigkeit der Bewegung der einzelnen Gelenke so bestimmt, daß alle Gelenke zur gleichen Zeit in die Endstellung kommen. Dabei erfolgt lineare oder quadratische Gelenkwinkelinterpolation bei rampenförmigem Geschwindigkeitsverlauf, d.h. die Geschwindigkeit steigt linear an bis zu einer maximalen Geschwindigkeit. Rechtzeitig vor der Zielstellung wird dann die Geschwindigkeit linear verringert, so daß die Geschwindigkeit an der Zielstellung Null ist.

DriveAllJoints KOORDINIERT

Bei einer Bewegungsanweisung muß prinzipiell angegeben werden, welches Ausgangskoordinatensystem durch die Bewegung in Übereinstimmung mit welchem Zielkoordinatensystem gebracht werden soll. Dabei wird vorausgesetzt, daß eine feste Beziehung zwischen Ausgangskoordinatensystem und Effektorkoordinatensystem besteht. Bei den kartesischen Bewegungsanweisungen wird in

Übereinstimmung Ausgangs- und Zielkoordinatensystem

den üblichen Roboterprogrammiersprachen immer das Effektorkoordinatensystem als Ausgangskoordinatensystem genommen. Bequemer ist eine allgemeinere Form. Hierzu gehen wir von der Überlegung aus, daß wir ein Objekt an einem Greifpunkt gegriffen haben, beispielsweise einen runden Stab in der Mitte. Das Effektorkoordinatensystem stimmt dann mit dem Koordinatensystem am Greifpunkt des Objekts überein. Das gegriffene Objekt soll jetzt aber so abgelegt werden, daß ein Ausgangskoordinatensystem am gegriffenen Objekt mit einem Zielkoordinatensystem übereinstimmt; beispielsweise wird der Stab in eine runde Öffnung gesteckt. Dann ist das Zielkoordinatensystem fest zentrisch am Boden der Öffnung und das Ausgangskoordinatensystem zentrisch am Ende des Stabes. Allgemein haben wir also folgende Koordinatensysteme (Abb. 6.6):

- S_t das Effektorkoordinatensystem (Tool-Koordinatensystem),
- S_G das Koordinatensystem am Greifpunkt des gegriffenen Objekts,
- S_A das Ausgangskoordinatensystem am gegriffenen Objekts,
- S_Z das Zielkoordinatensystem.

Die Zielstellung bei der Bewegung des Roboters ist so definiert, daß die Koordinatensysteme S_A und S_Z übereinstimmen. Nimmt man den Index der Koordinatensysteme wieder als Bezeichner bei den Transformationsmatrizen, dann gilt also:

$$^{W}\mathbf{A}_t * {}^{t}\mathbf{A}_A = {}^{W}\mathbf{A}_Z \quad \text{und deshalb} \quad {}^{W}\mathbf{A}_t = {}^{W}\mathbf{A}_Z * {}^{t}\mathbf{A}_A^{-1}$$

Bewegungsanweisungen mit Zielstellung

Muß nun in der Roboterprogrammiersprache die Zielstellung des Effektors angegeben werden, dann ist zuerst die obige Berechnung erforderlich. Da diese Berechnung aber leicht vom System übernommen werden kann, ist es bequemer und übersichtlicher, in der Bewegungsanweisung direkt das Ausgangs- und das Zielkoordinatensystem als Transformationsmatrix oder als Frame anzugeben. Bei der Angabe des Ausgangskoordinatensystems S_A als Transformationsmatrix muß die Transformation auf das Effektorkoordinatensystem bezogen sein. Da beim Greifen das Effektorkoordinatensystem mit dem Greifkoordinatensystem S_G zusammenfällt und die relative Lage von S_A und S_G immer fest bleibt, wird man jedoch S_A auf S_G beziehen. Bei der Angabe von Frames wird die relative Lage des Ausgangsframes zum Effektorframe über den Framereferenzgraph bestimmt. Dies ist einfach, da auf dem Weg vom Ausgangsframe zum Weltframe bei einem gegriffenen Objekt immer das Effektorframe liegt.

Damit kommt man zu folgenden Bewegungsanweisungen:

- Lineare kartesische Bewegung zum Zielpunkt (move straight):
  void MoveS (fa, fz, speed, wmode); MoveS
  FrameTrans fa, fz;
  SCALAR speed;
  WMode wmode;
  Wirkung: Die Parameter fa und fz können Ausdrücke vom Typ FRAME oder TransMatrix sein. Das Frame fa gibt das Ausgangskoordinatensystem an. Das Koordinatensystem fz gibt das Zielkoordinatensystem an. Der Roboter wird so bewegt, daß nach der Bewegung fa auf fz geführt ist und beide Koordinatensysteme übereinstimmen. Der Parameter speed gibt die maximale Geschwindigkeit an, mit der die Bewegung ausgeführt werden soll. Der Parameter wmode ist vom Typ WMode und gibt an, ob das Roboterprogramm erst nach Beendigung der angestoßenen Bewegung (WAIT) oder sofort (NOWAIT) fortgesetzt werden soll.
- Kartesische Bewegung auf einer Bahn (move path):
  void MoveP (fa, fz, n, pathtype, speed, wmode); MoveP
  FrameTrans fa, *fz[ ];
  SCALAR n, speed;
  PathType pathtype;
  WMode wmode;
  Wirkung: Der Parameter fa ist das Ausgangskoordinatensystem. Der Parameter fz ist ein Feld (array) aus n Elementen. Jedes Element enthält die Adresse einer Variablen des Typs FRAME oder TransMatrix. Hierdurch sind zusammen mit dem Ausgangspunkt (n+1) Bahnstützpunkte definiert, durch die fa geführt wird. Die genaue Form der Bahn wird durch den Parameter pathtype bestimmt. Dieser wird im nächsten Absatz erklärt. Der Parameter speed gibt die maximale Geschwindigkeit an, mit der die Bewegung ausgeführt werden soll. Der Parameter wmode ist wiederum vom Typ WMode und gibt an, ob das Roboterprogramm erst nach Beendigung der angestoßenen Bewegung (WAIT) oder sofort (NOWAIT) fortgesetzt werden soll.

Bahnen abfahren

Bei dieser Art der Bewegungsanweisung ist die Bahn durch Stützpunkte definiert. Aus diesen Stützpunkten kann auf verschiedene Weise die abzufahrende Bahn erzeugt werden. Diese wird durch den Parameter pathtype bei MoveP bestimmt. Der einfachste Fall ist ein Polygonzug durch alle Stützpunkte. Dies ergibt aber ruckartige Richtungsänderungen und damit erhöhten Energieverbrauch und erhöhte Belastung der Antriebe. Deshalb werden sinnvollerweise andere Interpolationsverfahren benutzt. In den

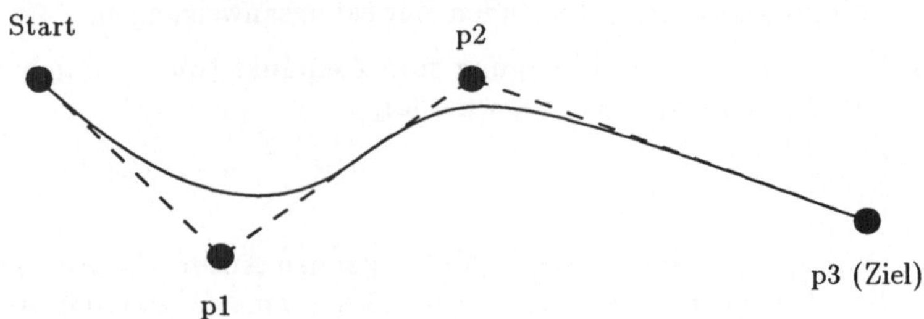

Abb. 6.7. Beispiel Bahnglättung durch Überschleifen

heutigen Roboterprogrammiersprachen sind die Wahlmöglichkeiten noch stark eingeschränkt. Möglich sind:

lineare Interpolation

- Lineare kartesische Interpolation (Polygonzug) mit exakter Ansteuerung der Zwischenpunkte (pathtype = lin).

Überschleifen

- Lineare kartesische Interpolation (Polygonzug) mit Überschleifen zwischen den Bahnsegmenten (pathtype = interpolated). Seien $\overline{p_1p_2}$ und $\overline{p_2p_3}$ zwei aufeinanderfolgende Bahnsegmente zwischen den Punkten p_1, p_2 und p_3, dann wird beim Überschleifen des Punktes p_2 dieser nicht exakt angefahren. Die wirkliche Bahn ergibt sich durch eine nicht genauer definierte Kurve, die tangential in die beiden Geradenstücke $\overline{p_1p_2}$ und $\overline{p_2p_3}$ mündet (Abb. 6.7).

Spline-Interpolation

- Spline-Interpolation (pathtype = spline). Diese erfolgt in der Regel mit einem Polynom dritten Grades. Sie erlaubt prinzipiell auch die Vorgabe von Geschwindigkeit und Beschleunigung.

Kreisbahn

- Kreisbahninterpolation (pathtype = circle). Es werden je drei aufeinanderfolgende Stützpunkte mit einem Kreisbogen verbunden, der dann abgefahren wird.

weitere Parameter

Weitere Details für die Ausführung der Bewegung können durch spezielle Bewegungsanweisungen oder durch Voreinstellung von Variablen spezifiziert werden. Hierzu gehört die explizite Vorgabe von Bahnpunkten mit dem gewünschten Zeitpunkt, zu dem der Punkt erreicht werden soll. Ein anderes Beispiel ist die Zitterbewegung.

Zitterbewegung

Bei verschiedenen Manipulationsvorgängen sind Bewegungen erforderlich, die durch rechnerische Interpolation nicht ausreichend genau angenähert werden können. Beispielsweise hilft beim paßgenauen Fügen oder beim Einsetzen nachgiebiger Materialien, wie Gummiteilen, oft eine Art Zitterbewegung um die Roboterbahn, auch Wobbeln genannt. Die Realisierung einer solchen Feinmodifikation einer Bewegung kann durch Steuern der Gelenkantriebe auf der Ebene der Gelenkregelung erfolgen. Der Vorteil für den Programmierer ist, daß das Sprachmittel Modifikator ihm auf hohem Abstraktionsniveau einen solchen Mechanismus zugänglich macht.

Anmerkungen zu VAL II beim PUMA 560:

Besonderheiten VAL II

- Beim PUMA 560 wird alle 28 ms ein Bahnzwischenpunkt berechnet. Alle 0.875 ms wird ein Soll-Ist-Vergleich der Gelenkwinkel durchgeführt.
- In VAL II sind die Maßeinheiten fest vorgegeben. Die Entfernungseinheit ist der Millimeter. Entfernungen können positiv oder negativ sein. Das kleinste Inkrement ist 0.01 mm. Winkel werden in Grad gemessen. Die Winkel können positiv oder negativ sein. Das kleinste Inkrement ist 0.005 Grad. Der Betrag des Winkels muß immer kleiner als 360 Grad sein.
- In VAL II gibt es keine Frames, und die Bewegungsbefehle werden nur ohne Warten ausgeführt. Als einzige Form der Bahninterpolation gibt es das Überschleifen. Hierzu steht kein Befehl MoveP zur Verfügung, sondern die Stützpunkte der Bahn werden durch aufeinanderfolgende Aufrufe von MoveS vorgegeben. Dabei muß der Folgebefehl so schnell beim Roboter ankommen, daß der Zielpunkt des vorherigen Bewegungsbefehls noch nicht erreicht ist.
- Der Befehl MoveS enthält kein Ausgangskoordinatensystem als Parameter, sondern die Zielposition bezieht sich immer auf das Effektorkoordinatensystem.

Anrück- und Abrückpunkte

Neben der Spezifikation der Bewegung mit MoveS oder MoveP finden sich in vielen Roboterprogrammiersprachen noch Befehle der Art

ApproachS (f, speed, wmode)
oder
DepartS (f, speed, wmode)

ApproachS

Bei ApproachS wird nicht bis zu der durch f definierten Zielstellung gefahren, sondern nur bis zu einem Anrückpunkt (approach point) in der Nähe. Bei DepartS wird von der momentanen, durch f definierten Stellung zu einem Abrückpunkt (departure point) in der Nähe gefahren. Der Anrück- bzw. Abrückpunkt ergibt sich aus einer Translation des Koordinatenursprungs von f um einen Vektor v. Die Orientierung des Effektorkoordinatensystems ist dabei stets die Orientierung am Zielpunkt. Da bei unserer Darstellung komplexe Operationen zwischen Kinematikobjekten möglich sind, läßt sich ein solcher Befehl einfach als MOVE-Befehl ausdrücken. Statt

ApproachS (f, speed, wmode)

läßt sich auch einfach

MoveS (TOOL, f-v, speed, wmode)

schreiben. Wir verzichten deshalb hier auf die Einführung solcher Befehle.

Anrück- und Abrückpunkte sind vor allem bei Greif- oder Fügevorgängen nützlich, um schnelle, weiträumige Transportbewegungen von der langsamen und genauen Endpositionierung zu trennen. Auch müssen oft spätestens am Anrückpunkt gewisse Zustände des Effektors erreicht werden, beispielsweise muß ein Greifer geöffnet sein. Anrück- und Abrückpunkte liegen meist entlang der negativen z-Achse des Zielkoordinatensystems versetzt, da die Koordinatensysteme typischerweise wie in Abb. 6.8 gewählt werden.

Konfigurationsparameter

Bei den kartesischen Bewegungen muß im Steuerrechner eine Rückwärtsrechnung durchgeführt werden. Bei der Rückwärtsrechnung müssen die gewünschten Konfigurationsparameter angegeben werden. Diese wurden in Abschnitt 4.8 bereits eingeführt. Sie werden durch die Anweisungen

- RIGHTY bzw. LEFTY
- ABOVE bzw. BELOW
- FLIP bzw. NOFLIP

voreingestellt und gelten bis zu einer Neudefinition.

Synchronisation

Bei Ausführung eines Bewegungsbefehls wird eine mechanische Bewegung angestoßen. Die Bedeutung des Parameters wmode wurde bereits früher erklärt. Das Auftreten des nächsten Bewegungsbefehls bedeutet in üblichen Steuerungen ein implizites Warten auf die Beendigung des vorangegangenen Bewegungsbefehls. Die Synchronisation der parallelen Abläufe Roboterprogramm und Bewegung des Roboters nur anläßlich der Bewegungsbefehle ist unnötig einschränkend. Man kann daher einen Synchronisationsbefehl WAITROBOTER einführen. An dieser Stelle des Roboterprogramms wird dann gewartet, bis die zuletzt angestoßene Roboterbewegung beendet ist.

Korrekturanweisungen

In Roboterprogrammen spezifizierte Bahnen sind häufig zu ungenau, z.B. wenn sie von einem Simulationssystem off-line generiert wurden. Bei der Ausführung auftretende Abweichungen will man dann mit Sensoren messen und on-line korrigieren. Dazu soll-

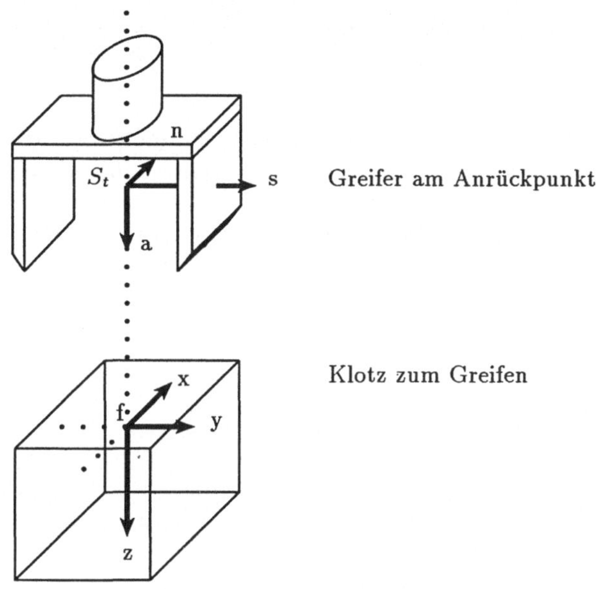

Abb. 6.8. Koordinatensysteme für den Anrückpunkt

te bequemerweise eine Korrektur der Bahn, beispielsweise durch einfache kartesische Verschiebung, voreinstellbar sein. Solche Korrekturen sind kumulativ oder nichtkumulativ möglich. Zur Korrektur könnten vordefinierte Variablen CorrVECTOR und CorrMode berücksichtigt werden.

Kalibrierung

Die internen Sensoren des Roboters (beispielsweise die Winkelgeber) liefern teilweise nur sehr genaue inkrementelle Werte, aber nicht absolute Werte. Deshalb muß zur Kalibrierung der Sensoren beim Start des Roboters eine definierte Stellung angefahren werden. Hierzu gibt es die Funktion

```
calibrate (wmode);
WMode wmode;
```

Beim PUMA 560 werden bei der Kalibrierung die genauen, inkrementell arbeitenden Gelenkwinkelgeber mit anderen Gelenkwinkelgebern, die ungenauer, aber absolut arbeiten, abgeglichen. Dadurch kann beim Systemstart die exakte Stellung jedes Gelenks festgestellt werden. Die Kalibrierung ist

- bei jedem Einschalten des Roboters,
- nach schweren Systemfehlern oder
- nach Kollisionen des Roboterarms mit Hindernissen

nötig. Der Befehl wird mit Warten ausgeführt.

mehrere Roboter

Werden Roboter verschiedenen Typs oder mehrere Roboter durch ein Roboterprogramm angesteuert, dann müssen weitere Parameter in die Anweisungen eingefügt werden, beispielsweise der Name des betroffenen Roboters. Sind die Namen frei wählbar, dann muß es eine Anweisung zur Zuordnung des gewählten Namens zu einem realen Roboter geben und es muß ggf. auch der Typ dieses Roboters spezifiziert werden.

6.9 Ein einfaches Anwendungsbeispiel

Beispiel Roboterprogrammierung mit Frames

In einem einfachen Anwendungsbeispiel soll nun die Anwendung von Bewegungsbefehlen gezeigt werden. Das Beispiel geht von der Szene in Abb. 6.1 aus. Die Aufgabe besteht darin, an die Anrückstelle der Bohrung in Klotz 2 zu fahren. Diese sei 40 mm in negativer z-Richtung gelegen. Zunächst wird das Programm unter Verwendung von Frames dargestellt.

Im Beispiel werden u.a. die Konstruktor- und Selektoranweisungen aus Abschnitt 6.7 verwendet, insbesondere MakeRotMatrix von S. 120.

/* Es wird vorausgesetzt, daß die notwendigen Standarddatentypen für Kinematikobjekte sowie die Standardvariablen mit fester Bedeutung bereits in der Sprache definiert sind */

Daten

```
real lowspeed, highspeed;
VECTOR approach, tmpvec;
RotMatrix tmprot;
TransMatrix tmptrans;
FRAME schraube, klotz2, palette, bohrung;

#define RIG      RIGIDLY
#define NONRIG   NONRIGIDLY
```

initialisierung

```
void initialisierung ()
  { calibrate (WAIT);
  lowspeed = ... ;
  highspeed = ... ;
  approach = MakeVector (0, 0, 40*mm);
     /* jetzt Erzeugung Frame BASE */
  tmpvec = MakeVector (< Vektor S_W → S_0 >);
```

```
tmprot = MakeRotMatrix (VAL, < OAT $S_0$ in $S_W$ >);
tmptrans = MakeTransMatrix (tmprot, tmpvec);
BASE = MakeFrameRel (&WORLD, tmptrans, RIG);
    /* jetzt Erzeugung Frame TOOL */
tmpvec = MakeVector (< Vektor $S_6 \rightarrow S_t$ >);
tmprot = MakeRotMatrix (VAL, < OAT $S_t$ in $S_6$ >);
tmptrans = MakeTransMatrix (tmprot, tmpvec);
TOOL = MakeFrameRel (&HAND, tmptrans, RIG);
    /* jetzt Erzeugung Frame schraube */
tmpvec = MakeVector (< Vektor $S_W \rightarrow S_S$ >);
tmprot = MakeRotMatrix (VAL, < OAT $S_S$ in $S_W$ >);
tmptrans = MakeTransMatrix (tmprot, tmpvec);
schraube = MakeFrameRel (&WORLD, tmptrans, NONRIG);
    /* jetzt Erzeugung Frame palette */
tmpvec = MakeVector (< Vektor $S_W \rightarrow S_P$ >);
tmprot = MakeRotMatrix (VAL, < OAT $S_P$ in $S_W$ >);
tmptrans = MakeTransMatrix (tmprot, tmpvec);
palette = MakeFrameRel (&WORLD, tmptrans, NONRIG);
    /* jetzt Erzeugung Frame klotz2 */
tmpvec = MakeVector (< Vektor $S_P \rightarrow S_{K2}$ >);
tmprot = MakeRotMatrix (VAL, < OAT $S_{K2}$ in $S_P$ >);
tmptrans = MakeTransMatrix (tmprot, tmpvec);
klotz2 = MakeFrameRel (&palette, tmptrans, NONRIG);
    /* jetzt Erzeugung Frame bohrung */
tmpvec = MakeVector (< Vektor $S_{K2} \rightarrow S_B$ >);
tmprot = MakeRotMatrix (VAL, < OAT $S_B$ in $S_{K2}$ >);
tmptrans = MakeTransMatrix (tmprot, tmpvec);
bohrung = MakeFrameRel (&klotz2, tmptrans, RIG);
    /* jetzt Konfigurationsraum wählen */
RIGHTY;
ABOVE;
FLIP;
}

main ()                                                        main
{ initialisierung ();
    /* jetzt mit hoher Geschw. zum Anrückpunkt */
MoveS (TOOL, bohrung-approach, highspeed, NOWAIT);
    /* jetzt mit niederer Geschw. zum Ziel */
MoveS (TOOL, bohrung, lowspeed, WAIT);
}
```

Anmerkung:
Bei der Rückwärtsrechnung wird die Lage des Roboters im Weltkoordinatensystem, definiert durch BASE, und die Lage des Effektorkoordinatensystems bezüglich des Flanschkoordinatensystems, definiert durch TOOL, automatisch berücksichtigt.

Beispiel Roboterprogrammierung ohne Frames

Falls keine Frames, sondern nur Transformationsmatrizen in der Sprache verfügbar sind, dann ergibt sich folgendes Roboterprogramm zur Lösung derselben Aufgabe:

/* Es wird vorausgesetzt, daß die notwendigen Standarddatentypen für Kinematikobjekte sowie die Standardvariablen mit fester Bedeutung bereits in der Sprache definiert sind */

Daten

```
real lowspeed, highspeed;
VECTOR approach, tmpvec;
RotMatrix tmprot;
TransMatrix schraube, klotz2, palette, bohrung;

#define RIG        RIGIDLY
#define NONRIG     NONRIGIDLY
```

initialisierung

```
void initialisierung ()
  { calibrate (WAIT);
  lowspeed = ... ;
  highspeed = ... ;
  approach = MakeVector (0, 0, 40 * mm);
      /* jetzt Erzeugung Transformationsmatrix BASE */
  tmpvec = MakeVector (< Vektor S_W → S_0 >);
  tmprot = MakeRotMatrix (VAL, < OAT S_0 in S_W >);
  BASE = MakeTransMatrix (tmprot, tmpvec);
      /* jetzt Erzeugung Transformationsmatrix TOOL */
  tmpvec = MakeVector (< Vektor S_6 → S_t >);
  tmprot = MakeRotMatrix (VAL, < OAT S_t in S_6 >);
  TOOL = MakeTransMatrix (tmprot, tmpvec);
      /* jetzt Erzeugung Transformationsmatrix schraube */
  tmpvec = MakeVector (< Vektor S_W → S_S >);
  tmprot = MakeRotMatrix (VAL, < OAT S_S in S_W >);
  schraube = MakeTransMatrix (tmprot, tmpvec);
      /* jetzt Erzeugung Transformationsmatrix palette */
  tmpvec = MakeVector (< Vektor S_W → S_P >);
  tmprot = MakeRotMatrix (VAL, < OAT S_P in S_W >);
  palette = MakeTransMatrix (tmprot, tmpvec);
      /* jetzt Erzeugung Transformationsmatrix klotz2 */
  tmpvec = MakeVector (< Vektor S_P → S_K2 >);
```

```
tmprot = MakeRotMatrix (VAL, <OAT S_K2 in S_P>);
klotz2 = MakeTransMatrix (tmprot, tmpvec);
    /* jetzt Erzeugung Transformationsmatrix bohrung */
tmpvec = MakeVector (<Vektor S_K2 → S_B>);
tmprot = MakeRotMatrix (VAL, <OAT S_B in S_K2>);
bohrung = MakeTransMatrix (tmprot, tmpvec);
    /* jetzt Konfigurationsraum wählen */
RIGHTY;
ABOVE;
FLIP;
}
```

main

```
main ()
{ initialisierung ();
    /* jetzt mit hoher Geschw. zum Anrückpunkt */
MoveS (TOOL, palette * klotz2 * bohrung-approach,
        highspeed, NOWAIT);
    /* jetzt mit niederer Geschw. zum Ziel */
MoveS (TOOL, palette * klotz2 * bohrung, lowspeed, WAIT);
}
```

Der Unterschied zum ersten Programm mit Frames ist, daß jetzt in den Bewegungsanweisungen die Berechnung der Transformationen explizit ausprogrammiert werden muß. Dies ist wesentlich fehleranfälliger als wenn es dem integrierten Frameverkettungssystem überlassen wird.

6.10 Kommunikation

Ein-/Ausgabe

Wie bei jeder Programmiersprache sind auch bei Roboterprogrammiersprachen Anweisungen für die Ein- und Ausgabe über Dateien notwendig. Die Ein- und Ausgabe kann formatiert oder zeichenweise erfolgen. Der Datentransfer zu bestimmten Geräten, wie Drucker, Bildschirm oder Tastatur stellt einen Spezialfall davon dar.

Signale

Die einfache und schnelle Kommunikation mit der Umwelt ist bei Roboterprogrammiersprachen von besonderer Bedeutung. Hierzu müssen Sprachkonzepte für den Betrieb von binären und analogen Signalein- und -ausgängen vorhanden sein. Binäre Signale können benutzt werden, um einen Motor an- oder auszuschalten oder um den Zustand offen oder geschlossen einer Tür über Kontaktschalter anzuzeigen. Analoge Signale werden beispielsweise benutzt, um die Spannung beim Schweißvorgang oder den Druck in einer Farbsprühpistole zu steuern oder gar zu regeln. In manchen Systemen sind allerdings analoge Signale nicht direkt zugänglich, sondern nur über Parametereinstellungen bei den Anweisungen zum Betrieb der Werkzeuge.

Dienste für Signale

Wir betrachten nachfolgend nur noch die Dienste für die binären Signalein- und -ausgänge. Eine Verallgemeinerung auf analoge Signale ist in naheliegender Weise möglich.

SETSIGNAL

- void SETSIGNAL (signal);
  SIGNAL signal;
  Wirkung: das durch den symbolischen Namen signal bezeichnete Signal wird gesetzt.

CLEAR-SIGNAL

- void CLEARSIGNAL (signal);
  SIGNAL signal;
  Wirkung: das bezeichnete Signal wird gelöscht.

READSIGNAL

- boolean READSIGNAL (signal);
  SIGNAL signal;
  Wirkung: Das Ergebnis der Funktion ist true, wenn das bezeichnete Signal gesetzt ist, sonst false.

OPENSIGNAL

- void OPENSIGNAL (signal, internalname, rwmode);
  SIGNAL signal; string internalname;
  RWMode rwmode;
  Wirkung: Ähnlich wie eine Datei vor der ersten Benutzung geöffnet werden muß, muß auch ein Signalein-/ausgang vor der ersten Benutzung geöffnet werden. Hierbei erfolgt eine Zuordnung des frei wählbaren symbolischen Namens signal zu dem systeminternen Namen des Signals. Der systeminterne Namen kennzeichnet eindeutig einen physikalischen binären Ein-/Ausgang. Im rwmode wird angegeben, ob das Signal nur abgefragt (R) oder nur gesetzt (W) wird oder ob beide Funktionen auftreten (RW).

Nachrichten

Für den Austausch von umfangreicheren Daten mit anderen Prozessen oder Systemen werden nicht Signale verwendet, sondern Nachrichten, die über eine breitbandige Kommunikationsschnittstelle ausgetauscht werden. Kommunikationspartner sind u.a.:

- Steuerrechner für Werkzeuge und Sensoren,
- Leitrechner in einem Fertigungssystem,
- andere Rechner in Rechnernetzen.

Grundfunktionen Kommunikation

Es gibt verschiedene Standards und Protokolle für die Kommunikation von Robotern und Automatisierungsgeräten. Beispielsweise sind die Protokolle SINEC-AP/H1/H2 und MAP 3.0 sehr verbreitet. Folgende Grundfunktionen stellt jedes Protokoll (bei unterschiedlicher Syntax) zur Verfügung:

- void CONNECT (channel, device); CONNECT
  CHANNEL channel; string device;
  Wirkung: Der frei wählbare Kanalname channel kennzeichnet eine Verbindung eindeutig. Die Verbindung erlaubt grundsätzlich einen Nachrichtenaustausch in beiden Richtungen. Durch device wird der Partner bezeichnet, meist ein Gerät oder ein Prozeß, möglicherweise auch in einem anderen Rechner. Dieser Partner wird durch einen Pfadnamen oder eine Netzadresse bezeichnet.
- void DISCONNECT (channel); DISCONNECT
  CHANNEL channel;
  Wirkung: Die Verbindung wird aufgelöst.
- void SEND (channel, n, message, wmode); SEND
  CHANNEL channel; int n;
  char *message; WMode wmode;
  Wirkung: Es wird eine Nachricht über den Kanal channel abgeschickt, die aus n Zeichen besteht. Der Parameter message ist die Adresse des Nachrichtenpuffers. Über den Parameter wmode (WAIT oder NOWAIT) ist wartendes und nichtwartendes Senden spezifizierbar [HERR94].
- int RECEIVE (channel, n, message, wmode); RECEIVE
  CHANNEL channel; int n;
  char *message; WMode wmode;
  Wirkung: Es wird eine Nachricht über den Kanal channel erwartet. Hierfür wird ein Nachrichtenpuffer für maximal n Zeichen bereitgestellt. Der Parameter message ist die Adresse des Nachrichtenpuffers. Der Parameter wmode ist vom Typ WMode und gibt an, ob das Roboterprogramm erst nach Vorliegen einer Nachricht (WAIT) oder auch wenn keine Nachricht vorliegt sofort fortgesetzt werden soll (NOWAIT). Vorhandene Nachrichten werden in der Reihenfolge der Ankunft an den Empfänger ausgeliefert. Das Ergebnis der Funktion ist die Anzahl der Zeichen, die die Nachricht umfaßt. Ein negatives Ergebnis bedeutet eine Fehlermeldung.

Zur Synchronisation von Robotern untereinander oder mit anderen Geräten verwendet man Synchronisation

- Signale,
- Nachrichten oder
- explizite Warteanweisungen,
  wie WAITROBOTER oder WAITTIME.

Mit diesen Methoden lassen sich alle Arten der Synchronisation vornehmen, auch wenn keine expliziten Sprachmittel wie Semaphore oder Monitore bereitstehen, wie Herrtwich und Hommel

WAIT-ROBOTER

WAITTIME

[HERR94] detailliert zeigen. WAITROBOTER wurde bereits eingeführt. Im Roboterprogramm wird dann gewartet, bis der Roboter die angestoßene Bewegung ausgeführt hat. Die Prozedur WAITTIME hat einen Parameter d. Es wird dann an dieser Stelle des Roboterprogramms gewartet, bis d Zeiteinheiten vergangen sind.

Mit WAITTIME kann allerdings nur sehr fehleranfällig synchronisiert werden, da die Zeitverhältnisse nie exakt genug bekannt sind. Dennoch wird in der Praxis oft nur mit dieser Anweisung gearbeitet.

6.11 Unterbrechungen

Ereignisse Unterbrechungen

Beim Auftreten von Ereignissen muß in Echzeitsprachen und in Roboterprogrammiersprachen die Unterbrechung des gerade aktiven Ablaufs möglich sein. Es wird die asynchrone Ausführung einer vom Benutzer geschriebenen Unterbrechungsbehandlung eingeschoben. Beispiele für solche Ereignisse sind:

- Eintreffen von Nachrichten,
- Signal ist an und seit dem letzten Aus-Zustand wurde noch keine Unterbrechung ausgelöst,
- Auftreten von Alarmen im Programm, beispielsweise arithmetischen Alarmen, oder sonstigen Ausnahmesituationen,
- Auftreten von Alarmen der Robotersteuerung oder des Betriebssystems.

Anmerkung:
Bei manchen Autoren werden Unterbrechungs- und Ausnahmebehandlungen unterschieden. Hier werden beide Begriffe synonym gebraucht.

Behandlung Grundkonzept

Das Grundkonzept zur Behandlung von Unterbrechungen ist das übliche. Vom Benutzer wird eine Unterbrechungsbehandlungsprozedur (UBH-Prozedur) zur Behandlung einer Unterbrechung aufgrund eines Ereignisses bereitgestellt. Jedem Ereignis wird eine Unterbrechungspriorität und eine UBH-Prozedur zugeordnet. Eine Unterbrechung wird nur ausgeführt, wenn derzeit keine Unterbrechung behandelt wird oder die gerade behandelte Unterbrechung eine kleinere Unterbrechungspriorität hat. Die nicht ausgeführte Unterbrechung wird zurückgestellt bis sie ausführbar wird. Das Roboterbetriebssystem organisiert die korrekte Behandlung aller Unterbrechungen gemäß der festgelegten Prioritäten. Wird eine UBH-Prozedur mit RETURN verlassen, dann kehrt man zur Unterbrechungsstelle des vorherigen Ablaufs zurück.

Eine zusätzliche Besonderheit kommt in den Roboterprogrammiersprachen hinzu: In bestimmten Fehlersituationen ist ein sofortiger Halt (Nothalt) der Bewegung des Roboters zwingend. Da mit dem obigen Konzept nicht gewährleistet ist, daß die UBH-Prozedur dies rechtzeitig veranlassen kann, muß der Nothalt in die Anfangsbehandlung bei Auftreten eines Ereignisses integriert werden. Diese Konzepte werden nachfolgend im Detail ausgeführt und die notwendigen Funktionen dafür definiert.

Nothalt

Zur Unterbrechungsbehandlung muß man ein Stück Programmcode schreiben, die UBH-Prozedur. Sie hat das äußere Aussehen einer parameterlosen Prozedur und wird bei Eintreten eines spezifizierten Ereignisses vom System aufgerufen.

Prozedur zur Unterbrechungsbehandlung

Die Zuordnung eines Ereignisses zu einer UBH-Prozedur und die Festlegung der Unterbrechungspriorität erfolgt durch einen der beiden folgenden Prozeduraufrufe (Beispiel für Signale):

REACT

- void REACT (event, ubhprocedure, upriority);
  EVENT event; void (*ubhprocedure) ();
  int upriority;
  Wirkung: Zuordnung ohne Nothalt des Roboters. Der Parameter ubhprocedure ist die Adresse der zuzuordnenden UBH-Prozedur.

REACT-IMMEDIATE

- void REACTIMMEDIATE (event, ubhprocedure, upriority);
  EVENT event; void (*ubhprocedure) ();
  int upriority;
  Wirkung: Zuordnung mit Nothalt des Roboters. Die Adresse der zuzuordnenden UBH-Prozedur steht im Parameter ubhprocedure.

Mit diesen Aufrufen wird eine Überwachung des spezifizierten Ereignisses begonnen. Falls das spezifizierte Ereignis nicht schon hardwaremäßig eine Unterbrechung auslöst, wird das Eintreffen des Ereignisses in kurzen Zeitabständen durch das System getestet. Soll ein Ereignis nicht mehr zur Unterbrechung führen, dann wird

IGNORE

- void IGNORE (event);
  EVENT event;

aufgerufen.

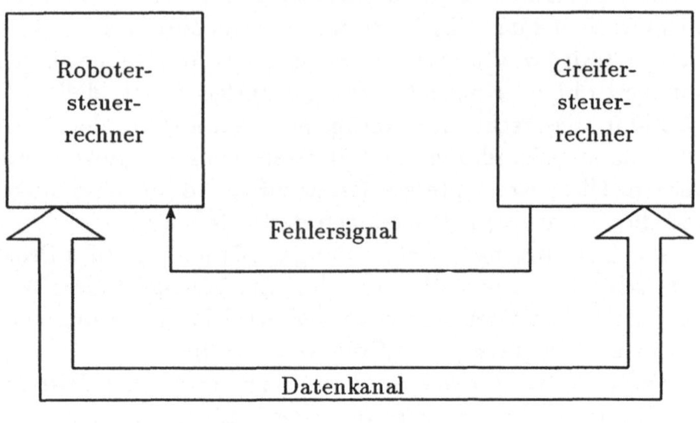

Abb. 6.9. Kommunikation Robotersteuerung und Greifer

6.12 Anweisungen für Effektoren und Sensoren

Anschluß Effektoren

Effektoren, wie elektrische Greifer oder Werkzeuge, werden im Normalfall von einem eigenen kleinen Steuerrechner kontrolliert. Dieser wird beispielsweise über eine V24-Schnittstelle an den Robotersteuerrechner gekoppelt. Außerdem wird ihm dort ein Signaleingang oder ein Kommunikationskanal zugeordnet. Der Effektor wird dann durch geeignet codierte Nachrichten an seinen Steuerrechner gesteuert. Der Steuerrechner gibt dementsprechend (Fehler-) Meldungen über diese Schnittstelle zurück.

Fehlerbehandlung

Um auf Fehler leicht mit Unterbrechungen reagieren zu können, kann ein Fehlersignal auf einen Signaleingang des Robotersteuerrechners geführt werden (Abb. 6.9). Dieses Signal wird bei jedem auftretenden Fehler im Steuerrechner des Effektors auf ein gesetzt. Bei einem Greifer kann so beispielsweise eine Unterbrechung ausgelöst werden, wenn ein gegriffenes Objekt verloren geht.

Anweisungen für Greifer

Als Beispiel für Anweisungen an einen Effektor wird ein elektrischer Greifer mit Parallelbacken und Kraftmessung verwendet. Dieser wird auch in späteren Programmierbeispielen eingesetzt. Die Befehle für einen solchen Greifer sind nachfolgend aufgelistet. Generell gilt, daß der Befehl an den Greifer übertragen wird und dann der Greifer parallel zum Roboterprogramm arbeitet. Es gibt daher bei jeder Funktion einen Parameter wmode, der angibt, ob das Roboterprogramm erst nach Beendigung des angestoßenen Befehls (WAIT) oder sofort (NOWAIT) fortgesetzt werden soll.

- void HCalibrate (wmode); HCalibrate
  WMode wmode;
  Wirkung: Der Greifer wird initialisiert und das Meßsystem kalibriert.
- void HOpenWidth (width, wmode); HOpenWidth
  real width; WMode wmode;
  Wirkung: Der Greifer wird auf die angegebene Weite geöffnet bzw. geschlossen.
- real HWidth (); HWidth
  Ergebnis: die aktuelle Greiferöffnung.
- void HCloseForce (force, wmode); HCloseForce
  real force; WMode wmode;
  Wirkung: Der Greifer wird bei einer positiven (negativen) Kraft force geschlossen (geöffnet) bis die Kraft |force| auf das Objekt ausgeübt wird.
- real HForce (); HForce
  Ergebnis: die aktuelle Kraft, die auf das Objekt ausgeübt wird.
- void HError (perror); HError
  ERROR *perror;
  Ergebnis: die aktuellen Fehlermeldungen der Greifersteuerung, d.h. alle Fehler, die seit der Kalibrierung oder dem letzten Aufruf von HError aufgetreten sind. Die Fehlermeldungen werden in die Variable error übertragen, auf die der Zeiger perror zeigt. In der Greifersteuerung werden alle Fehlermeldungen gelöscht. Das Fehlersignal zum Steuerrechner des Roboters wird ebenfalls gelöscht.

Falls es mehrere unterschiedliche Greifer gibt, müssen zusätzliche Parameter eingeführt werden, die die betroffene Greifersteuerung, den Greifer und den Greifertyp kennzeichnen. Dies ist erforderlich, damit in den aufgerufenen Funktionen die richtigen Nachrichtensequenzen erzeugt und an den richtigen Greifersteuerrechner geschickt werden können.

verallgemeinerte Anweisungen für Effektoren

Eine Bereitstellung von Anweisungen für beliebige Effektoren in einer Roboterprogrammiersprache ist praktisch nicht möglich, da sie nicht alle denkbaren oder in Zukunft zu entwickelnden Effektoren mit ihren vielfältigen Parametern berücksichtigen können. Die meisten Roboterprogrammiersprachen kennen daher nur Befehle für den Greifer, sofern er ein Zweibacken-Parallelgreifer ist. Aber manche Roboterprogrammiersprachen kennen Effektoranweisungen für spezielle Anwendungen. Beispielsweise gibt es in RAIL [FRAN85] Befehle zum Schweißen und Reinigen (WELD, BRUSH, CLEAN) und in AUTOPASS [LIEB77] Befehle für den

Montageeinsatz (CLAMP, UNCLAMP, LOAD, UNLOAD, LOCK, UNLOCK). Solche speziellen Befehle sollen hier aber nicht weiter beschrieben werden.

OPERATE

Ansätze für die Bereitstellung einer allgemeinen Anweisung OPERATE für Werkzeuge finden sich in AUTOPASS [LIEB77] oder AL [FINK75], [GROO87]. Als Beispiel sei die OPERATE--Anweisung von AUTOPASS angegeben:

```
OPERATE
  TOOL-name           CO z.B. PAINT-SPRAYER;
  [LOAD-LIST l]       CO z.B. spezielle Düse;
  [AT-POS ap]         CO Ort der Ausführung;
  [ATTACHED at]       CO z.B. Halterung Sprayer;
  UNTIL final-cond    CO Endebedingung:
                      CO bei m = WAIT wartet
                      CO das Programm, bis z.B.
                      CO alle Farbe versprüht;
  [TOOL-PARAMS tp]    CO z.B. Sprühdruck usw.;
  [HOLD-AT-END h]     CO true, wenn Werkzeug
                      CO nach Beendigung
                      CO verharren soll;
```

Anweisungen für Sensorik

Für den Anschluß externer Sensorik gilt dasselbe wie für Effektoren. Auch Sensoren werden über eigene Steuerrechner bis hin zu großen Workstations kontrolliert. Die Abfrage der Meßwerte eines Sensors kann wieder über eine Kommunikationsschnittstelle erfolgen, über spezielle Befehle der Roboterprogrammiersprache oder über einen allgemeinen Sensorbefehl analog zum OPERATE bei Werkzeugen. Zumindest bei komplexen Sensoren, wie Videokameras mit anschließender Bildauswertung und Objekterkennung, ist eine allgemeine Kommunikationsschnittstelle mit anderen Rechnern unumgänglich. Da in realen Fabrikumgebungen bisher nur Sensoren eingesetzt wurden, die wenig Information erzeugen, lassen viele Roboterprogrammiersprachen und Robotersteuerungen nur die Ankopplung von Sensoren an Signaleingänge zu.

6.13 Strukturierung von Programmen

Zur Strukturierung und Modularisierung der Roboterprogramme sind die aus höheren Programmiersprachen, wie C oder Ada, allgemein bekannten Konzepte ausreichend. Diese werden deshalb in diesem Buch nicht ausführlich behandelt, sondern es werden nur noch die unbedingt erforderlichen Konzepte kurz aufgeführt.

Blockstruktur

Eine unverzichtbare Grundlage der Modularisierung ist die Blockstruktur mit den üblichen Regeln für die Lebensdauer und die Gültigkeitsbereiche von Datenobjekten.

Prozeduren Funktionen

Eine weitere Notwendigkeit sind Unterprogramme, am besten in der Form von schachtelbaren Prozeduren und Funktionen. Die üblichen Arten der Parameterübergabe sollten vorhanden sein. Rekursive Aufrufmöglichkeiten von Prozeduren und Funktionen sind ebenfalls wünschenswert.

Prozedurfernaufruf

Zur xKommunikation zwischen kooperierenden Prozessen kann auch ein Prozedurfernaufruf (remote procedure call) sehr bequem sein. Der Vorteil gegenüber einer Nachrichtenkommunikation wäre, daß die Parameter nicht explizit in Nachrichtenformate umgewandelt und daß die notwendigen beidseitigen Kommunikationsvorgänge [HERR94] nicht explizit programmiert werden müssen. Damit ist der Mechanismus komfortabler und weniger fehleranfällig zu benutzen als reine Kommunikationsbefehle. Ein Prozedurfernaufruf sieht in der Programmiersprache aus wie ein lokaler Prozeduraufruf. Industriestandards für Prozedurfernaufrufe gibt es im Bereich der Workstations.

Kontrollstrukturen

Die gängigen Kontrollstrukturen für Verzweigungen und Schleifen und eventuell auch für Parallelarbeit sollten ebenfalls vorhanden sein. Für die Parallelarbeit stellt AL [FINK75] beispielsweise ein COBEGIN und COEND zur Verfügung, um mehrere Manipulatorarme gleichzeitig in einem Programm zu steuern. Allgemeiner zu verwenden, aber auch schwieriger zu programmieren, sind parallele Prozesse.

Parallele Prozesse

Modulkonzept

Zur Zerlegung großer Programme muß eine Art Modulkonzept vorhanden sein. In einfachen Fällen beinhaltet es nur getrennt übersetzbare Dateien und die Möglichkeit zur Deklaration externer Namen. Komfortabler und sicherer sind die Möglichkeiten von beispielsweise Modula-2 und Ada.

Eigenschaften heutiger Roboterprogrammiersprachen

Keine derzeit existente Roboterprogrammiersprache enthält alle aufgezählten Strukturierungselemente. AL [FINK75] ist hier (bis auf Modularisierung und ein allgemeines Prozeßkonzept) noch am komfortabelsten. Allerdings ist AL nie industriell eingesetzt worden. Die erfolgreichsten, industriell genutzten Sprachen verfügen höchstens über ein Unterprogrammkonzept und einige einfachste Kontrollstrukturen, oft nur ein GOTO.

neuartige Ansätze

Vor allem in den Forschungsbereichen der Künstlichen Intelligenz (KI) haben sich neuartige Paradigmen bzgl. der Programmierung ergeben. Im Gegensatz zum befehlsorientierten Programmierstil, der eine Anweisung an die andere reiht, experimentiert man dort mit objektorientierten, regelbasierten oder logikorientierten Sprachen. Vor allem die objektorientierte Programmierung hat auch außerhalb der KI-Gemeinde wertvolle Impulse geliefert und zu einigen neuen Sprachen geführt. Solche Ansätze werden in diesem Buch im Zusammenhang mit der aufgabenorientierten Programmierung noch ausführlich behandelt werden. Heutige Roboterprogrammiersprachen enthalten jedoch keinerlei der in diesen Sprachen entwickelten Sprachelemente oder Strukturierungsansätze.

7. Beispiele roboterorientierter Programmierung

Die Anwendung roboterorientierter Programmierung wird an zwei Beispielen exemplarisch dargestellt. Das erste Beispiel ist der Transport eines Werkstücks mit Sensorüberwachung. Hier liegt der Schwerpunkt auf der Koordination der parallelen Abläufe, insbesondere der Koordination des Roboters mit seiner Umwelt. Die Steuerung von einfachen Geräten in der Umwelt wird gezeigt. Als zweites, umfangreicheres Beispiel dient der Cranfield Assembly Benchmark. Hier wird ein Pendel aus einer vorgegebenen Anzahl von Teilen verschiedener Art und Größe montiert. An diesem Beispiel wird die Einführung komplexerer Roboteroperationen und damit der Übergang zu einer aufgabenorientierten Programmierung gezeigt.

7.1 Anwendungsbeispiel: Werkstück in Heizzelle

Aufgabe

In diesem Anwendungsbeispiel sollen die grundsätzlichen Techniken zur Programmierung von Robotern gezeigt werden. In dem Beispiel werden wieder Frames und nicht nur Transformationsmatrizen verwendet. Das Anwendungsbeispiel geht von der Szene in Abb. 6.1 aus. Die Aufgabe besteht darin, den Klotz 2 zu greifen, in eine Heizzelle zu legen und wieder an den alten Platz zurückzustellen. Das Greifen erfolgt mit einem elektrischen Greifer, der über die Befehle in Abschnitt 6.12 angesprochen wird. Die Heizzelle ist mit einer Tür versehen, die vor dem Einlegen des Klotzes zu öffnen ist. In Ergänzung zu den in Abb. 6.1 bereits eingeführten Koordinatensystemen kommen noch:

Koordinatensysteme

- S_{HZ} Lage der Heizzelle im Weltkoordinatensystem
- S_{HZW} Warteposition vor der Heizzelle
- S_{HZT} Bahnzwischenpunkt an der Tür der Heizzelle
- S_{HZA} Ablage für Klotz 2 in der Heizzelle

Die Initialsierungssequenz nach dem Beispiel in Abschnitt 6.9 wird übernommen und durch die Angaben für die Heizzelle ergänzt.

Im Beispiel werden u.a. die Konstruktor- und Selektoranweisungen aus Abschnitt 6.7 verwendet, insbesondere MakeRotMatrix von S. 120.

Programm mit Frames

```
/* Es wird vorausgesetzt, daß die notwendigen Standarddaten-
   typen für Kinematikobjekte sowie die Standardvariablen mit
   fester Bedeutung bereits in der Sprache definiert sind */
```

Daten

```
real lowspeed = ··· , highspeed = ··· ;
real klotzbreite = ··· , schließkraft = ··· ;
VECTOR approach, tmpvec;
RotMatrix tmprot;
TransMatrix tmptrans;
FRAME klotz2, palette, hzelle;
FRAME robanfpos, klotzanfpos;
FRAME hzwartepos, hztuer, hzablage;
SIGNAL tuerauf, tuerzu, motortuerauf, motortuerzu;
SIGNAL fehlervongreifer;
#define RIG        RIGIDLY
#define NONRIG     NONRIGIDLY
```

initialisierung

```
void initialisierung ()
  {calibrate (WAIT);  /* Kalibrierung Roboter */
  HCalibrate (WAIT);  /* Kalibrierung Greifer */
  approach = MakeVector (0, 0, 40 * mm);
      /* jetzt Erzeugung Frame BASE */
  tmpvec = MakeVector (<Vektor $S_W \rightarrow S_0$>);
  tmprot = MakeRotMatrix (VAL, <OAT $S_0$ in $S_W$>);
  tmptrans = MakeTransMatrix (tmprot, tmpvec);
  BASE = MakeFrameRel (&WORLD, tmptrans, RIG);
      /* jetzt Erzeugung Frame TOOL */
  tmpvec = MakeVector (<Vektor $S_6 \rightarrow S_t$>);
  tmprot = MakeRotMatrix (VAL, <OAT $S_t$ in $S_6$>);
  tmptrans = MakeTransMatrix (tmprot, tmpvec);
  TOOL = MakeFrameRel (&HAND, tmptrans, RIG);
      /* jetzt Erzeugung Frame palette */
  tmpvec = MakeVector (<Vektor $S_W \rightarrow S_P$>);
  tmprot = MakeRotMatrix (VAL, <OAT $S_P$ in $S_W$>);
  tmptrans = MakeTransMatrix (tmprot, tmpvec);
  palette = MakeFrameRel (&WORLD, tmptrans, NONRIG);
      /* jetzt Erzeugung Frame klotz2 */
  tmpvec = MakeVector (<Vektor $S_P \rightarrow S_{K2}$>);
  tmprot = MakeRotMatrix (VAL, <OAT $S_{K2}$ in $S_P$>);
  tmptrans = MakeTransMatrix (tmprot, tmpvec);
  klotz2 = MakeFrameRel (&palette, tmptrans, NONRIG);
      /* jetzt Erzeugung Frame hzelle */
  tmpvec = MakeVector (<Vektor $S_W \rightarrow S_{HZ}$>);
```

```
  tmprot = MakeRotMatrix (VAL, <OAT S_HZ in S_W>);
  tmptrans = MakeTransMatrix (tmprot, tmpvec);
  hzelle = MakeFrameRel (&WORLD, tmptrans, RIG);
      /* jetzt Erzeugung Frame hzwartepos */
  tmpvec = MakeVector (<Vektor S_HZ → S_HZW>);
  tmprot = MakeRotMatrix (VAL, <OAT S_HZW in S_HZ>);
  tmptrans = MakeTransMatrix (tmprot, tmpvec);
  hzwartepos = MakeFrameRel (&hzelle, tmptrans, RIG);
      /* jetzt Erzeugung Frame hztuer */
  tmpvec = MakeVector (<Vektor S_HZ → S_HZT>);
  tmprot = MakeRotMatrix (VAL, <OAT S_HZT in S_HZ>);
  tmptrans = MakeTransMatrix (tmprot, tmpvec);
  hztuer = MakeFrameRel (&hzelle, tmptrans, RIG);
      /* jetzt Erzeugung Frame hzablage */
  tmpvec = MakeVector (<Vektor S_HZ → S_HZA>);
  tmprot = MakeRotMatrix (VAL, <OAT S_HZA in S_HZ>);
  tmptrans = MakeTransMatrix (tmprot, tmpvec);
  hzablage = MakeFrameRel (&hzelle, tmptrans, RIG);
      /* jetzt Konfigurationsraum wählen */
  RIGHTY;
  ABOVE;
  FLIP;
  }
void GreiferFehler ()                                            GreiferFehler
  { /* UBH-Prozedur für Greiferfehler */
  ERROR error;
  HError (&error);   /* Fehlerart holen */
      /* Fehler behandeln, typisch Klotz 2 verloren */
  ...
  }
void MoveInHeizzelle (ZielFrame)                                 MoveInHeizzelle
  FRAME ZielFrame;
  { /* in Heizzelle an ZielFrame fahren */
      /* Tür öffnen */
  SETSIGNAL (motortuerauf);
      /* warten bis Tür auf */
  while (READSIGNAL (tuerauf) == false) ;
      /* Motor abschalten */
  CLEARSIGNAL (motortuerauf);
      /* zuerst schnell, dann langsam zum Ziel */
  MoveS (TOOL, hztuer, highspeed, NOWAIT);
  MoveS (TOOL, ZielFrame-approach, lowspeed, NOWAIT);
  MoveS (TOOL, ZielFrame, lowspeed, WAIT);
  }
```

MoveAus-Heizzelle

```
void MoveAusHeizzelle ()
  { /* aus Heizzelle an Warteposition fahren */
  MoveS (TOOL, HERE ()-approach, lowspeed, NOWAIT);
  MoveS (TOOL, hztuer, lowspeed, NOWAIT);
  MoveS (TOOL, hzwartepos, highspeed, WAIT);
      /* Tür schließen */
  SETSIGNAL (motortuerzu);
      /* warten bis Tür zu */
  while (READSIGNAL (tuerzu) == false) ;
      /* Motor abschalten */
  CLEARSIGNAL (motortuerzu);
  }
```

greifen

```
void greifen (pGFrame)
  FRAME *pGFrame;
   /* Parameter: Adresse Greifframe für ein Objekt */
  { /* angegebenes Objekt greifen */
  HCloseForce (schließkraft, WAIT);
  if (HWidth () < klotzbreite)
      /* Fehlerbehandlung falls nichts gegriffen */
    goto ··· ;
  AFFIX (pGFrame, &TOOL, RIG);
      /* Klotz 2 ist in Greifer und wird mitbewegt */
      /* Greifvorgang ab jetzt überwachen */
      /* Nothalt Roboter, falls Greiferfehler */
  REACTIMMEDIATE (GreiferFehler, fehlervongreifer, 5);
  }
```

loslassen

```
void loslassen (pGFrame)
  FRAME *pGFrame;
   /* Parameter: Adresse Greifframe für ein Objekt */
  { /* angegebenes Objekt loslassen */
      /* Greifvorgang nicht mehr überwachen */
  IGNORE (fehlervongreifer);
      /* Greifer öffnen */
  HOpenWidth (klotzbreite+20*mm, WAIT);
  UNFIX (pGFrame, &TOOL);
  }
```

main

```
main ()
  { initialisierung ();
  robanfpos = HERE ();
  klotzanfpos = klotz2;
  OPENSIGNAL (tuerauf, ..., R);
  OPENSIGNAL (tuerzu, ..., R);
  OPENSIGNAL (motortuerauf, ..., W);
  OPENSIGNAL (motortuerzu, ..., W);
```

```
OPENSIGNAL (fehlervongreifer, ..., R);
    /* Öffnen Greifer wird angestoßen */
HOpenWidth (klotzbreite+20*mm, NOWAIT);
    /* mit hoher Geschw. zum Anrückpunkt */
MoveS (TOOL, klotz2-approach, highspeed, NOWAIT);
    /* Warten bis Greifer offen */
HOpenWidth (klotzbreite+20*mm, WAIT);
    /* mit niederer Geschw. zum Ziel */
MoveS (TOOL, klotz2, lowspeed, WAIT);
greifen (&klotz2);
    /* langsam zur Abrückstelle */
MoveS (TOOL, klotz2-approach, lowspeed, NOWAIT);
    /* schnell zur Warteposition an der Heizzelle */
MoveS (TOOL, hzwartepos, highspeed, WAIT);
MoveInHeizzelle (hzablage);
loslassen (&klotz2);
    /* Klotz 2 ist in Heizzelle */
AFFIX (&klotz2, &hzablage, NONRIG);
MoveAusHeizzelle ();
WAITTIME (1*min);
MoveInHeizzelle (klotz2);
greifen (&klotz2);
MoveAusHeizzelle ();
    /* schnell zur Abrückstelle alte Klotzposition */
MoveS (TOOL, klotzanfpos-approach, highspeed, NOWAIT);
    /* langsam zur alten Klotzposition */
MoveS (TOOL, klotzanfpos, lowspeed, WAIT);
loslassen (&klotz2);
AFFIX (&klotz2, &palette, NONRIG);
    /* langsam zur Abrückstelle */
MoveS (TOOL, klotz2-approach, lowspeed, NOWAIT);
    /* wieder schnell zur Ausgangsposition */
MoveS (TOOL, robanfpos, highspeed, NOWAIT);
printf ("%s\n", "Programm beendet");
    /* warten bis Roboter am Ziel */
WAITROBOTER ();
    /* Ende Programm */
}
```

In diesem Programmbeispiel zeigen sich auch die Vorteile der Verwendung von Frames:

Vorteile Frames

- Die Beziehungen zwischen den Frames werden konzentriert am Anfang des Programms definiert. Sie sind deshalb leichter überprüfbar und änderbar.

- Die Umrechnung der Koordinatensysteme bei der Bewegung von Objekten erfolgt automatisch. Damit wird das Programm weniger fehleranfällig und leichter lesbar.

7.2 Konzepte zur Montage des Cranfield-Pendels

Aufgabe

In diesem Anwendungsbeispiel für roboterorientierte Programmierung soll nun ein Programm für den Cranfield Assembly Benchmark [COLL85] entwickelt werden. Ziel der Aufgabe ist das Zusammenbauen eines metallenen Pendels aus einem Bausatz, der im einfachsten Fall auf einer Montageplatte fest angeordnet ist. Abb. 7.1 zeigt die Ausgangslage des Cranfield-Montagebausatzes, Abb. 7.2 das zusammengesetzte Pendel. Die Abbildungen für Ausgangs- und Zielanordnung des Cranfield-Montagebausatzes gleichen in etwa denen bei Frommherz [FROM90a].

Vorranggraph

Es gibt verschiedene Reihenfolgen, in denen die Montage erfolgen kann. Die einzelnen Schritte müssen dabei eine partielle Ordnung erfüllen, die sich aus physikalischen Anforderungen beim Aufbau ergibt, z.B. Zugänglichkeit, Stabilität oder Durchdringungsverbot [FROM90a]. Diese partielle Ordnung kann in einem Vorranggraph dargestellt werden. Der Vorranggraph ist ein gerichteter Graph. Eine Kante $a \longrightarrow b$ bedeutet, daß die Aktion a abgeschlossen sein muß bevor die Aktion b begonnen werden kann. Das Teil an der Pfeilspitze darf also jeweils erst nach dem Teil am Fuß des Pfeils montiert werden.

Montagesequenzen

Wir gehen davon aus, daß die möglichen Montagesequenzen für das Pendel bestimmt wurden und in einem Vorranggraph (Abb. 7.3) festgehalten sind. Nach [FROM90a] gibt es mit einem Roboter in diesem Vorranggraphen 288 verschiedene Montagesequenzen. Eine der möglichen Montagesequenzen ist:

1. Untere Seitenplatte auf Montagebasis (Fixierung) legen,
2. Pendelachse und Abstandsstifte A1 bis A4 in der Reihenfolge ihrer Nummer einfügen,
3. Abstandsteil einfügen,
4. Pendel einfügen,
5. obere Seitenplatte auflegen,
6. die vier Abstandsstifte in der Reihenfolge ihrer Nummer mit je zwei Verriegelungsstiften V1 bis V8 ebenfalls in der Reihenfolge der Numerierungen sichern.

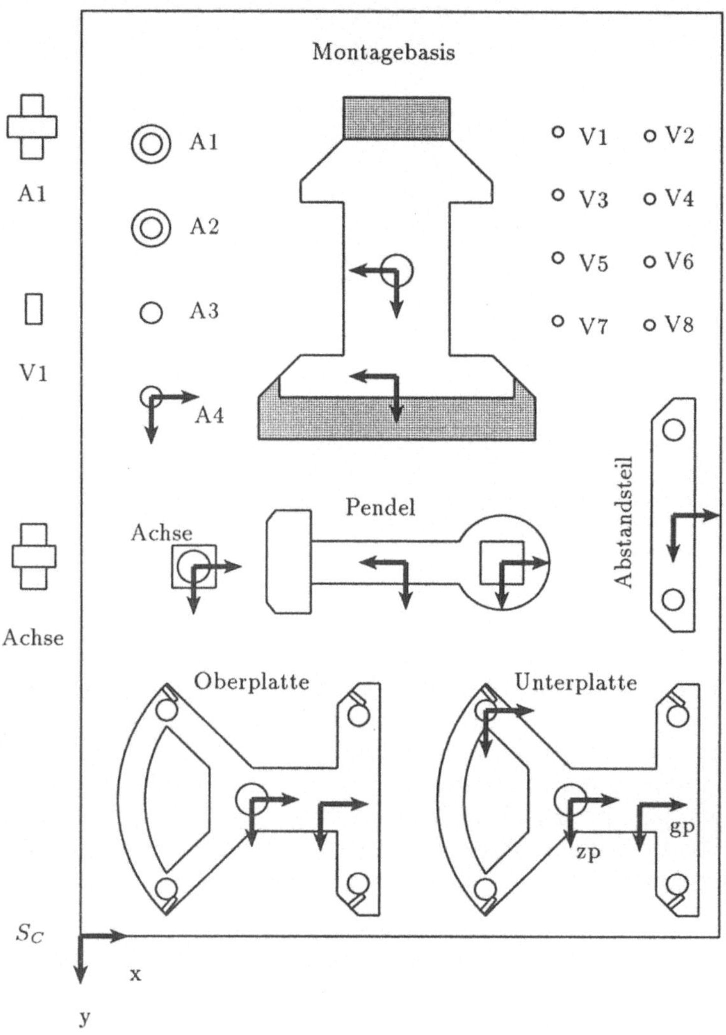

Anmerkung: Nicht alle Koordinatensysteme eingezeichnet!

Abb. 7.1. Ausgangsanordnung des Cranfield-Montagebausatzes

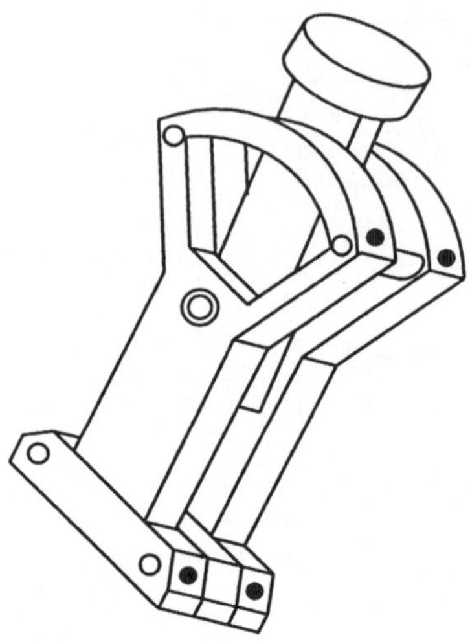

Abb. 7.2. Zielanordnung des Cranfield-Pendels

Komponenten eines allgemeinen Montage-programms

Nach der Festlegung einer solchen Aktionsreihenfolge könnte unmittelbar mit der Umsetzung in ein Roboterprogramm begonnen werden. In diesem Beispiel wollen wir jedoch nicht eine spezielle Montagesequenz realisieren, sondern höhere Funktionen zusammen mit einem allgemeineren Ansatz verwenden. Damit könnten dann prinzipiell auch andere Montageaufgaben gelöst werden. Das Programm soll also einen Übergang zur aufgabenorientierten Programmierung darstellen. Wir benötigen dazu:

- Frames zur Beschreibung der Lage aller Koordinatensysteme,
- den bereits eingeführten Vorranggraphen mit den Namen der auszuführenden (Montage-) Aktionen,
- den Teilegraph, also die Beschreibung, welches (Teil-) Objekt aus welchen (physikalischen oder logischen) Teilobjekten besteht,
- die Objektbeschreibungen für alle (Teil-) Objekte,
- die Beschreibung der Montageoperationen und ihrer Parameter,
- die höheren Roboteraktionen als Prozeduren.

Dienste für Vorranggraph

Wir unterstellen den Vorranggraph V gemäß Abb. 7.3. Die Knoten des Vorranggraphen enthalten den Namen einer Aktion und die Angabe des Bearbeitungszustands einer Aktion. Es sind folgende Funktionen zu seiner Bearbeitung vorgesehen:

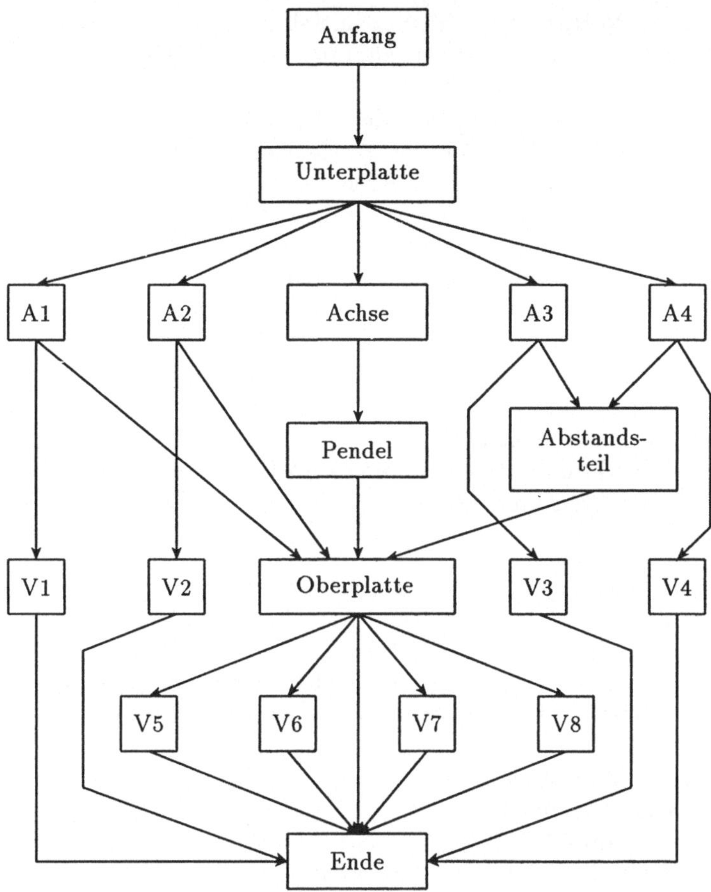

A: Abstandsstift
V: Verriegelungsstift

Abb. 7.3. Der Vorranggraph für das Cranfield-Pendel

Init-Vorranggraph

- InitVorranggraph (V);
  Der Vorranggraph V wird initialisiert. Die Initialwerte sind die Aktionen und ihre Verknüpfungen gemäß Abb. 7.3. Alle Aktionen sind unbearbeitet.

GibNaechste-Aktion

- boolean GibNaechsteAktion (V, aktion);
  Nach Aufruf steht in der Zeichenkette aktion der Name der als nächstes ausführbaren Aktion. Als nächstes ausführbar ist eine Aktion, deren Vorgängeraktionen alle beendet sind und die selbst noch unbearbeitet ist. Die ausgewählte Aktion wird als „in Bearbeitung" gekennzeichnet. Falls es derzeit keine solche Aktion gibt, wird gewartet. Das Ergebnis der Funktion ist true, falls eine Aktion übergeben wird. Falls überhaupt keine unbearbeitete Aktion mehr vorhanden ist, dann ist das Ergebnis des Aufrufs false.

AktionBeendet

- AktionBeendet (V, a);
  Die Aktion mit dem Namen a im Vorranggraph V wird als „beendet" gekennzeichnet.

Anmerkung:
Die Dienste sind bereits so definiert, daß das Roboterprogramm auf die parallele Bearbeitung von Aktionen erweitert werden kann.

Datenstruktur OBJDESKR

Die Beziehung *IstTeilVon* wird ebenfalls in einem Teilegraphen verwaltet. Die Knoten sind Objektbeschreibungen. Für unser Beispiel sei die Datenstruktur Objektbeschreibung:

```
typedef struct {
  char *NameObjekt;
  int zahlteilobjekte;
  OBJDESKR (*next) [ MaxZahlTeilobjekte ];
      /* Verweise auf alle Teilobjekte des Objekts */
  FRAME *pGFrame;
  FRAME *pAFrame;
  FRAME *pAnfZFrame;
  FRAME *pEndZFrame;
  ...  /* geometrische Beschreibungen */
  ...  /* Beschreibung von Material, Gewicht usw. */
  FORM form;  /* rund, eckig, quadratisch */
  real schließweite, kraft;
  } OBJDESKR;
```

die Frames: GFrame AFrame AnfZFrame EndZFrame

In dieser Objektbeschreibung ist je ein Verweis auf das Frame für den Greifpunkt, für den Ausgangspunkt, für den Anfangszielpunkt und für den Endzielpunkt definiert. Der Ausgangspunkt wird verwendet, wenn das Objekt gegriffen ist und mit einem zweiten Objekt zusammengefügt wird. Die Zielpunkte werden verwendet, wenn das Objekt nicht gegriffen ist und mit einem zweiten Objekt zusammengefügt wird. Hierbei definiert der Anfangszielpunkt die Stellung, an der ein Fügevorgang, beispielsweise das Einsetzen eines Stiftes, beginnt. Am Endzielpunkt ist der Fügevorgang abgeschlossen.

Anwendung der obigen Frames

Diese Festlegungen sind für das nachfolgende Beispiel meist ausreichend, beispielsweise für die Beschreibung eines Abstandsstiftes A gemäß Abb. 7.4. Beim Greifen des Abstandsstiftes wird GFrame verwendet. Beim Einsetzen des Abstandsstiftes wird Frame AFrame des Abstandsstiftes in Deckung mit dem Frame EndZFrame der Bohrung in der Unterplatte gebracht. Der Fügevorgang beginnt, sobald das Frame AFrame des Abstandsstiftes in Deckung mit dem Frame AnfZFrame der Bohrung in der Unterplatte gebracht wurde. Beim Aufsetzen der Oberplatte beginnt der Fügevorgang, sobald das Frame AFrame der Bohrung der Oberplatte in Deckung mit dem Frame AnfZFrame des Abstandsstiftes gebracht wurde. Der Fügevorgang ist abgeschlossen, wenn das Frame AFrame der Bohrung der Oberplatte in Deckung mit dem Frame EndZFrame des Abstandsstiftes gebracht ist.

Teilegraph

Die Anzahl der beim Objekt vorgesehenen Frames ist nach dem Vorangehenden eine Entwurfsentscheidung, die anwendungsabhängig ist. Falls bei einzelnen Objekten mehr Frames benötigt werden, in unserem Beispiel mehr als vier Frames, dann ist es ohne weiteres möglich, das Objekt in (evtl. nur logische) Teilobjekte zu unterteilen. Dies wird beispielsweise für die Bohrungen in der Grundplatte durchgeführt: Jede Bohrung ist Teilobjekt der Grundplatte. Die Abb. 7.5 zeigt den so entstandenen Teilegraph für das Beispiel.

Objektname ist Pfadname

Ein Objekt sei durch einen Pfadnamen definiert. Dieser besteht wie ein Dateiname aus einer Folge von Komponenten, die durch „/" getrennt sind. Beispielsweise bezeichnet der Pfadnamen a/b/c das Objekt mit dem Namen c, welches Teil des Objekts mit dem Namen b ist. Das Objekt b ist wiederum Teil des Objekts a. Der Pfadname muß nur soweit aufgeschrieben werden, wie es für die eindeutige Bezeichnung eines Objekts notwendig ist. Der Zugriff auf so bezeichnete Objekte erfolgt durch:

GibObjektZeiger

- OBJDESKR *GibObjektZeiger (pfadname);
  string pfadname;
  Wirkung: Es wird der Zeiger auf eine Objektbeschreibung aus dem Pfadnamen des Objekts bestimmt.

Montageoperationen

Für das Beispiel seien folgende Montageoperationen definiert, die durch Prozeduren im Roboterprogramm realisiert seien:

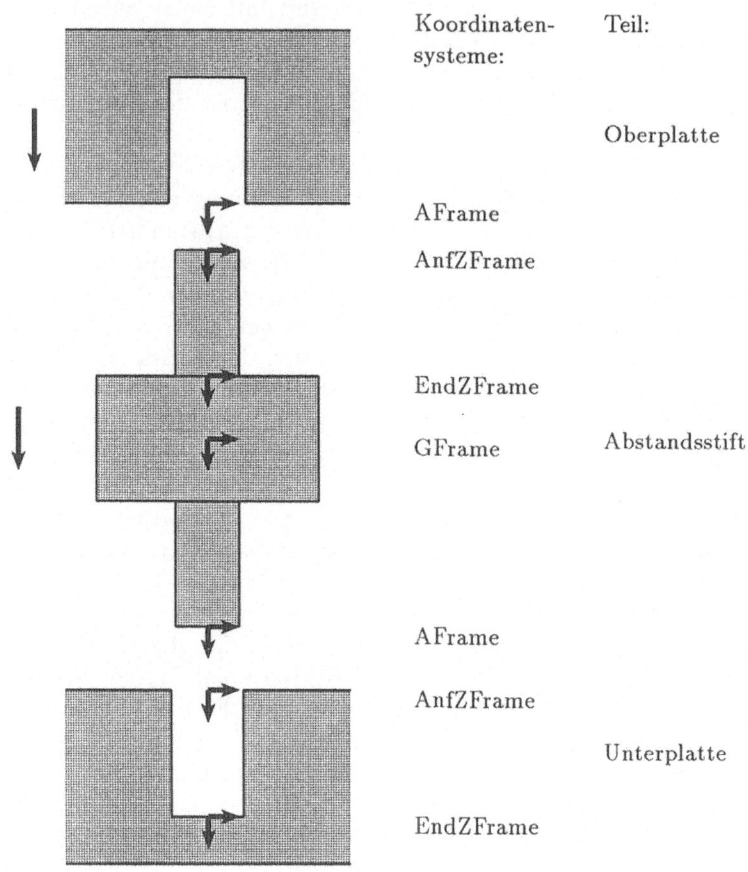

Abb. 7.4. Koordinatensysteme für einen Abstandsstift

StiftInRunde-Oeffnung

- StiftInRundeOeffnung (stift, oeffnung);
  Es wird ein runder Stift in eine runde Öffnung (Bohrung) gesetzt. Beide Objekte werden, wie auch in den folgenden Operationen, durch ihre Pfadnamen bezeichnet.

StiftIn-Quadratische-Oeffnung

- StiftInQuadratischeOeffnung (stift, oeffnung);
  Es wird ein quadratischer Stift in eine quadratische Öffnung (Bohrung) gesetzt.

OeffnungAuf-RundenStift

- OeffnungAufRundenStift (oeffnung, stift);
  Ein Teil mit einer runden Öffnung wird auf einen runden Stift gesetzt.

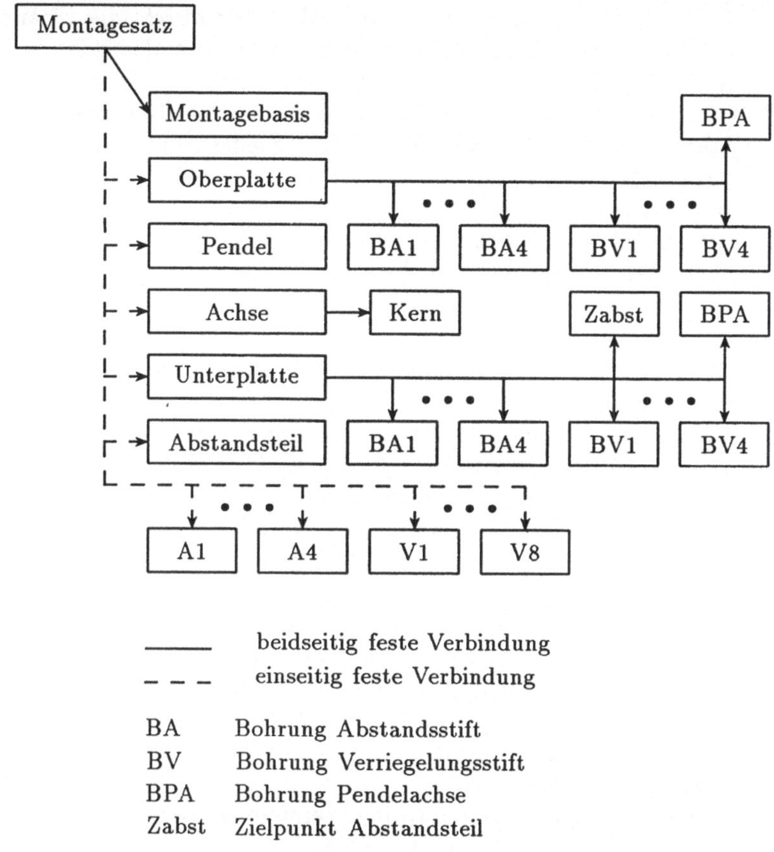

Abb. 7.5. Teilegraph für das Cranfield-Pendel

- OeffnungAufQuadratischenStift (oeffnung, stift); Ein Teil mit einer quadratischen Öffnung wird auf einen Stift mit einem quadratischen Querschnitt gesetzt. OeffnungAufQuadratischen-Stift
- MontierenTeilAufStifte (teil, ziel); Es wird ein Teil mit mehreren Öffnungen auf mehrere Stifte gesetzt. MontierenTeil-AufStifte
- stapeln (teil, ziel); Es wird ein Teil auf ein anderes Teil gestapelt. Stifte müssen nicht eingepaßt werden. stapeln

Es seien folgende höhere Roboteroperationen definiert, die durch Roboterbefehle aus Kapitel 6 realisiert werden können: höhere Roboter-operationen

greifen

- greifen (pGFrame, schließweite, kraft);
  Greifen des Objekts am Greifpunkt, der durch das Frame GFrame definiert ist. Das Greifen erfolgt mit der angegebenen Schließweite und Kraft. Hierbei wird von der gegenwärtigen Roboterposition der Anrückpunkt des Greifpunktes angefahren, dann das Objekt gegriffen und wieder zum Anrückpunkt zurückgefahren. Parameter ist die Adresse pGFrame des Greifframes GFrame.

setzen

- setzen (pAFrame, pZFrame, schließweite);
  Absetzen des gegriffenen Objekts so, daß das Ausgangsframe AFrame des Objekts mit dem Zielframe ZFrame übereinstimmt. Hierbei wird von der gegenwärtigen Roboterposition der Anrückpunkt des Zielframes angefahren, dann der Greifer geöffnet und wieder zum Anrückpunkt zurückgefahren. Parameter sind die Adressen der benötigten Frames.

EinsetzenRund

- EinsetzenRund (pAFrame, pAnfZFrame, pEndZFrame,
  schließweite, kraft);
  Einsetzen runden Stift, durch das Frame AFrame definiert, in runde Öffnung. Beim Einsetzen ist also eine Drehbewegung von AFrame um die z-Achse von AnfZFrame zulässig. Der Einsetzvorgang beginnt an dem Frame AnfZFrame und endet an der Stelle EndZFrame. Hierbei wird von der gegenwärtigen Roboterposition der Anrückpunkt des Zielframes AnfZFrame angefahren, dann der Stift eingesetzt und wieder zum Anrückpunkt zurückgefahren. Parameter sind die Adressen der benötigten Frames.

EinsetzenEck

- EinsetzenEck (pAFrame, pAnfZFrame, pEndZFrame,
  schließweite, kraft);
  Wie EinsetzenRund, aber für einen Stift mit quadratischem oder rechteckigem Querschnitt.

aufsetzen

- aufsetzen (pAFrame, pAnfZFrame, pEndZFrame,
  schließweite, kraft);
  Aufsetzen eines Objekts mit mehreren Bohrungen, durch das Frame AFrame definiert, auf mehrere Stifte. Der Einsetzvorgang beginnt an dem Frame AnfZFrame und endet an der Stelle EndZFrame. Dann sind AFrame und EndZFrame in Übereinstimmung. Bei der Operation wird von der gegenwärtigen Roboterposition aus der Anrückpunkt des Zielframes AnfZFrame angefahren, dann das Objekt aufgesetzt und wieder zum Anrückpunkt zurückgefahren. Parameter sind die Adressen der benötigten Frames.

7.3 Programm zur Montage des Cranfield-Pendels

Das nachfolgende Programm ist sehr unvollständig, da nur die interessanten Teile vorgeführt werden. Deshalb werden folgende Voraussetzungen getroffen: Voraussetzungen

- Die notwendigen Standarddatentypen und Standardprozeduren für Kinematikobjekte sowie die Standardvariablen mit fester Bedeutung in der Robotersprache seien bereits vordefiniert. Insbesondere werden die Konstruktor- und Selektoranweisungen aus Abschnitt 6.7 verwendet, darunter MakeRotMatrix von S. 120.
- Alle benötigten Datentypen, Variablen und Prozeduren seien am Anfang des Programms vereinbart und soweit notwendig initialisiert. Dies wird nicht dargestellt.
- Es werden beispielartig einige der in Abschnitt 7.2 beschriebenen Prozeduren nach dem Hauptprogramm (main) dargestellt. Analog seien die übrigen hier nicht ausgeführten Prozeduren aus Abschnitt 7.2 realisiert.

```
#define RIG       RIGIDLY
#define NONRIG    NONRIGIDLY
...
void initialisierung ()                                          initialisierung
  { /* Initialisierung Roboter, Greifer, Datenstrukturen, ... */
  ...
  }
main ()                                                          main
  { initialisierung ();
    /* Achtung: Die nachfolgenden Aufrufe legen indirekt fest, wie
       die vier Frames für die (Teil-) Objekte definiert werden
       müssen. */
    /* Anmerkung 1: Die Aktionen sind hier als Zeichenketten
       definiert. Ein switch wäre in C deshalb nicht möglich. Die
       Bedeutung ist aber klar. */
    /* Anmerkung 2: Die Aktionen haben teilweise denselben Na-
       men wie Objekte. Dies erleichtert das Verständnis, ist aber
       nicht notwendig. */
    /* Anmerkung 3: Im Beispiel bestehen die Aktionen nur aus
       dem Aufruf eines Dienstes. Dies ist eher atypisch für reale
       Anwendungen. */
  while (true==GibNaechsteAktion (V, aktion)) {                  while
  switch (aktion) {                                              switch aktion
```

```
   case "Anfang":
     /* Könnte zur Initialisierung verwendet werden */
    break;
  case "Unterplatte":
    stapeln ("Unterplatte", "Montagebasis");
    break;
  case "Achse":
    StiftInRundeOeffnung ("Achse", "Unterplatte/BPA");
    break;
  case "Pendel":
    OeffnungAufQuadratischenStift ("Pendel", "Achse/Kern");
    break;
  case "Oberplatte":
    MontierenTeilAufStifte ("Oberplatte", "Abstandsteil");
    break;
  case "Abstandsteil":
    MontierenTeilAufStifte ("Abstandsteil",
                            "Unterplatte/Zabst");
    break;
  case "A1":
    StiftInRundeOeffnung ("A1", "Unterplatte/BA1");
    break;
  case "A2":
    StiftInRundeOeffnung ("A2", "Unterplatte/BA2");
    break;
  case "A3":
    StiftInRundeOeffnung ("A3", "Unterplatte/BA3");
    break;
  case "A4":
    StiftInRundeOeffnung ("A4", "Unterplatte/BA4");
    break;
  case "V1":
    StiftInRundeOeffnung ("V1", "Unterplatte/BV1");
    break;
  case "V2":
    StiftInRundeOeffnung ("V2", "Unterplatte/BV2");
    break;
  case "V3":
    StiftInRundeOeffnung ("V3", "Unterplatte/BV3");
    break;
  case "V4":
    StiftInRundeOeffnung ("V4", "Unterplatte/BV4");
    break;
```

```
  case "V5":
    StiftInRundeOeffnung ("V5", "Oberplatte/BV1");
    break;
  case "V6":
    StiftInRundeOeffnung ("V6", "Oberplatte/BV2");
    break;
  case "V7":
    StiftInRundeOeffnung ("V7", "Oberplatte/BV3");
    break;
  case "V8":
    StiftInRundeOeffnung ("V8", "Oberplatte/BV4");
    break;
  case "Ende":
      /* Könnte für Abschlußarbeiten verwendet werden */
  } /* end of switch */                                          end switch
  AktionBeendet (V, aktion);
  } /* end of while */                                           end while
  uptr = GibObjektZeiger ("Unterplatte");
  bptr = GibObjektZeiger ("Montagebasis");
  UNFIX (uptr->pGFrame, bptr->pGFrame);
    /* fertiges Pendel könnte jetzt irgendwo gegriffen werden */
  printf ("%s\n", "Pendel fertig gebaut");
  } /* end of main */
void stapeln (NameObjekt, NameZielobjekt)                        stapeln
  string NameObjekt, NameZielobjekt;
  { aptr = GibObjektZeiger (NameObjekt);
  zptr = GibObjektZeiger (NameZielobjekt);
  greifen (aptr->pGFrame, aptr->schließweite, aptr->kraft);
  setzen (aptr->pAFrame, zptr->pEndZFrame,
          aptr->schließweite);
  }
void StiftInRundeOeffnung (NameObjekt, NameZielobjekt)           StiftInRunde-
  string NameObjekt, NameZielobjekt;                             Oeffnung
  { aptr = GibObjektZeiger (NameObjekt);
  zptr = GibObjektZeiger (NameZielobjekt);
  greifen (aptr->pGFrame, aptr->schließweite, aptr->kraft);
  EinsetzenRund (aptr->pAFrame, zptr->pAnfZFrame,
    zptr->pEndZFrame, aptr->schließweite, aptr->kraft);
  }
void OeffnungAufQuadratischenStift (NameObjekt,                  OeffnungAuf-
                                    NameZielobjekt)              Quadratischen-
  string NameObjekt, NameZielobjekt;                             Stift
  { aptr = GibObjektZeiger (NameObjekt);
  zptr = GibObjektZeiger (NameZielobjekt);
```

```
    greifen (aptr->pGFrame, aptr->schließweite, aptr->kraft);
    EinsetzenEck (aptr->pAFrame, zptr->pAnfZFrame,
      zptr->pEndZFrame, aptr->schließweite, aptr->kraft);
    }
```

MontierenTeil-AufStifte

```
void MontierenTeilAufStifte (NameObjekt, NameZielobjekt)
    string NameObjekt, NameZielobjekt;
    { aptr = GibObjektZeiger (NameObjekt);
    zptr = GibObjektZeiger (NameZielobjekt);
    greifen (aptr->pGFrame, aptr->schließweite, aptr->kraft);
    aufsetzen (aptr->pAFrame, zptr->pAnfZFrame,
      zptr->pEndZFrame, aptr->schließweite, aptr->kraft);
    }
```

greifen

```
void greifen (pGFrame, schließweite, kraft)
    FRAME *pGFrame;
    real schließweite, kraft;
    { /* Anfahren, Greifen, Abrücken; keine Fehlerbehandlung */
      /* Zu Fehlerbehandlungen vgl. frühere Beispiele */
    HOpenWidth (schließweite+20 * mm, NOWAIT);
    MoveS (TOOL, *pGFrame-approach, highspeed, NOWAIT);
    HOpenWidth (schließweite+20 * mm, WAIT);
    MoveS (TOOL, *pGFrame, lowspeed, WAIT);
    HCloseForce (kraft, WAIT);
    AFFIX (pGFrame, &TOOL, RIG);
    MoveS (TOOL, *pGFrame-approach, lowspeed, NOWAIT);
    }
```

setzen

```
void setzen (pAFrame, pZFrame, schließweite)
    FRAME *pAFrame, *pZFrame;
    real schließweite;
    { /* Anfahren, Absetzen, Abrücken; keine Fehlerbehandlung */
    MoveS (*pAFrame, *pZFrame-approach, highspeed, WAIT);
    AnrueckFrame = HERE ();
      /* es soll später genau diese Anrückposition wieder angefah-
         ren werden, daher merken */
    MoveS (*pAFrame, *pZFrame, lowspeed, WAIT);
    HOpenWidth (schließweite+20 * mm, WAIT);
    UNFIX (pAFrame, &TOOL);
    AFFIX (pAFrame, pZFrame, NONRIG);
    MoveS (TOOL, AnrueckFrame, lowspeed, NOWAIT);
    }
```

EinsetzenRund

```
void EinsetzenRund (pAFrame, pAnfZFrame, pEndZFrame,
                              schließweite, kraft)
    FRAME *pAFrame, *pAnfZFrame, *pEndZFrame;
    real schließweite, kraft;
    { /* Anfahren, Einsetzen, Abrücken */
```

```
  /* ebenfalls keine Fehlerbehandlung */
MoveS (*pAFrame, *pAnfZFrame-approach, highspeed, WAIT);
AnrueckFrame = HERE ();
  /* es soll später genau diese Anrückposition wieder angefah-
     ren werden, daher merken */
  /* Stift bis Anfang Bohrung fahren */
MoveS (*pAFrame, *pAnfZFrame, lowspeed, WAIT);
while (EndZFrame nicht erreicht)
  {  /* Regelungsschleife, ggf. mit Zitterbewegungen! */
  messe Kräfte und Momente am Flansch;
  berechne daraus und aus aktueller Stellung und
    aus EndZFrame ein geeignetes neues Frame DeltaFrame,
    das als nächste Stellung anzufahren ist. Der
    Parameter kraft gibt dabei die für das Werkstück
    maximal zulässige Kraft an;
  MoveS (*pAFrame, DeltaFrame, lowspeed, WAIT);
  }
  /* jetzt ist Stift eingesetzt */
HOpenWidth (schließweite+20 * mm, WAIT);
UNFIX (pAFrame, &TOOL);
AFFIX (pAFrame, pEndZFrame, NONRIG);
    /* Falls Verbindung nicht mehr auflösbar: RIG */
MoveS (TOOL, AnrueckFrame, lowspeed, NOWAIT);
}
/* Die übrigen Prozeduren lassen sich ähnlich schreiben. Auf
   eine weitere Darstellung wird deshalb hier verzichtet. */
```

Das obige Beispiel kann sehr leicht auf mehrere kooperierende Roboter erweitert werden. Hierzu muß jeder Roboter für sich das vorstehende Programm in einem eigenen Prozeß durchlaufen. Der Vorranggraph ist dabei eine gemeinsame Datenstruktur aller dieser Prozesse. Die Koordination bei der Auftragsbearbeitung erfolgt schon durch die Funktion GibNaechsteAktion. Eine weitere Koordination ist bei der Roboterbewegung erforderlich, da die Roboter sich natürlich kollisionsfrei bewegen müssen. Dieses Problem der kollisionsfreien Bahnen kooperierender Roboter wird hier nicht weiter verfolgt. Es sei auf die einschlägige Literatur, beispielsweise [LATO91], verwiesen.

kooperierende Roboter

Der Vorteil des Einsatzes mehrerer Roboter ist z.B. die beschleunigte Montage, da viele Schritte parallel ablaufen können. Der Nachteil ist das das deutlich komplexere Programm, da die Bahnbewegungen der Roboter zu koordinieren sind.

8. Konzepte zur Umweltmodellierung

Eine der notwendigen Voraussetzungen für jede aufgabenorientierte Programmierung ist die Modellierung der Umwelt. Beispielsweise müssen Geometrie, Standort und Eigenschaften einer Maschine beschrieben werden. Als Grundkonzepte werden für die Modellierung der Umwelt Entity-Relationship-Modelle, Semantische Netze, Frames nach Minsky und Fakten behandelt. Anschließend werden die Konzepte regelbasierter Systeme besprochen. Mit regelbasierten Systemen läßt sich aus den Fakten neues Wissen herleiten. Da später nur die regelbasierte Programmierung als Basis für die aufgabenorientierte Programmierung verwendet werden soll, werden andere deduktive Systeme, wie beispielsweise Prolog, nicht behandelt.

8.1 Objektorientierte Modellierung

Umweltmodell

Eine wesentliche Grundlage der aufgabenorientierten Transformation ist das Umweltmodell. Es enthält alle Aussagen über den gegenwärtigen Zustand der Umwelt. Hierzu gehören u.a.:

- Die Strukturierung der Umwelt in Objekte und Teilobjekte
- die Beschreibung der Eigenschaften der Objekte
- die Beschreibung der Beziehungen zwischen Objekten

In vielen Anwendungsfällen wird im Umweltmodell auch noch eine gewisse Historie mitgeführt, beispielsweise über Aufträge, die in der laufenden Woche bearbeitet wurden.

strukturierte Modelle

Die Beschreibung der Umwelt, beispielsweise die Beschreibung einer Fabrik, muß strukturiert werden. Die Beschreibung sollte dabei möglichst nahe an einer „natürlichen" Beschreibung für Menschen sein, da nur so das Erstellen, Überprüfen und Aktualisieren der Beschreibung durch „normale" Mitarbeiter, also nicht speziell für die Umweltmodellierung ausgebildete Informatik-Fachkräfte, möglich wird. Dies ist eine Grundvoraussetzung für den Erfolg nicht nur dieser Anwendung, sondern generell jeder Automatisierung durch Rechner.

rekursive Zerlegung Objekte

Soll die Fabrik für einen anderen Menschen beschrieben werden, dann hängt der Detaillierungsgrad der Beschreibung und die Beschränkung auf Teilaspekte von dessen Interessen ab. Zur Beschreibung bietet es sich also an, Objekte zu definieren und diese rekursiv in Teilobjekte zu zerlegen. Dies ist ebenfalls Basis der Umweltmodellierung im Rechner.

Beispielsweise könnte das alles umfassende Objekt eine Fabrikhalle sein. Dieses Objekt könnte dann in die Teilobjekte Transportfahrzeug1, Transportfahrzeug2, Fertigungszelle1, Fahrweg usw. untergliedert werden. Die Fertigungszelle1 wird wieder in Teilobjekte zerlegt, beispielsweise in Drehmaschine7, Werkzeugaufnahme5, Transportband1 und Roboter8. Dann erfolgt die Zerlegung dieser Teilobjekte rekursiv in weitere Teilobjekte bis der höchstens benötigte Detaillierungsgrad erreicht wird. Die Tiefe der Zerlegung ist natürlicherweise vom jeweiligen (Teil-) Objekt abhängig.

Da keine Unterscheidung zwischen Objekten und Teilobjekten erforderlich ist, wird nachfolgend nur noch der Begriff Objekt verwendet. Objekte bestehen dann wieder aus Objekten. Der Begriff Teilobjekt wird nur noch in Sonderfällen zur Verdeutlichung verwendet.

Attribute Objekte

Für jedes Objekt werden die relevanten Eigenschaften (Attribute) beschrieben. Ein Kriterium für die Auswahl der Attribute ist auch die Detaillierungsebene, auf der das Objekt angesiedelt ist. Beispiele für Inhalte von Attributen sind:

- Identifizierende Eigenschaften, wie der Name und die Klasse (Art) des Objekts.
- Geometrische Eigenschaften, wie Ort, Lage, Typ der geometrischen Modellierung (beispielsweise Quader, Kugel, Bezier-Fläche, Spline-Fläche, Volumenmodell, Drahtgittermodell) und Abmessungen gemäß der geometrischen Modelle.
- Kinematische Eigenschaften, bei einem Roboter beispielsweise die Anzahl der Achsen, die Freiheitsgrade, die Gelenkbeschränkungen, die DH-Parameter.
- Technologische Eigenschaften, wie Gewicht, Material, Farbe, Oberflächenstruktur und Reflexionsgrad, beispielsweise für Radarsensoren.
- Verwaltungsinformation für den Benutzer und auch für das System, welches die Objekte manipuliert, beispielsweise der interne, systemeindeutige Name eines Objekts oder seine Stückzahl im Lager.

Facetten

Ein Attribut wird beschrieben durch das Paar Attributname und Attributwert. In vielen Fällen kann ein Attribut aber noch weitere Bestandteile enthalten, beispielsweise die Maßeinheit, die zulässigen Datentypen für den Wert, eine obere Grenze für den Wert oder das Datum der letzten Änderung. Die Bestandteile eines Attributs werden als Facetten des Attributs bezeichnet.

Klassen-hierarchie

Bestimmte Attribute gelten für eine ganze Klasse von Objekten, beispielsweise für alle Roboter oder alle Werkzeugmaschinen des Herstellers X. Zur Erstellung und Pflege der Umweltbeschreibung ist es günstig, diese gemeinsamen Attributwerte nicht mehrfach zu speichern. Die Objekte werden daher explizit zu Objektklassen zusammengefaßt. Objektklassen können dann wiederum rekursiv zu neuen Objektklassen zusammengefaßt werden. Man erhält so eine Klassenhierarchie mit Unter- und Oberklassen. Zwischen Unter- und Oberklasse besteht die Beziehung *IstUnterklasseVon*, oft auch *IstEin* genannt. Eine Unterklasse kann auch mehrere unmittelbare Oberklassen haben. Jedes Objekt gehört einer oder mehreren Klassen an. Ein Objekt nennt man in dieser Bezeichnungssystematik dann auch Instanz einer Klasse. Objekte sind also Instanzen in einem Umweltmodell mit einer Klassenhierarchie.

Vererbung

Zur Vermeidung unnötiger Redundanz werden Attribute bzw. Facetten von Attributen nur in der umfassendsten Klasse gespeichert, bei der diese Attribute bzw. Facetten noch für alle nachgeordneten Klassen mit ihren Instanzen gelten. Die Attribute bzw. Facetten werden an alle nachgeordneten Klassen mit ihren Instanzen vererbt. Es handelt sich also um eine Klassenstruktur mit Vererbungskonzept. Vererben heißt, daß die bei der Objektklasse angegebene Information auch für die nachfolgenden Objektklassen und Objekte gültig ist. Beispiel: Bei einer Klasse „Auto“ seien zwei Attribute „AnzahlRäder“ und „Farbe“ definiert. Der Attributwert bei AnzahlRäder sei vier, bei Farbe sei kein Attributwert angegeben. Dies bedeutet, daß vererbt wird:

- Das Attribut AnzahlRäder mit dem Wert vier.
- Die Tatsache, daß es ein Attribut Farbe gibt, dessen Wert jedoch noch nicht definiert ist und erst in einer nachfolgenden Klasse oder in einem nachfolgenden Objekt festgelegt wird.

Spezialisierung

Die Instanzen der Unterklassen bekommen also zusätzliche Attribute und beschreiben damit speziellere Objekte. Spezieller heißt mit mehr festgelegten Eigenschaften als die Oberklasse. Jede Klasse und jedes Objekt kann natürlich zu den ererbten Attributen noch beliebig viele eigene Attribute hinzufügen.

erweitertes Vererbungs-konzept

Im Vererbungskonzept sind im Laufe der Zeit erweiterte Konzepte entwickelt worden. Wichtige Erweiterungen sind

- die Ausnahmebehandlung bei Attributwerten,
- die Mehrfachvererbung.

Ausnahmeregel

In manchen Fällen gibt es Klassen von Objekten, die beispielsweise bei einem Attribut bis auf wenige Ausnahmen den gleichen Wert haben. Klassisches Beispiel: Alle Vögel sind flugfähig, bis auf Ausnahmen. Um solche Fälle elegant handhaben zu können, wird eine Ausnahmebehandlung bei Attributwerten zugelassen. Ein ererbter Attributwert gilt nur dann, wenn er nicht lokal durch einen anderen Wert ersetzt wird. Wird der Wert eines Attributs in der Klasse redefiniert, dann gilt der veränderte Wert auch für die nachfolgenden Klassen und Objekte. Der obige Fall könnte dann wie folgt gelöst werden: Die Klasse Vögel hat das Attribut „flugfähig“ mit dem Wert true. Bei der Unterklasse „Pinguine“ steht erneut das Attribut „flugfähig“, jedoch diesmal mit dem Wert false.

Mehrfachvererbung

Hat eine Klasse, bis auf die Wurzel, immer nur genau eine Oberklasse, dann spricht man von Einfachvererbung. Die Klassenstruktur wird ein Klassenbaum. Sind beliebig viele Oberklassen einer Klasse erlaubt, dann spricht man von Mehrfachvererbung. Die Klassenstruktur wird ein zyklenfreier, gerichteter Graph. Eine Klasse oder ein Objekt erbt also alle Attribute aller Oberklassen, denen es angehört.

Probleme Mehrfachvererbung

Das Hauptproblem bei der Mehrfachvererbung sind Namenskonflikte. Diese treten auf, wenn

- in verschiedenen Oberklassen zu vererbende Attribute gleichen Namens, aber unterschiedlicher Bedeutung sind;
- in verschiedenen Oberklassen zu vererbende Attribute gleichen Namens und gleicher Bedeutung, aber mit unterschiedlichen Facettenlisten sind;
- in verschiedenen Oberklassen zu vererbende Attribute unterschiedlichen Namens sind oder unterschiedliche Facettenlisten haben, die Attribute aber trotzdem von gleicher Bedeutung sind.

Hier gibt es keine ideale Konfliktlösung ohne menschliche Steuerung, insbesondere kann der letzte Fall kaum maschinell erkannt werden. Häufig wird nur der Fall gleicher Attributnamen behandelt. Dabei wird nur das Attribut mit seiner Facettenliste verwendet, das als erstes im Klassengraph unter dem gesuchten Namen gefunden wird. Das Ergebnis hängt dann von der internen Suchstrategie und von der Reihenfolge ab, in der die Klassen definiert werden. Das Ergebnis ist also für den Anwender kaum nachvollziehbar. Weitere Probleme treten auf, wenn die Klassenstruktur dynamisch ist, also zur Laufzeit Klassen und Attribute zugefügt oder gelöscht werden können (siehe [BOCI87]).

Beziehungen

Zwischen den Objekten bestehen die verschiedenartigsten Beziehungen. Diese müssen beschrieben werden. Beispiele:

- Klassifikationsbeziehungen, wie zum Beispiel *IstUnterklasseVon* (*is kind of*) oder *IstInstanzVon* (*is a*).
- Bestandteilsbeziehungen (*IstBestandteilVon*, *is part of*).
- Auftragsbeziehungen, wie beispielsweise *BearbeitetAuftrag*, wobei der spezielle Auftrag als ein Objekt modelliert ist.
- Geometrische Beziehungen, wie beispielsweise *IstEingespanntIn*, *LiegtAuf* oder *IstVerbundenMit*.
- Vorrangbeziehungen, beispielsweise
  - *MußMontiertWerdenVor*,
  - *KannNurGehandhabtWerdenNach*,
  - *NurEinzusetzenBeiAusfallVon*.

Beziehungen als Objekte

An den Beispielen sieht man, daß es grundsätzlich gleichgültig ist, ob man Beziehungen über Attribute, über Objekte oder über explizit gespeicherte Relationen (Tupel) realisiert. Wichtig ist im ersten Fall, daß ein Attribut als Wert mehrere Teilwerte haben kann. Der Benutzer kann die Beziehungen immer in Attributen speichern und selbst auswerten. Es ist jedoch sehr wünschenswert, den Benutzer davon zu entlasten und die vielfältigsten Beziehungen vom jeweiligen System erkennen und auswerten zu lassen.

Modellierung zweistelliger Relationen

Die verschiedenen Realisierungsmöglichkeiten für Beziehungen sollen am Beispiel einer zwei- und einer dreistelligen Relation gezeigt werden. Die zweistellige Relation sei M *BearbeitetAuftrag* A, wobei M und A (Instanz-) Namen von Objekten seien. Sie kann wie folgt modelliert werden (vgl. auch Abb. 8.1):

- Bei der Modellierung als Attribut gibt es beim Objekt M ein Attribut „BearbeitetAuftrag“. Dieses Attribut hat den Wert A.
- Bei der Modellierung als Objekt gibt es ein Objekt, das die spezielle Beziehung zwischen M und A darstellt. Dieses Objekt habe den frei gewählten Instanznamen B375 und gehört zu der Klasse Auftragsbeziehung. Das Objekt B375 hat die Attribute „Bearbeiter“ mit dem Wert M und „Auftrag“ mit dem Wert A.
- Bei der Modellierung als Tupel wird (*BearbeitetAuftrag*, M, A) gespeichert. Diese Tupel sind beispielsweise in einer relationalen Datenbank abgelegt und nicht in die Objektstruktur eingebunden. Bei der Speicherung in Datenbanken muß eventuell noch ein eindeutiges Schlüsselattribut, beispielsweise eine Auftragsnummer, zugefügt werden, damit keine identischen Tupel gespeichert werden.

Modellierung dreistelliger Relationen

Die dreistellige Relation sei *ÜbergibtWerkstück*(R, W, M). Die Relation beschreibt, daß der Roboter R das Werkstück W an die Maschine M übergibt. R, W und M seien wieder Namen von Objekten. Die Relation kann wie folgt modelliert werden:

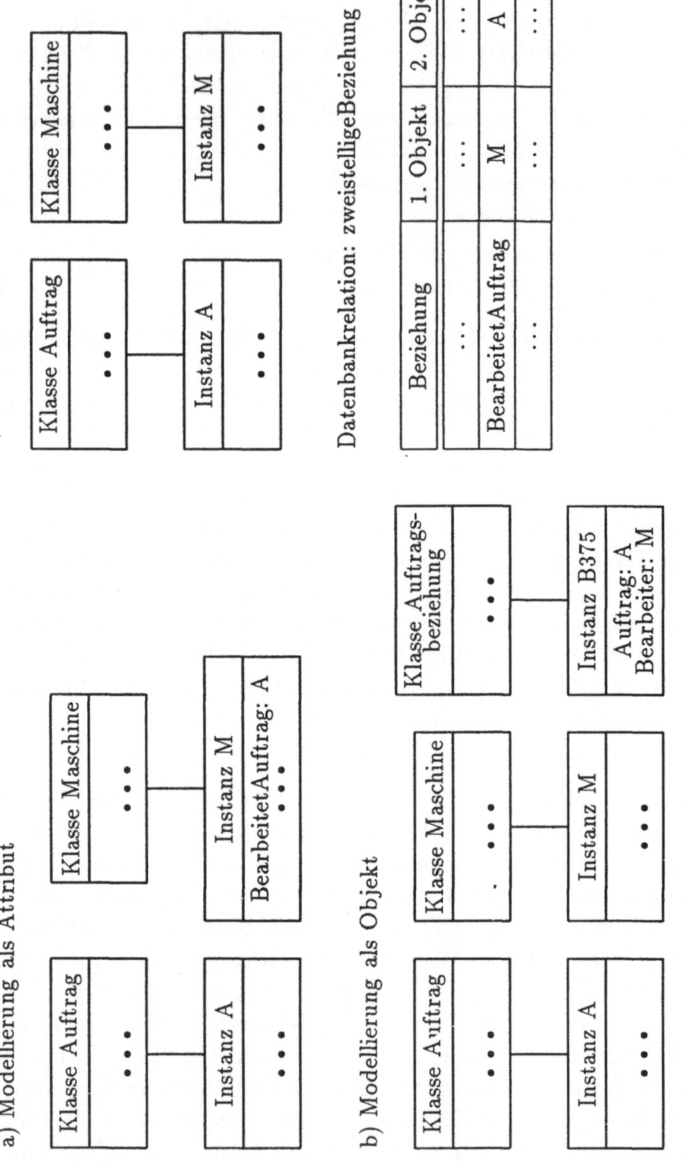

Abb. 8.1. Modellierung von zweistelligen Beziehungen

- Bei der Modellierung als Attribut gibt es bei dem Objekt R zwei Attribute „ÜbergebenesWerkstück“ mit dem Wert W und „BedienteMaschine“ mit dem Wert M. Probleme treten auf, wenn es sich um einen mehrarmigen Roboter handelt, der gleichzeitig mehrere Werkstücke an verschiedene Maschinen übergibt. Falls die maximale Anzahl der gleichzeitig bestehenden Beziehungen bekannt ist, kann für jede ein eigener Satz von Attributen eingeführt werden. Eine andere Möglichkeit besteht darin, die Attribute als geordnete Tupel von Werten zu betrachten, wobei jeweils die i. Elemente der Tupel zu der i-ten Relation gehören. Beide Lösungen haben Nachteile.
- Bei der Modellierung als Objekt gibt es ein Objekt, das die spezielle Beziehung zwischen R, W und M darstellt. Dieses Objekt habe den frei gewählten Namen B376. Das Objekt B376 hat die Attribute „Roboter“ mit dem Wert R, „Werkstück“ mit dem Wert W und „Maschine“ mit dem Wert M.
- Bei der Modellierung als Tupel wird in einer Datenstruktur direkt das Tupel (*ÜbergibtWerkstück*, R, W, M) gespeichert.

Es gibt also Objekte, die reale Gegenstände darstellen (Modellierung der Gegenstandswelt) und solche, die abstrakte Dinge darstellen, wie beispielsweise Aufträge, Farben, Beziehungen, Meinungen.

abstrakte Objekte

Das entwickelte Umweltmodell abstrahiert immer die reale Umwelt und enthält auch Abweichungen von ihr. Je detaillierter und exakter das Modell die Realität beschreibt, desto wirklichkeitsgetreuer ist die Abbildung im Rechner möglich. Entsprechend vielseitig kann die Information dann vom Aufgabentransformator verwertet werden.

Ausgangspunkt bei der Umweltmodellierung ist es, eine formale Struktursprache zu wählen, mit der sowohl die Objekte wie auch ihre Beziehungen beschrieben werden können. Die Formulierung aller Objekte und ihrer Beziehungen mit Hilfe einer formalen Struktursprache heißt auch semantische Modellierung [DILL91]. Häufig bedeutet semantische Modellierung auch nur die Modellierung von Beziehungen, wobei das Vorhandensein von Objektbeschreibungen als „triviale“ Notwendigkeit vorausgesetzt wird.

Semantische Modellierung

Das in diesem Kapitel besprochene objektorientierte Modell ist sehr umfassend und daher auch sehr komplex. Es gibt derzeit noch keine formalen Modelle und auch keine Werkzeuge dafür. Außerdem fehlen dem bisher geschilderten objektorientierten Modell noch deduktive und algorithmische Komponenten. Erstere beispielsweise zur Herleitung von Beziehungen aus anderen, letztere beispielsweise zur Berechnung von Attributwerten aus anderen.

übliche formale Modelle

In der Praxis werden üblicherweise speziellere Modelle zur Umweltmodellierung eingesetzt, u.a.:

- Entity-Relationship-Modelle,
- semantische Netze,
- Frame-Modelle,
- faktenorientierte Modelle,
- regelbasierte Systeme.

Diese werden in den nachfolgenden Kapiteln beschrieben. Es zeigt sich, daß die verfügbaren Werkzeuge und Programmsysteme für die Modellierung von Fertigungsumgebungen oft unzureichend sind. Wesentliche Gründe sind, daß wichtige Funktionen fehlen, daß bestimmte Sachverhalte nur schwierig zu beschreiben sind oder daß Realzeitanforderungen nicht erfüllt werden [SCHW94b].

8.2 Entity-Relationship-Modelle

Darstellungsformen

Das Entity-Relationship-Modell (ER-Modell) wurde von Chen [CHEN76] eingeführt. Es stammt aus der Datenbankwelt. Die Entities sind unsere Objekte, zwischen denen Beziehungen (relations) bestehen. Das ER-Modell wurde als übergeordnetes Modell verschiedener Datenbankmodelle, u.a. auch des relationalen Datenbankmodells, entwickelt. In etwas erweiterter Form wurde das ER-Modell beispielsweise von Dillmann [DILL91] zur Modellierung einer Fertigungszelle verwendet. ER-Modelle können als ER-Strukturgraph oder als ER-Tabellen dargestellt werden. Diese Darstellungsformen werden an Beispielen später noch kurz erläutert.

Objekte

Das ER-Modell enthält Objekte (entities) e_i. Ein (interner) Name kennzeichnet ein Objekt eindeutig. Objekte besitzen Attribute. Jedes Attribut wird durch ein Tupel (Name an, Wert aw) beschrieben. Alle Attribute eines Objekts e_i können durch das Tupel $(e_i, an_1 : aw_1, \ldots, an_k : aw_k)$ beschrieben werden. Hierbei ist k die Anzahl der Attribute dieses Objekts. Anstelle von e_i kann zur Identifizierung eines Objekts auch ein Attribut verwendet werden (Schlüsselattribut), wenn dieses eindeutig ist. Dann entfällt e_i im Attributtupel.

Objektmengen

Objekte mit gleichartigen Attributen und gleichartigen Beziehungen zu anderen werden zu Objektmengen (entity sets) E_j zusammengefaßt. Objektmengen müssen nicht disjunkt sein.

Beziehungen Relationen

Zwischen Objekten können die verschiedensten Beziehungen bestehen. Eine m-stellige Beziehung (Relation) ist durch ein Tupel $(rn_1 : e_1, \ldots, rn_m : e_m)$ gegeben, wobei e_i ein Objekt ist und

rn_i der Rollenname des Objekts in dieser Beziehung. Die auftretenden Objekte sind disjunkt, aber nicht die Objektmengen, denen diese Objekte angehören. Die Rollennamen bezeichnen die Rolle, die das Objekt in einer Beziehung innehat. Beispielsweise gibt es in der zweistelligen Beziehung „liefert" die Rollen „Lieferant" und „Kunde". Üblicherweise wird als Rollenname rn_i der Name derjenigen Objektmenge verwendet, der das Objekt e_i angehört. Dies ist wegen der Eindeutigkeit möglich, solange eine Objektmenge in einer Relation nicht mehrfach auftritt. Im obigen Beispiel müßten Rollennamen verwendet werden, da Lieferanten und Kunden beide der Objektmenge „Firma" angehören. Einer Beziehung können Attribute zugeordnet werden, beispielsweise der Zeitpunkt der Entstehung.

Zwischen Objektmengen können Mengen von Beziehungen bestehen. Diese werden gemäß ihrer semantischen Bedeutung gruppiert und benannt. Sei $R(E_1, \ldots, E_m)$ eine solche Menge von m-stelligen Beziehungen mit gleicher semantischer Bedeutung, dann gilt:

Mengen von Beziehungen

$$\begin{aligned} &\forall(r_1 : e_1, \ldots, r_k : e_k) \in R(E_1, \ldots, E_m) : \\ &\quad k = m \land \forall i, 1 \le i \le m : \; e_i \in E_i \end{aligned}$$

In Abb. 8.2 ist als Beispiel ein Ausschnitt eines ER-Modells für eine Fabrikumgebung in Form eines ER-Strukturgraphen dargestellt. Damit der Strukturgraph übersichtlich bleibt, sind die Attribute weggelassen. Die großen Rechtecke stellen Objektmengen dar. Sie enthalten alle Objekte, die zu dieser Menge gehören. Die kleinen auf der Spitze stehenden Quadrate symbolisieren Mengen von Beziehungen, die fortlaufend numeriert sind. Die Linien kennzeichnen die beteiligten Objektmengen. Falls mehrere Objekte aus einer Objektmenge an einer Beziehung beteiligt sind, dann gehen entsprechend viele Linien zu dieser Objektmenge. Diese Linien sind dann mit der Rollenbezeichnung versehen. Beispiele dafür sind die Beziehungsmengen 19 und 20. Die meisten Beziehungen sind zweistellig. Die Beziehung 10 ist eine vierstellige und von der Form R(Roboter, Fräsmaschine, Werkstück, FertAuftr). An einer Beziehung kann auch nur eine Objektmenge beteiligt sein, beispielsweise bei der zweistelligen Beziehung 25.

Beschreibung Beispiel

Die Objektmengen im Beispiel sind nachfolgend nach ihrer Ebene in der Zeichnung aufgelistet. In Einzelfällen werden beispielartig einige Attribute aufgezählt.

Objektmengen im Beispiel

- Person: Die Objektmenge enthält alle Personen, die in der Fabrik arbeiten. Attribute sind u.a.: Personalnummer (Schlüsselattribut), Name, Alter, Gehalt.

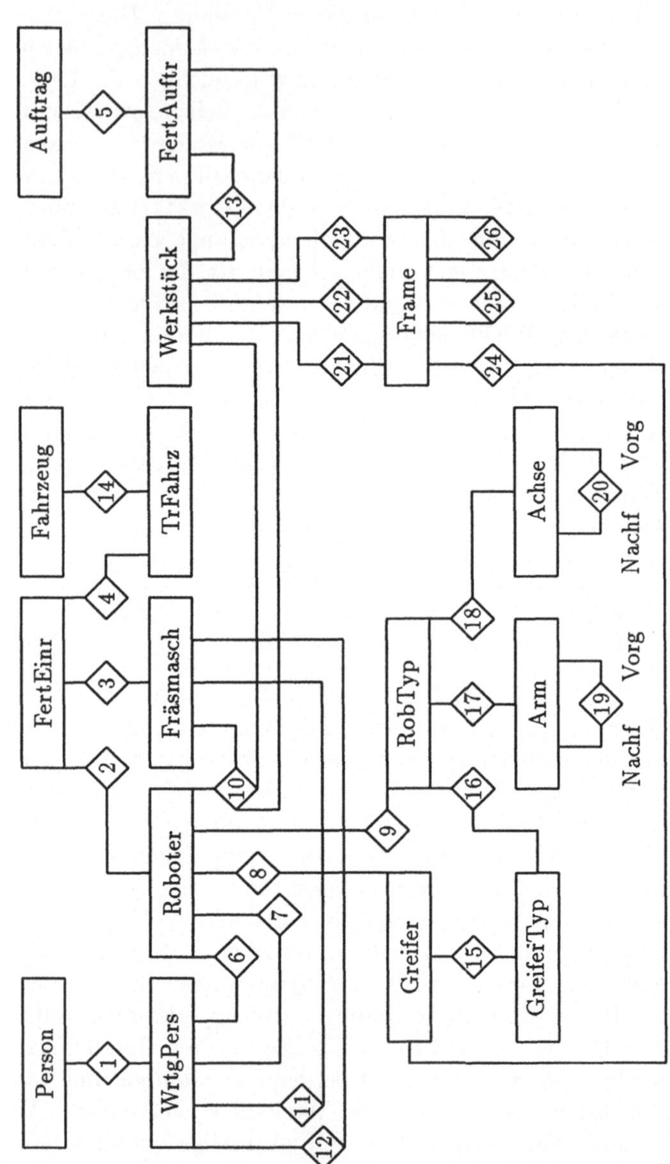

Bezeichnungen werden im Text S. 173 erklärt

Abb. 8.2. Ausschnitt eines ER-Modells für eine Fabrikumgebung

- FertEinr: Die Objektmenge enthält alle Fertigungseinrichtungen.
- Fahrzeug: Die Objektmenge enthält alle Fahrzeuge.
- Auftrag: Die Objektmenge enthält alle Aufträge.
- WrtgPers: Die Objektmenge enthält Personen, die für die Wartung der Roboter und Maschinen zuständig sind. Attribute sind u.a.: Spitzname (Schlüsselattribut), Arbeitsschicht.
- Roboter: Die Objektmenge enthält alle Roboter. Diese sind eine Teilmenge der Fertigungseinrichtungen. Attribute sind beispielsweise: Roboternummer (Schlüsselattribut), Aufstellungsort, Betriebsbereitschaft.
- Fräsmasch: Die Objektmenge enthält alle Fräsmaschinen. Diese sind eine Teilmenge der Fertigungseinrichtungen.
- TrFahrz: Die Objektmenge enthält alle Transportfahrzeuge. Die Transportfahrzeuge sind eine Teilmenge der Fahrzeuge und eine Teilmenge der Fertigungseinrichtungen.
- Werkstück: Die Objektmenge enthält alle Werkstücke, deren Fertigung geplant ist oder bereits begonnen wurde.
- FertAuftr: Die Objektmenge enthält Fertigungsaufträge. Da ein Auftrag eventuell in eine Reihe von Fertigungsaufträgen zerlegt wird, sind die Fertigungsaufträge keine Teilmenge der Aufträge. Die Mengen Auftrag und FertAuftr sind aber auch nicht disjunkt.
- Greifer: Die Objektmenge enthält alle Greifer, die in der Fabrik vorhanden sind.
- RobTyp: Die Objektmenge enthält alle Robotertypen. Attribute sind u.a.: Typ (Schlüsselattribut), Hersteller, Freiheitsgrade.
- Frame: Die Objektmenge enthält alle Frames. Frames beschreiben die Stellung von Objekten. Frames werden zur Vereinfachung in diesem Beispiel nur für Werkstücke und Greifer verwendet. Ihre Attribute wurden bereits als Komponenten des entsprechenden Verbundes in Abschnitt 6.4 beschrieben. Es sind die Transformationsmatrix[1] und der „AffixKey“.
- GreiferTyp: Die Objektmenge enthält die Beschreibung aller Greifertypen.
- Arm: Die Objektmenge enthält die Beschreibung aller Arme, die an den verschiedenen Robotertypen sind. Die Attribute beschreiben die geometrische Modellierung und technologische Werte, wie Gewicht.
- Achse: Die Objektmenge enthält die Beschreibung aller Achsen, die an den verschiedenen Robotertypen sind. Die Attribute enthalten beispielsweise die Denavit-Hartenberg-Parameter.

[1] Zusammengesetztes Attribut, besteht beispielsweise aus den Komponenten der Matrix.

Beziehungen im Beispiel

Nachfolgend wird die Bedeutung der Beziehungsmengen sehr kurz beschrieben. Dabei wird unterstellt, daß die verwendeten Begriffe in ihrer umgangssprachlichen Bedeutung für das angestrebte Grundverständnis ausreichend sind.

- Beziehung 1: WrtgPers *IstEin* Person
- Beziehung 2: Roboter *IstEin* FertEinr
- Beziehung 3: Fräsmasch *IstEin* FertEinr
- Beziehung 4: TrFahrz *IstEin* FertEinr
- Beziehung 5: FertAuftr *EntstandAus* Auftrag
- Beziehung 6: WrtgPers *ZuständigFür* Roboter
- Beziehung 7: WrtgPers *WartetDerzeitAuf* Roboter
- Beziehung 8: Roboter *HatGreifer* Greifer
- Beziehung 9: Roboter *IstVomTyp* RobTyp
- Beziehung 10: Roboter *übergibt* Werkstück *an* Fräsmasch *ImRahmenDesAuftrags* FertAuftr
- Beziehung 11: WrtgPers *ZuständigFür* Fräsmasch
- Beziehung 12: WrtgPers *WartetDerzeitAuf* Fräsmasch
- Beziehung 13: Werkstück *WirdBearbeitetIn* FertAuftr
- Beziehung 14: TrFahrz *IstEin* Fahrzeug
- Beziehung 15: Greifer *IstVomTyp* GreiferTyp
- Beziehung 16: GreiferTyp *AnschließbarAn* RobTyp
- Beziehung 17: RobTyp *BestehtAus* Arm
- Beziehung 18: RobTyp *BestehtAus* Achse
- Beziehung 19: Arm (Nachf) *FolgtAuf* Arm (Vorg)
- Beziehung 20: Achse (Nachf) *FolgtAuf* Achse (Vorg)
- Beziehung 21: Werkstück *HatGreifFrame* Frame[2]
- Beziehung 22: Werkstück *HatAusgangsFrame* Frame
- Beziehung 23: Werkstück *HatZielFrame* Frame
- Beziehung 24: Greifer *HatFrame* Frame
- Beziehung 25: Frame *BenutztReferenzFrame* Frame[3] (eine 1:1-Beziehung)
- Beziehung 26: Frame *IstReferenzFrameVon* Frame (eine 1:m-Beziehung)

Hinter jeder Beziehung steht eine Menge von Tupeln. Die Tupel der Beziehung 1 haben beispielsweise folgende Form (Person: *ep*, WrtgPers: *ew*). Hierbei bezeichnet *ep* eindeutig eine Person, beispielsweise durch das Schlüsselattribut „Personalnummer". Entsprechend bezeichnet *ew* eindeutig eine Person für die Wartung, beispielsweise durch das Schlüsselattribut „Spitznamen".

[2] Die verschiedenen Frames für ein Objekt wurden in Abschnitt 7.2 eingeführt.

[3] Die Beziehungen der Frames untereinander wurden in Abschnitt 6.4 erklärt.

Der geschilderte Sachverhalt läßt sich, wie weiter oben bereits erwähnt, auch durch ER-Tabellen ausdrücken. Für jede Objektmenge und jede Beziehungsmenge wird je eine Tabelle angelegt. Der Name der Tabelle ist der Name der Menge. Die Elemente (Zeilen) der Tabelle sind die Tupel, die der zugeordneten Menge angehören. Die Spaltenüberschriften sind die Namen der Tupelelemente und der Spalteninhalt die Werte der Tupelelemente. Ein Beispiel für eine solche Tabelle mit Tupeln findet sich bei der Modellierung c) in Abb. 8.1. Man erkennt nochmals deutlich die nahe Verwandtschaft zu relationalen Datenbanken, bei denen allerdings Einschränkungen gegenüber dem hier dargestellten Modell (Normalformen) hinzukommen. Erweiterungen der relationalen Datenbanken (beispielsweise NF2, [SCHE83]) sind noch nicht kommerziell verfügbar.

ER-Tabellen

ER-Modelle haben gegenüber dem allgemeineren objektorientierten Konzept in Abschnitt 8.1 einige Schwächen, insbesondere:

Bewertung ER-Modell

- Das Modell ist auf Datenbanken für kommerzielle Anwendungen hin orientiert.
- Es gibt nur Objektmengen, aber keine Objektklassen und damit auch keine Klassenhierarchie.
- Das Modell ist statisch. Es können nur Einzelelemente zu den Objekt- und Beziehungsmengen hinzugefügt oder gelöscht, aber beispielsweise keine neuen Attribute definiert werden.
- Attribute haben keine Facetten.
- Es gibt keine Datenbanken, die das ER-Modell direkt abbilden und ohne weitere Einschränkungen unterstützen. Daher ist stets eine Abbildung vom semantischen Modell in ein logisches Datenbankschema zu leisten. Die Datenstrukturen des Rechners entsprechen so nicht mehr dem Umweltmodell des Benutzers.
- Der Graph zeigt nicht, welche Objekte, beispielsweise welche Roboter, konkret in einer Umgebung vorhanden sind. Entsprechendes gilt für die Beziehungen und die Werte von Attributen.

8.3 Semantische Netze

Semantische Netze als Modellierungskonzept wurden etwa 1968 eingeführt [QUIL68, RAPH68, RICH83]. Ein semantisches Netz ist ein gerichteter Graph. Die Knoten stellen eine Objektklasse oder ein Einzelobjekt dar. Damit läßt sich also eine Klassenhierarchie modellieren. Die Kanten sind gerichtet und benannt. Die Namen der Kanten bezeichnen eine bestimmte Beziehung, beispielsweise *IstEin* oder *IstTeilVon*. Die interpretierenden Systeme führen meist automatisch die inversen Kanten mit angepaßten

Konzept: Objekte und Beziehungen

Bezeichnungen ein. Es sind nur zweistellige Beziehungen als Kanten darstellbar. Mehrstellige Beziehungen müssen als ein Objekt modelliert werden.

Wertobjekte statt Attribute

Attribute der Objekte oder der Beziehungen sind nicht vorgesehen. Diese müssen durch ein Wertobjekt, zu dem eine Beziehung des Objekts besteht, modelliert werden. Die Semantischen Netze werden dadurch für den Anwender schnell zu unübersichtlich und unhandlich. Sie sind deshalb nur als rechnerinterne Datenstruktur, die der Anwender nicht erstellen oder überprüfen muß, geeignet.

Beispiel

In Abb. 8.3 wird dieser Sachverhalt an einem Ausschnitt aus der Abb. 8.2 gezeigt. Das Attribut Aufstellungsort des Roboters wurde durch Verweise auf die S_0- und S_6-Frames ersetzt. Die Beziehungen und Attribute auch der dargestellten Objekte sind gegenüber Abb. 8.2 unvollständig.

Manche Beziehungen haben schon eine vordefinierte Semantik, beispielsweise Klassifizierungen mit *is a* oder *has parts*. Solche vordefinierten Beziehungen werden in der Regel vom objektorientierten Programmiersystem ausgewertet, sind aber auch dem Anwenderprogramm zugänglich, beispielsweise einem Aufgabentransformator. Die übrigen, frei gewählten Beziehungen müssen im Anwenderprogramm verfolgt und ausgewertet werden.

Bewertung

Die semantischen Netze wurden hier nur kurz behandelt, da andere Methoden der Modellierung für unser Anwendungsspektrum besser geeignet sind, so beispielsweise die nachfolgend beschriebenen Frame-Modelle.

8.4 Frame-Modelle

Frames nach Minsky

Eine weitere Darstellungsform für Wissen wurde von Minsky [MINS75] eingeführt: Frames. Durch Frames werden die Eigenschaften von Objekten, ihre Einordnung in eine Hierarchie von Objektklassen und ihre Beziehungen zu anderen Objekten dargestellt. Auch die Beschreibung der Objektklassen erfolgt durch Frames. Frames, oft als Rahmen übersetzt, sind also Schablonen, die sowohl Objekteigenschaften wie auch Bezugswissen speichern können. Sie dürfen nicht verwechselt werden mit den Frames aus Abschnitt 6.4, die die Transformationsmatrizen enthalten. In diesem Kapitel wird der Begriff „Frames" nur im Sinne von Minsky verwendet. Auf eine andere Bedeutung wird jeweils explizit hingewiesen.

Objektklassen, Instanzen, Attribute, Facetten

Ein Frame enthält die Beschreibung eines Objekts oder einer Objektklasse. Objekte können Instanzen einer Klasse sein (Relation *is a*, genauer *is instance of*). Sie enthalten Verweise auf diese Objektklasse. Objektklassen können Unterklassen von anderen

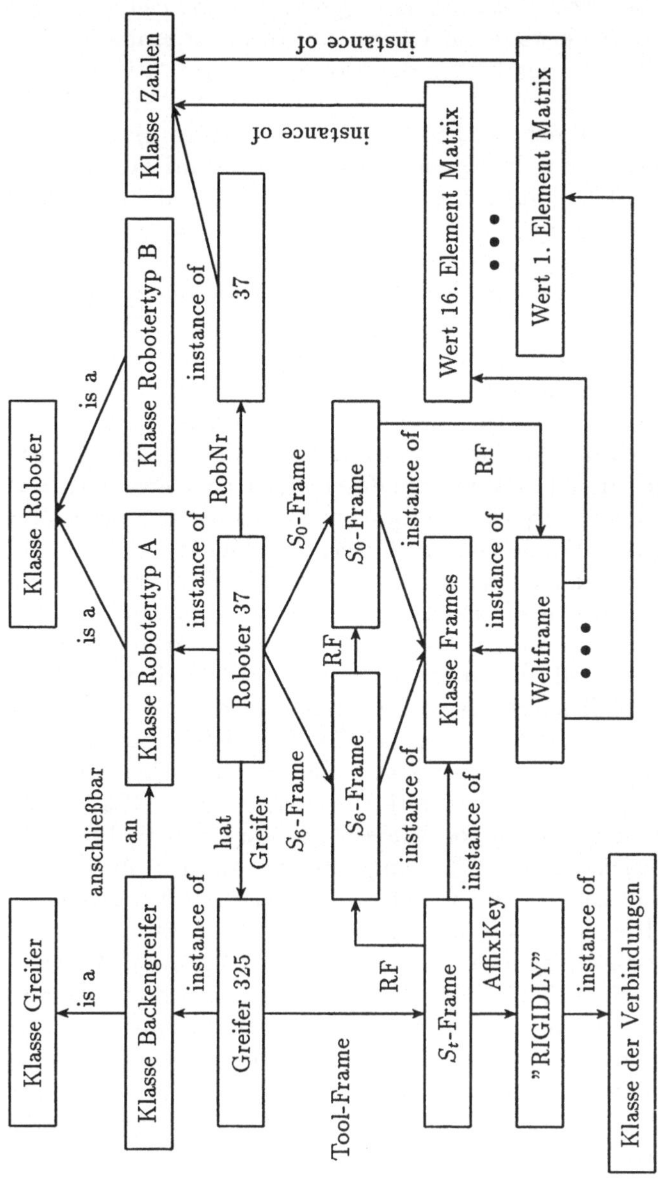

Anmerkung: „RF“ bedeutet „Referenzframe“.

Abb. 8.3. Ausschnitt eines Semantischen Netzes für eine Fabrikumgebung

Objektklassen sein (Relation *is a*, genauer *is kind of*). Sie enthalten deshalb Verweise auf Oberklasse(n). Jedes Frame besteht aus einer Anzahl von Slots. Ein Slot enthält ein Attribut, das entweder eine Eigenschaft oder eine Beziehung beschreibt. Mehrere Beziehungen der gleichen Art oder mehrstellige Beziehungen können durch zusammengesetzte Attribute beschrieben werden. Attribute bestehen aus mehreren Facetten, die Zusatzinformation zur Beschreibung des Attributs enthalten. Frames werden grafisch meist als Kästchen dargestellt.

Beziehungen als Attribute

Üblicherweise unterstützen die objektorientierten Systeme nur die Klassifikationsbeziehung *is a*, genauer *is kind of* und *is instance of*. Diese lassen sich mit den Instanz- und Unterklassenmechanismen objektorientierter Datenstrukturen unmittelbar ausdrücken. Manchmal wird auch noch die Bestandteilsrelation *is part of* durch das System erkannt und unterstützt. Alle übrigen Beziehungen muß der Anwender durch selbst definierte Attribute modellieren wie beispielsweise in Abb. 8.4 bei der Instanz V1 die Beziehung zum Frame GFrame für den Greifpunkt.

Vererbung

Attribute und Facetten bei einer Objektklasse werden an nachfolgende Objektklassen und Objekte vererbt (siehe auch S. 167). Im Rahmen des Frame-Konzeptes finden sich oft auch die an der vorgenannten Stelle beschriebenen erweiterten Vererbungskonzepte, wie Mehrfachvererbung oder Ausnahmeregelung.

Beispiel Cranfield-Pendel

Die Abb. 8.4 zeigt ein Beispiel für die Framedarstellung und für die Mehrfachvererbung in einem Ausschnitt der Beschreibung des Cranfield-Pendels (Abschnitt 7.2, Datenstruktur OBJDESKR auf S. 154). Die Namen von Klassen und Objekten sind zur besseren Übersicht in der Abbildung getrennt von den übrigen Attributen angegeben. Beschrieben wird das Objekt Verriegelungsstift V1. Hierzu werden die Klassen Bauteil, Geometrieobjekt, Transportobjekt, Zylinder, VStift (Verriegelungsstift), Transformationsmatrix und T-Frame (Frames mit Transformationsmatrizen nach Abschnitt 6.4) verwendet. Die Klasse Geometrieobjekte enthält einfache geometrische Körper, aus denen die Objekte des Cranfield-Pendels konstruiert werden können. Die Klasse Transportobjekt enthält alle Objekte, die transportiert und montiert werden können. Hierbei sind nur die verschiedenen, bereits eingeführten Frames als Attribute wichtig. Generell gilt: Die Angabe der Attribute ist unvollständig und soll nur das Prinzip illustrieren.

Klassen

Vererbungen an Klasse VStift

Die Klasse Verriegelungsstift (VStift) besitzt eine Kombination von Eigenschaften, die wie folgt durch Vererbung entstehen:

- Vererbung aus der Klasse Bauteil: Es gibt die Attribute BestellNr, Material, Teilobjekte (Relation *BestehtAus*) und Teil-

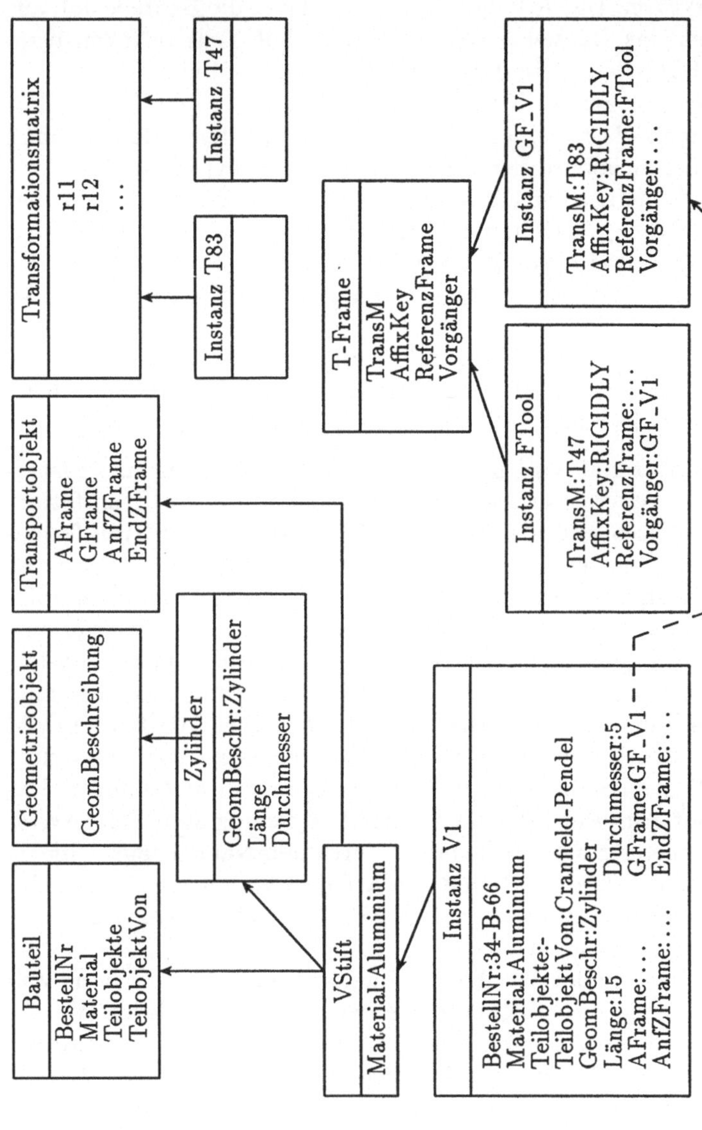

Abb. 8.4. Ausschnitt einer Frame-Darstellung für das Cranfield-Pendel

objektVon. Das Attribut Teilobjekte listet die Bauteile auf, aus denen das Bauteil besteht. Das Attribut TeilobjektVon listet die Bauteile auf, in denen das Bauteil enthalten ist.
- Vererbung aus der Klasse Geometrieobjekt: Es gibt das Attribut Geometriebeschreibung. Dieses gibt die Art dieser Beschreibung an, beispielsweise elementarer Körper des Typs Zylinder.
- Vererbung aus der Klasse Transportobjekt: Es gibt die Attribute GFrame, AnfZFrame, EndZFrame und AFrame. Diese sind auf Seite 154 eingeführt worden. Der Wert ist jeweils der Name einer Instanz der Klasse T-Frame mit der Beschreibung des Frames.
- Vererbung aus der Klasse Zylinder: Es gibt die Attribute Länge und Durchmesser. Der Attributwert für die Geometriebeschreibung ist Zylinder, d.h. ein geometrischer Elementarkörper.

weitere Klassen und Attribute im Beispiel

Als Material wird in der Klasse VStift Aluminium eingetragen. Als weitere Klassen in dem Beispiel gibt es die Transformationsmatrizen und die T-Frames. Die Attribute der Transformationsmatrizen sind im Beispiel die Komponenten der Matrix. Es gibt jedoch andere Darstellungen, beispielsweise könnten alternativ oder additiv die elementaren Drehwinkel und der Translationsvektor angegeben sein. Es sind zwei Objekte des Typs Transformationsmatrix eingezeichnet. Die Klasse T-Frame hat die bereits in Abschnitt 6.4 besprochenen Attribute. Das Attribut TransM enthält den Namen einer Transformationsmatrix. Dies entspricht einer Beziehung oder einem Zeiger in anderen Darstellungen. Das Attribut AffixKey gibt die Art der Verbindung zum Referenzframe an. Letzteres wird wiederum durch den Namen eines Objekts der Klasse T-Frame definiert. Im Attribut Vorgänger sind alle Objekte der Klasse T-Frame aufgelistet, die das betreffende T-Frame als Referenzframe benutzen.

Facetten im Beispiel

In Facetten des Attributs könnte der Anwender speichern, welchen Klassen die Objekte angehören müssen. Bei jeder Wertzuweisung an ein Attribut muß dann die Verträglichkeit mit diesen Angaben geprüft werden. Beispielsweise könnte in einer Facette des Attributs Vorgänger bei T-Frames stehen, daß hier eine mit Kommas getrennte Liste von Objekten der Klasse T-Frames angegeben werden muß. Dies entspricht einer Überprüfung des Datentyps mit einer gegenüber höheren Programmiersprachen deutlich erweiterten Datentypdefinition.

Beziehungen

Zum Abschluß des Beispiels noch eine Erinnerung: Namen von Frames (im Sinne von Minsky) in Attributwerten bedeuten Beziehungen. Sie werden, abgesehen von den Klassenbeziehungen, vom objektorientierten System nicht ausgewertet. Ihre Auswertung und Verfolgung ist daher im Anwenderprogramm zu realisieren. Dies ist ein großer Nachteil der heutigen objektorientierten Modelle.

virtuelle Attribute

Oft will man unter einem Attributnamen keinen Wert speichern, beispielsweise wenn sich die Werte leicht aus anderen berechnen lassen. So läßt sich das Volumen eines Quaders aus den Attributen für Länge, Breite und Höhe berechnen. In solchen Fällen führt man virtuelle Attribute ein. Liest der Anwender das Attribut Volumen, dann wird automatisch die geeignete Berechnungsvorschrift angestoßen und ihm der berechnete Wert übergeben. Ihm bleibt so verborgen, ob ein Attribut virtuell ist oder nicht.

Dämonen

Diese Grundidee läßt sich zu einem allgemeineren Konzept erweitern, dem Dämonenkonzept. Dämonen heißen die an Attribute angekoppelten Prozeduren. Sie werden beim Zugriff auf Attribute ausgeführt. Bei einem virtuellen Attribut könnte dabei, wie oben ausgeführt, der Wert berechnet werden. Das Konzept läßt sich noch weiter auf beliebige Wissensbasiszugriffe verallgemeinern, also für Klassen oder Instanzen als Ganzes, für Facetten usw.

Typen von Dämonen

Die wichtigsten Typen von Dämonen sind:

- if-needed-before Dämonen,
- if-needed-after Dämonen,
- if-added-before Dämonen und
- if-added-after Dämonen.

If-needed Dämonen werden bei Lesezugriffen gestartet, if-added Dämonen bei Schreibzugriffen. Before Dämonen starten vor dem eigentlichen Zugriff, d.h. als erste Aktion des Zugriffsdienstes, after Dämonen nach dem eigentlichen Zugriff, d.h. als letzte Aktion des Zugriffsdienstes. Die Namen der für ein Attribut definierten Dämonen können beispielsweise in Facetten gespeichert werden. [4] Dämonen können auch durch Anwender definiert werden.

Anwendungen Dämonen

Dämonen lassen sich für eine Vielzahl von Anwendungen benutzen [BOCI88b, MEYF90, BOCI90b, MEYF91, SCHW91]:

- Flexible, aber automatisierte Typüberprüfung vor dem Schreiben eines Attributwertes durch einen if-added-before Dämon.
- Automatische Überprüfung von Integritätsbedingungen und von Einschränkungen (constraints) vor dem Schreiben eines Attributs.
- Wiederherstellung der Konsistenz nach Schreibvorgängen durch if-added-after Dämonen.
- Visualisierung von Zuständen nach Schreibzugriffen.

[4] Möglichkeiten der Implementierung und die Arten der Parametrisierung sind ausführlich bei Bocionek und Meyfarth [BOCI88b] beschrieben.

- Berechnung von virtuellen Attributen mit if-needed Dämonen.
- Bereitstellung ganzer Deduktionsmechanismen verdeckt durch virtuelle Attribute.
- Automatisches Versenden von Nachrichten zur Information von anderen Interessenten bei der Veränderung eines Attributs (aktive Wissenbasen).
- Netzweite Konsistenzverwaltung in einer verteilten Wissenbasis.

Mit all den genannten Möglichkeiten können Dämonen als ein wichtiger Bestandteil der Umweltmodellierung im Bereich der flexiblen Fertigungsumgebung mit autonomen Agenten gesehen werden.

8.5 Faktenorientierte Modelle

Fakten

Fakten sind elementare Aussagen, die in einem Modell, beispielsweise dem für die Umwelt, gelten. Die Kollektion der vorhandenen Fakten nennt man Faktenbasis. Alle Fakten in einer Faktenbasis sind gültig. Fakten werden von bestimmten Sprachen der künstlichen Intelligenz verarbeitet, beispielsweise von Prolog und von regelbasierten Sprachen, wie OPS5 (Overall Production System [BROW85]), YAPS (Yet Another Production System [ALLE83]) oder auch KEE (Knowledge Engineering Environment[5] [Int85]).

Notation

Fakten müssen entsprechend den Notationsvorschriften der jeweils verwendeten Sprache aufgeschrieben werden. Da regelbasierte Sprachen sehr geeignet sind, Aufgabentransformatoren zu implementieren [FISC89], verwenden wir im Hinblick auf diese Anwendung folgende Notation für die Fakten:

- Fakten sind Tupel aus Name-Wert-Paaren. Der Name bezeichnet dabei eindeutig ein Tupelelement. Die Reihenfolge der Aufschreibung ist ohne Bedeutung. Fakten können daher als eine Auflistung von Attributen oder auch als Beziehungen aufgefaßt werden.
- Jedes Faktum hat einen Faktenklassenbezeichner. Dieser erlaubt eine Grobstrukturierung der Faktenarten und dient somit der besseren Übersicht.

[5] KEE ist ein kommerzielles Produkt, das eine objektorientierte Modellierung erlaubt, bereits eine Art Dämonenkonzept besitzt (active values) und die Formulierung von Regeln über den Objekten ermöglicht. Hierbei muß nicht einmal mehr eine Transformation der Objekte in Faktenform vorgenommen werden.

- Die syntaktische Notation für ein Faktum ist:

  (< Faktenklassenbezeichner > ␣ $N_1 : W_1$ ␣ $N_2 : W_2$ ␣ ...)

  Dabei sind N_i der Name und W_i der Wert des i-ten Tupelelements. Die Werte W_i sind hier einfach Zeichenketten. In manchen Regelsystemen dürfen sie jedoch wieder strukturiert sein und sind dann selbst wieder Tupel von Name-Wert-Paaren.

Fakten und Frames

Die so definierten Fakten können als eine spezielle Aufschreibungsart für objektorientierte Datenstrukturen, wie beispielsweise Frames nach Minsky, angesehen werden. Es ist sogar eine automatische Umsetzung möglich. Setzt man vereinfachend voraus, daß jede Instanz zu genau einer Klasse gehört, dann kann der Klassenname als Faktenklassenbezeichner verwendet werden. Attributnamen und Attributwerte werden dann als die Elemente des Tupels zugefügt. Facetten eines Attributs werden bei nichtstrukturierten Tupelwerten wie Attribute behandelt. Der Name des Tupelelements kennzeichnet dann die Zusammengehörigkeit, beispielsweise durch Qualifizierung des Attributnamens mit dem Facettennamen.

Beispiel

Beispielsweise sieht die Instanz V1 der Klasse VStift (Abb. 8.4) in Faktenform wie folgt aus :

```
( VStift Name:V1 BestellNr:34-B-66 Material:Aluminium
  Teilobjekte:NIL TeilobjektVon:Cranfield-Pendel
  GeometrischeBeschreibung:Zylinder
  Länge:15 Länge.Maßeinheit:mm
  Durchmesser:5 Durchmesser.Maßeinheit:mm
  GFrame:GV_V1 AnfZFrame: ... EndZFrame: ... AFrame: ... )
```

Zerlegung

In vielen Fällen werden die Programme und Fakten übersichtlicher sowie leichter veränderbar und erweiterbar, wenn nicht alle Attribute eines Objekts in einem Faktum zusammengefaßt sind. Auch ganz einfache Fakten, die nur aus dem Faktenklassenbezeichner bestehen und keine Attribute haben, sind nützlich. Beispielsweise kann die Existenz eines Faktums (INITIALIZED) benutzt werden, um den Status eines Regelprogramms nach der Initialisierung zu beschreiben. Das Prinzip der Zerlegung in einfachere Fakten wird am Beispiel der Instanz V1 gezeigt:

```
( VStift NameObjekt:V1 BestellNr:34-B-66 )
( Material NameObjekt:V1 Material:Aluminium)
( Teilebeziehung NameObjekt:V1 Teilobjekte:NIL,
      TeilobjektVon:Cranfield-Pendel )
```

(Geometrie NameObjekt:V1 Beschreibung:Zylinder
  Länge:15 Länge.Maßeinheit:mm
  Durchmesser:5 Durchmesser.Maßeinheit:mm)
(GreifFrame NameObjekt:V1 GFrame:GV_V1)
(ZielFrame NameObjekt:V1 AnfZFrame: ... EndZFrame: ...)
(Ausgangsframe NameObjekt:V1 AFrame: ...)

Man erkennt, daß es notwendig wird, neue Faktenklassenbezeichner einzuführen. So werden für die verschiedenen Arten von Beziehungen eigene Faktenklassen gebildet. Im obigen Beispiel ergibt sich der Zusammenhang zwischen den zu einem Objekt gehörigen Fakten durch das Attribut NameObjekt.

Klassen-hierarchie

Auch die Klassenhierarchie kann in Form von Fakten dargestellt werden, Beispiel: (IsKindOf Oberklasse:Bauteil Unterklasse:VStift).

Wir werden Fakten bei den Regelsystemen im folgenden Abschnitt verwenden.

8.6 Regelsysteme

Grundkonzept

Die hier betrachteten Regelsysteme, beispielsweise OPS5 (Overall Production System [BROW85]), arbeiten mit einer Menge von Regeln und einer Faktenbasis. Die Regeln werden von einem Regelinterpreter des Regelsystems ausgewertet und ausgeführt.

WENN-DANN Schließen

Regeln bestehen aus der Angabe von Bedingungen (WENN-Teil) und der Angabe von Aktionen (DANN-Teil). Die Aktionen werden nur ausgeführt, wenn die Bedingungen erfüllt sind. Aktionen können verwendet werden, um aus den vorhandenen Fakten neue Fakten zu erzeugen (Deduktion) oder um Aktionen in der Umwelt anzustoßen, beispielsweise die Bewegung eines Roboters. Regeln erlauben eine unmittelbare Nachbildung des menschlichen WENN-DANN Schließens. Beispiel:

```
WENN  Objekt x hat Gewicht g
 UND  Objekt x ist beweglich
 UND  Roboter r hat Tragkraft tk
 UND  tk > g
DANN  Roboter r kann transportieren Objekt x
ENDE
```

Definition Regelprogramm

Ein Regelprogramm ist eine Menge von Regeln der Form:

WENN $c_1 \wedge c_2 \wedge \ldots$
DANN $a_1; a_2; a_3; \ldots$
ENDE

Die c_i stellen Bedingungen dar, die alle erfüllt sein müssen, damit die Regel „zündet“. Zündet die Regel, dann werden die Aktionen $a_1, a_2, \ldots$ ausgeführt. Unter den Aktionen können auch solche sein, die neue Fakten erzeugen und/oder vorhandene Fakten löschen. Eine derartige Modifikation der Faktenbasis führt dazu, daß beim nächsten Interpreterzyklus andere Regeln erfüllt sind und somit andere Aktionen ausgeführt werden können. Verändert wird die Faktenbasis durch

Bedingungen
Zünden
Aktionen

- Eintragen neuer Fakten,
- Löschen alter Fakten oder
- Modifizieren alter Fakten.

Dabei ist das Modifizieren äquivalent zum Löschen eines Faktums gefolgt vom Eintragen desselben mit veränderten Werten. Die Idee des Manipulierens einer Faktenmenge als Grundlage zur Ablaufsteuerung eines Algorithmus ist der Ausgangspunkt für die regelbasierte Programmierung.

Zu einem Zeitpunkt können möglicherweise mehrere Regeln zünden. Man nennt die Menge dieser Regeln Konfliktmenge. Falls mehr als eine Regel in der Konfliktmenge ist, muß eine Regel ausgewählt werden, die dann zündet. Dazu benutzt ein Regelsystem verschiedene Strategien. Folgende sind häufig zu finden:

Konfliktmenge
Konfliktlösung

- Einmalstrategie: Eine Regel zündet niemals mit genau denselben Fakten ein zweites Mal. Ansonsten könnte sich eine Endlosschleife ergeben. Ein Faktum, das neu erzeugt wird, gilt als neues Faktum, auch wenn es inhaltlich mit einem früheren Faktum, mit dem eine Regel schon gezündet hat, übereinstimmt.
- Neuigkeitsstrategie: Wird eine Regel von mehreren gleichen Fakten erfüllt, dann benutzt der Regelinterpreter die neuesten, also die mit dem jüngsten Zeitstempel. Das Motiv ist, daß möglichst das neueste Wissen herangezogen werden soll. Bei der Regelprogrammierung läßt sich das zum Kellern von Daten ausnutzen.
- Spezialitätsstrategie: Bei mehreren erfüllten Regeln wird diejenige zum Zünden gewählt, die die meisten Bedingungen enthält. Das Motiv ist, daß hierdurch die speziellste Regel für die insgesamt vorliegende Situation ausgewählt wird und diese vermutlich die Situation am besten behandelt. Hierbei wird unterstellt, daß eine Regel desto spezieller ist, je mehr Bedingungen sie enthält.
- Zufallsstrategie: Reichen die erstgenannten Strategien nicht aus, wählt der Interpreter aus den dann noch vorhandenen Kandidaten nichtdeterministisch eine erfüllte Regel aus. Hier liegt zwar in Wirklichkeit meistens auch eine bestimmte Auswahlstrategie

zugrunde, diese ist aber nicht Bestandteil der Anwenderschnittstelle.

Ablauf Regelinterpreter

Der prinzipielle Ablauf eines Regelinterpreters ist in Abb. 8.5 dargestellt. Im Ablauf ist bereits eine Erweiterung für kooperierende Regelinterpreter eingefügt, die erst in Abschnitt 9.5 besprochen wird.

defensive Programmierung

Da die gewählten Strategien bei verschiedenen Regelsystemen oder auch in verschiedenen Versionen eines Regelsystems unterschiedlich sein können, ist es unbedingt notwendig (!), daß die Regeln eines Programms so geschrieben werden, daß die Ausführung auch bei Variation der obigen Strategien noch richtig bleibt. Ein Anwender sollte also ein Regelsystem in den Fällen, in denen mehrere Regeln zünden könnten, als grundsätzlich nichtdeterministisch arbeitend betrachten. Allerdings wird die darauf aufbauende defensive Programmiertechnik aus Bequemlichkeit oder wegen der möglicherweise erhöhten Rechenzeit oft nicht beachtet, so daß viele Regelprogramme von speziellen Strategien eines Regelsystems abhängig sind.

Faktenmuster Variable

Die Bedingung c_i einer Regel ist kein allgemeiner logischer Ausdruck, sondern prüft nur die Existenz eines Faktums in der Faktenbasis. Die Bedingung c_i kann dabei ein bestimmtes Faktum spezifizieren, wenn neben der Faktenklasse auch alle Tupelwerte vorgegeben sind. In vielen Fällen interessiert man sich aber für diejenigen Fakten, die einem bestimmten Muster entsprechen. In diesem Fall gibt die Bedingung c_i nur ein Faktenmuster an. Ein Faktenmuster hat den Grundaufbau eines Faktums. Es müssen jedoch nur die Attribute angegeben werden, die entweder für die Formulierung der Bedingungen oder für die Verwendung in den Aktionen relevant sind. Auf der Position der Attributwerte können im Faktenmuster auftreten:

- ein Wert, beispielsweise x:
  Das bedeutet, daß ein Faktum gesucht wird, das als Attributwert den angegebenen Wert x hat. Werte sind immer Zeichenketten, daher entfallen auch die Stringklammern.
- eine Variable, beispielsweise ?x:
  Das bedeutet, daß ein Faktum gesucht wird, das den angegebenen Attributnamen enthält. Der Wert dieses Attributs ist aber nicht vorgegeben. Der Wert dieses Attributs im gewählten Faktum wird der Variablen ?x zugewiesen. Zur Unterscheidung von Werten werden die Namen von Variablen mit einem Fragezeichen eingeleitet.

Unifizierung

Ein zentrales Konzept der Regelsysteme ist die Unifizierung. Die Bedingungen c_1, c_2, ... gelten als erfüllt, wenn sie mit Fak-

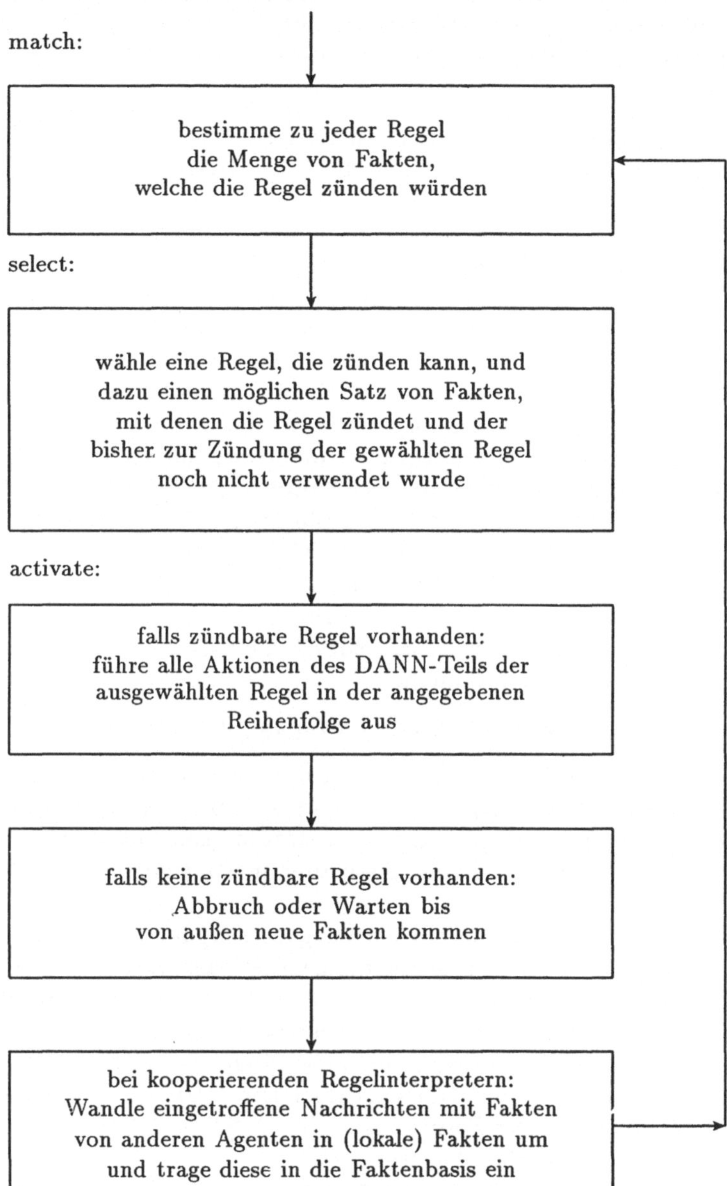

Abb. 8.5. Ablauf im Regelinterpreter

ten in der Faktenbasis unifiziert werden können. Unifizieren heißt, daß die Bedingungen einer Regel mit den Fakten in der Faktenbasis verglichen werden. Die Unifikation ist erfolgreich, wenn sich ein Satz von Fakten f_1, f_2, ... findet, für den gilt:

- Das Faktum f_i paßt zur Bedingung c_i, d.h. die Klassenbezeichner und alle Attribute, für die in c_i Werte vorgegeben sind, stimmen überein.
- Falls Variablen gleichen Namens in den Bedingungen auftreten, dann sind die zugehörigen Attributwerte zwar nicht vorgegeben, müssen aber identische Werte besitzen. Die Variable kann also eindeutig und konsistent belegt werden. In dem DANN-Teil ist der Wert dann unter dem Namen der Variablen zugänglich.
- Eventuell vorhandene Prädikate über Attributwerten müssen in den Bedingungen konsistent erfüllt sein.
- Alle Bedingungen werden mit „und" verknüpft.
- Das Nichtvorhandensein eines Faktums mit bestimmten Eigenschaften kann durch ein vorangestelltes „NOT" getestet werden.
- Ein numerischer Vergleich von Attributwerten kann durch eine Testbedingung (Prädikat über Attributwerten) erfolgen:
  (TestAttribut < logischer Ausdruck >)
  Hierbei kann der logische Ausdruck auch Attributwerte und Attributvariablen enthalten.

Festlegungen für Aktionen

Für Aktionen gelten folgende Festlegungen:

- Durch makefact < Faktum > wird ein neues Faktum erzeugt.
- Durch deletefact(i) kann das i-te Faktum, das in den Bedingungen einer Regel verwendet wurde, gelöscht werden. Die Nichtexistenz- und die Testbedingungen werden dabei nicht mitgezählt.
- Wird einem Attribut ein Wert zugewiesen, dann wird normalerweise die angegebene Zeichenfolge direkt als Wert übernommen, da ja Attribute Zeichenketten sind. In vielen Fällen benötigt man aber auch Berechnungsergebnisse, beispielsweise bei arithmetischen Operationen. Hierzu wird ein Auswerteoperator „!" eingeführt. Auf der Wertposition eines Attributs kann dadurch ein Ausdruck der Form
  ! (< arithmetischer Ausdruck >)
  stehen. Der arithmetische Ausdruck kann ebenfalls Attributwerte und -Variablen enthalten. Das numerische Ergebnis dieses Ausdrucks wird in eine Zeichenkette gewandelt und dem Attribut zugewiesen.

Die eingeführten Festlegungen sollen nun an einem kleinen Anwendungsbeispiel gezeigt werden. Die nachfolgenden Regeln leiten aus bekannten Fakten neue Fakten ab. Beispiel

Regel 1: Regel 1

```
WENN
  NOT(Volumen object:?o volume:?v)
  (Objekttyp object:?o objtyp:quader)
  (Geometrie object:?o length:?l width:?w height:?h)
  (SpezGewObj object:?o specweight:?spw)
DANN
  makefact (Volumen object:?o volume:!(?l*?w*?h));
  makefact (Gewicht object:?o weight:!(?l*?w*?h*?spw));
ENDE
```

Erklärung Regel 1: Wenn das Volumen eines Objekts noch nicht berechnet ist, dann müssen das Volumen und das Gewicht eines Objekts berechnet werden. Die Bedingung ist, daß für ein Objekt kein Faktum der Faktenklasse Volumen vorhanden sein darf und daß die Fakten der Klasse Objekttyp, Geometrie und SpezGewObj vorhanden sind. Die Variable ?o muß konsistent belegt sein, d.h. alle Fakten beziehen sich auf ein bestimmtes Objekt, dessen Name dann in der Variablen ?o steht. Der Objekttyp muß „quader" sein. Die Variablen ?l, ?w, ?h, ?spw enthalten die Länge, die Breite, die Höhe und das spezifische Gewicht des ausgewählten Objekts. Die Regel zündet für alle Objekte des Typs Quader, für die das Volumen noch nicht berechnet wurde. Erzeugt werden zwei neue Fakten für das Objekt, dessen Name in ?o steht. Diese Fakten enthalten das Volumen und das spezifische Gewicht. Erklärung Regel 1

Regel 2: Regel 2

```
WENN
  NOT(Transportierbar object:?o robot:?r)
  (Gewicht object:?o weight:?w)
  (Beweglich object:?o)
  (Robotertragkraft robot:?r maxload:?tk)
  (TestAttribut ?tk > ?w)
DANN
  makefact (Transportierbar object:?o robot:?r);
ENDE
```

Erklärung Regel 2: Es wird festgestellt, durch welche Roboter ein Objekt transportierbar ist. Für jede zulässige Kombination Roboter und Objekt wird ein Faktum der Faktenklasse Transportierbar Erklärung Regel 2 erzeugt. Bedingungen sind, daß das Objekt beweglich ist und daß sein Gewicht kleiner als die maximale Tragkraft des Roboters ist.

dynamische Faktenbasis

In dem obigen Beispiel werden aufgrund vorhandener Fakten neue Fakten erzeugt. Dies ist ohne Probleme, solange die Faktenbasis statisch ist, d.h. keine Fakten gelöscht werden. Genauer gesagt, solange die Fakten, die in den Bedingungen zur Herleitung neuer Fakten verwendet wurden, sich nicht ändern. Also solange die Voraussetzungen für die hergeleiteten Fakten beliebig lange gültig sind (monotones Schließen). Läßt man jedoch zu, daß sich Fakten ändern, dann ist es notwendig, auch die hergeleiteten Fakten zu löschen oder zu ändern, wenn sich die Voraussetzungen verändern. Dies kann durch ergänzende Regeln erfolgen oder automatisch. Systeme, die dies automatisieren, sind sogenannte Truth-Maintenance-Systeme [STRU91].

erweiterte Festlegungen für Aktionen

Für die späteren Anwendungen bei der Aufgabentransformation ist es hilfreich, die möglichen Aktionen in den Regeln zu erweitern:

- Durch <v> = <NameFunktion> (p1, p2, ...) kann eine externe Funktion mit dem Namen <NameFunktion> und den Parametern pi zur Ausführung einer Aktion aufgerufen werden. Solche Funktionen können in einer beliebigen Programmiersprache geschrieben werden. Sie werden als externe Moduln beim Binden des gesamten Regelprogramms mit eingebunden. Die Parameter sind Zeichenketten. Es gibt keine Ergebnisparameter. Das Ergebnis der Funktion ist eine Zeichenkette, die einer Variablen <v> zugewiesen werden kann. Weitere Ergebnisse können von den Prozeduren beispielsweise als Fakten in die Faktenbasis eingetragen werden. Hierfür stehen Dienste zur Verfügung.
- Sprachkonstrukte zur Ablaufsteuerung aus den höheren Programmiersprachen können verwendet werden. Der Grund hierfür ist, daß für viele Anwendungen eine höhere Flexibilität bei der Ausführung der Aktionen wünschenswert ist. Dies betrifft insbesondere die bedingte Ausführung einer Aktion, wobei die Bedingung von Ergebnissen vorangehender Aktionen abhängt.

Beispiel

Das nachfolgende einfache Beispiel verwendet diese Erweiterungen. Es ruft Prozeduren auf, die den Roboter und die Hand steuern. Dabei wird gefordert, daß Aktionen nur ausgeführt werden, wenn die vorherigen Aktionen fehlerfrei waren.

Beispiel mit bedingten Aktionen:

Regel R

Regel R:
WENN
(GreifeObjekt GreifP:?g weite:?w zustand:unbearbeitet erg:?e)

```
DANN
  ?erg = SendToRobot(OpenHand, !(?w+20));
  if (?erg == "OK") {
    ?erg = SendToRobot(Move, ?g);
    if (?erg == "OK") {
      ?erg = SendToRobot(Grasp, ?w);
    }
  }
  if (?erg== "OK") ?z = gegriffen;
  else ?z = fehler;
  makefact (GreifeObjekt GreifP:?g weite:?w zustand:?z erg:?erg);
  deletefact (1);
ENDE
```

Erläuterung Regel R

Erläuterung zur Regel R: Es soll ein Objekt gegriffen werden. Greifpunkt und Greifweite sind gegeben. Der Zustand des Auftrags ist unbearbeitet. Die notwendigen Aktionen sind Greifer öffnen, Roboter zum Greifpunkt fahren, greifen. Jede dieser Aktionen darf nur ausgeführt werden, wenn alle vorangegangenen fehlerfrei ausgeführt wurden. Am Ende der Aktionsfolge wird ein Faktum mit dem Gesamtergebnis der Regel zur Auswertung in anderen Regeln erzeugt. Das ursprüngliche Auftragsfaktum wird gelöscht.

Beispiel ohne bedingte Aktionen

Das Beispiel läßt sich natürlich auch realisieren, wenn ein Regelinterpreter ohne bedingte Aktionen verwendet wird. In diesem Fall muß der Aktionsteil aufgespalten werden und jede bedingte Aktion muß in eine getrennte Regel mit geeigneten Vorbedingungen aufgenommen werden. Der Zustand der Bearbeitung des Auftrags muß stärker differenziert werden. In unserem einfachen Beispiel reicht es aus, den zuletzt gegebenen Befehl an den Roboter zu vermerken. Insgesamt ergibt sich eine deutlich komplexere Programmierung, wie nachfolgend gezeigt wird. Ohne bedingte Aktionen werden folgende 5 Regeln benötigt:

Regel R1

```
Regel R1:
WENN
  (GreifeObjekt GreifP:?g weite:?w zustand:unbearbeitet erg:?e)
  NOT (RobotBusy)
DANN
  ?erg = SendToRobot(OpenHand, !(?w+20));
  makefact (GreifeObjekt GreifP:?g weite:?w zustand:hopen
            erg:?erg);
  makefact (RobotBusy);
  deletefact (1);
ENDE
```

Regel R2

```
Regel R2:
WENN
  (GreifeObjekt GreifP:?g weite:?w zustand:hopen erg:OK)
DANN
  ?erg = SendToRobot(Move, ?g);
  makefact (GreifeObjekt GreifP:?g weite:?w zustand:rmove
            erg:?erg);
  deletefact (1);
ENDE
```

Regel R3

```
Regel R3:
WENN
  (GreifeObjekt GreifP:?g weite:?w zustand:rmove erg:OK)
DANN
  ?erg = SendToRobot(Grasp, ?w);
  makefact (GreifeObjekt GreifP:?g weite:?w zustand:grasp
            erg:?erg);
  deletefact (1);
ENDE
```

Da die Aktionssequenz in mehrere Regeln aufgeteilt wurde, muß jetzt auf die richtige Reihenfolge der Ausführung geachtet werden und insbesondere auch darauf, daß während der Abarbeitung der Regeln Ri keine andere Beauftragung des Roboters erfolgt. Die erste Forderung wird durch die Angabe des Zustands im Auftragsfaktum erreicht, die zweite durch das Faktum (RobotBusy). Dieses Faktum muß auch wieder gelöscht werden. Deshalb werden noch die Regeln R4 und R5 benötigt. Der Zustand beendet ist erforderlich, da bei Beibehaltung des vorhergehenden Zustands die Regel R5 erneut zünden könnte, sobald der Roboter wieder arbeitet.

Regel R4

```
Regel R4:
WENN
  (GreifeObjekt GreifP:?g weite:?w zustand:grasp erg:OK)
  (RobotBusy)
DANN
  makefact (GreifeObjekt GreifP:?g weite:?w zustand:beendet
            erg:?erg);
  deletefact (1,2);
ENDE
```

Regel R5

```
Regel R5:
WENN
  (GreifeObjekt GreifP:?g weite:?w zustand:?z erg:NOK)
  (RobotBusy)
  (TestAttribut ?z != beendet)
DANN
  makefact (GreifeObjekt GreifP:?g weite:?w zustand:fehler
            erg:NOK);
  deletefact (1,2);
ENDE
```

Bewertung

Regeln sind also zur Realisierung eines Aufgabentransformators besonders gut geeignet, da sie eine problemnahe Darstellung der einzelnen Lösungsschritte erlauben. Probleme sind die große Anzahl der aufzuschreibenden Regeln und die fehlenden Modularisierungskonzepte. Dies erschwert die Übersicht ganz erheblich.

lernende Regelsysteme

Eine weitere, bisher noch nicht besprochene Eigenschaft der meisten Regelsysteme ist, daß sie zur Laufzeit nicht nur Fakten, sondern auch Regeln löschen und erzeugen können. Mit diesem Mechanismus werden beispielsweise die aus der Wissensbasis gelesenen abstrakten Verhaltensmuster von Fischer [FISC93] in ablauffähige Synchronisationsregeln umgesetzt (siehe hierzu Kapitel 9). Der Mechanismus läßt sich aber auch zum Lernen benutzen. Beispielsweise können Transformationsschritte automatisch optimiert werden, oder es können Aktionssequenzen, die immer zu Fehlern geführt haben, gänzlich vermieden werden.

9. Konzepte aufgabenorientierter Programmierung

Wie im Kapitel 5 beschrieben wurde, ist eine aufgabenorientierte Programmierung auf allen Ebenen der Fertigungshierarchie möglich. Dieses Kapitel behandelt die Konzepte zur aufgabenorientierten Programmierung intelligenter Roboter. Aufgabenorientierte Programmierung heißt, daß das Programm nicht aus einer Folge von Bewegungs- und sonstigen Gerätebefehlen besteht, sondern die zu lösende Aufgabe auf einer höheren Abstraktionsebene spezifiziert wird. Beispiele wären die Spezifikation von Transport-, Belade-, Beschickungs- oder Montageaufgaben. Die Umsetzung solcher Aufgaben in eine Folge von roboter- und geräteorientierten Anweisungen heißt dann aufgabenorientierte Transformation. Zur Modellierung der Umwelt wird auf die Konzepte in Kapitel 8 zurückgegriffen. Die Modellierung von Abläufen erfolgt durch Regelsysteme, deren Grundkonzepte ebenfalls schon in Kapitel 8 dargestellt wurden. Zur Modellierung von Teilabläufen werden auch noch Skripte und Verhaltensmuster betrachtet. Das Kapitel schließt mit der grundsätzlichen Architektur eines mehrstufigen, verteilten, reaktiven Aufgabentransformators.

9.1 Komponenten

Definition und Schichtenmodell

Die aufgabenorientierte Programmierung wird in einer Abstraktionsebene durchgeführt, die deutlich über der normaler Roboterprogrammiersprachen liegt. Die Programmierung erfolgt also nicht mehr durch Angabe von einzelnen Bewegungsschritten, sondern durch Spezifikation einer komplexen Aufgabe, beispielsweise „hole Werkzeug W und lege es in Maschine M ein“. Aus dieser Aufgabenspezifikation wird durch Algorithmen in einem Aufgabentransformator ein Roboterprogramm in einer roboterorientierten Programmiersprache erzeugt. Das so entstehende Schichtenmodell zeigt Abb. 9.1. Alternativ können auch Einzelanweisungen entstehen, die jeweils unmittelbar an eine Robotersteuerung gesandt werden und deren Ausführung quittiert oder durch Sensoren beobachtet wird. Dadurch ist eine Reaktion auf Umweltdaten nach jedem Einzelschritt möglich.

benötigte Information

Um die Aufgabe lösen zu können, benötigt der Aufgabentransformator folgende Daten und Informationen:

- eine Wissensbasis mit einem Umweltmodell (Fabrik, Fertigungszellen, Maschinen)
- eine Wissensbasis mit Regeln, wie eine Aufgabe in Einzelschritte zu zerlegen ist
- Synchronisationsmuster zur Koordination der Tätigkeiten des Roboters mit der Umwelt
- Algorithmen zur Montageplanung (im obigen Beispiel für das Einspannen von Werkzeugen in die Maschine)
- Algorithmen zur Greifplanung
- Algorithmen zur Bahnplanung (kollisionsfreie Trajektorien)
- Algorithmen zur Sensorintegration

Programmiersprachen

Bewertung Programmiersprachen

Der Aufgabentransformator kann in normalen Programmiersprachen, wie FORTRAN, C oder Pascal, geschrieben werden oder in „Sprachen der künstlichen Intelligenz“, wie Lisp, OPS 5 (ein Regelinterpreter) oder Prolog. Die letztgenannten Sprachen sind oft von Vorteil, da die Regeln sowohl interpretiert als auch kompiliert werden können. Bei einer Interpretation der Regeln lassen sich neue Regeln sofort verwenden, ohne das System zu stoppen und neu zu übersetzen. Damit ist das schnelle Erstellen von Prototypen möglich. Außerdem enthalten Regelsprachen wie Prolog oder OPS 5 einen Herleitungsmechanismus (die Inferenzmaschine), der aus dem vorhandenen Wissen in Form von Fakten neue Fakten herleiten kann. Neben neuen Fakten kann man sogar neue Regeln oder Lisp-Funktionen herleiten, beispielsweise als Ergebnis eines Lernvorgangs. Allerdings kann die Laufzeit bei KI-Sprachen um Größenordnungen ungünstiger sein, als wenn dasselbe Problem auf konventionelle Art in einer der erstgenannten Programmiersprachen formuliert ist.

wichtige Systemkonzepte

Die längere Laufzeit von KI-Sprachen kann unkritisch sein, wenn geeignete Systemkonzepte gewählt werden, beispielsweise:

- Die Aufgabentransformation wird parallel zu den relativ langsamen Bewegungen des Roboters ausgeführt.
- Rechenintensive Teilalgorithmen mit vielen arithmetischen Operationen werden in konventionellen Programmiersprachen realisiert und von den KI-Sprachen als externe Funktion aufgerufen. Beispiele für solche Algorithmen sind Bahnplanung, Greifplanung oder Bildverarbeitung.
- Der Aufgabentransformator und die rechenintensiven Teilalgorithmen werden in mehrere parallele Prozesse aufgeteilt und

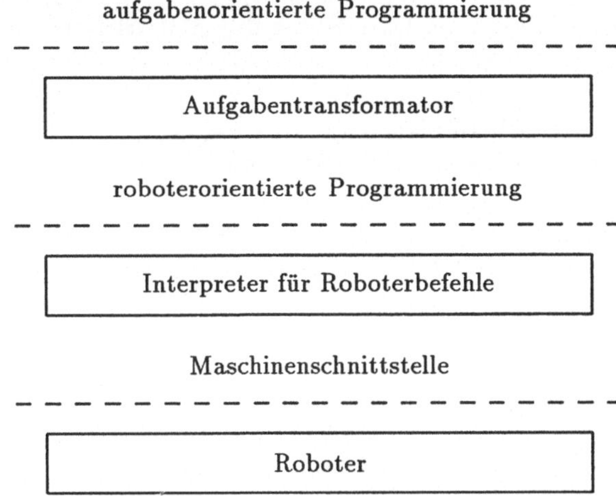

Abb. 9.1. Schichtenmodell beim Aufgabentransformator

auf verschiedenen Rechnern ausgeführt (verteiltes System, siehe Abb. 2.20).

Modellierung Umwelt und Abläufe

Konzepte zur Umweltmodellierung wurden bereits in Kapitel 8 eingeführt. Wenn man von den Regelsystemen absieht, beschreiben die eingeführten Konzepte nur die Objekte der Umwelt, ihre Eigenschaften und ihre Beziehungen. Sie sind jedoch nicht gut oder gar nicht zur Beschreibung von Abläufen geeignet. Hierzu sind andere Konzepte notwendig.

Grundkonzepte Planen

zielorientiertes Planen

Beim zielorientierten Planen [LEVI88] wird eine perfekte Welt angenommen. Alle Aktionen laufen fehlerfrei und wie geplant ab. Daher ist auch keine Überwachung der Aktionen erforderlich. Die Ablaufpläne sind statisch. Zu ihrer Darstellung gibt es eine Reihe von Vorschlägen, beispielsweise UND-ODER-Graphen.

reagierendes Planen

In den uns interessierenden (realen) Umgebungen gibt es aber Unsicherheiten, beispielsweise bezüglich der Lage von Objekten, und die Ausführung von Aktionen kann fehlerhaft sein, beispielsweise geht ein Werkstück beim Transport verloren. Auf solche Situationen muß der Planer, d.h. das intelligente System, reagieren können. Man spricht daher von einem reagierenden Planen [LEVI88]. Die Ablaufpläne enthalten dann auch die Aktionsfolgen für alle Ausnahmebehandlungen und für alle Überwachungsaufgaben. Hierzu sind im Plan Bedingungen enthalten, die die Verzweigung in die jeweils benötigte Aktionsfolge steuern. Auch für die

Darstellung solcher reaktiven Ablaufpläne gibt es Vorschläge. Eine klassische Methode ist die Darstellung durch Petri-Netze und ihre Erweiterungen. Damit lassen sich allerdings nur Teilaspekte reaktiver Ablaufpläne gut darstellen. Ein neuerer Vorschlag für die Darstellung von Ablaufplänen für den Fertigungsbereich ist die Modellierung als Netze paralleler Prozesse [LYON93].

reaktives Planen

Vollständige reaktive Ablaufpläne werden aufgrund der Vielzahl der zu behandelnden Fälle völlig unübersichtlich. Ein weiterer großer Nachteil ist, daß vor der Ausführung der Aktionen der vollständige Ablaufplan erzeugt werden muß, der alle Eventualitäten beinhaltet, auch wenn diese mit sehr geringer Wahrscheinlichkeit eintreten. Damit ist die Erzeugung solcher Pläne zeitaufwendig und verzögert den Beginn der Aktionen unnötig lange.

schritthaltendes reaktives Planen

Für komplexere intelligente Systeme, die in realen Umwelten arbeiten, ist man deshalb von der Zielsetzung, einen vollständigen reaktiven Ablaufplan zu bestimmen, abgegangen. Die adäquate Vorgehensweise für solche Systeme ist es, aufgrund der aktuellen Situation jeweils die unmittelbar nächsten Aktionen zu planen und sofort auszuführen. Die dabei und daraus entstehende Situation wird erfaßt. Dann erfolgt die Planung des nächsten Schritts. Es handelt sich also um eine schritthaltende reaktive Planung. Eine schritthaltende reaktive Planung liegt auch der (reaktiven) Aufgabentransformation zugrunde. Wie bereits ausgeführt, sind dafür Regelsysteme gut geeignet.

Modularisierung

Die Nutzung von Regelsystemen zur Aufgabentransformation wurde u.a. in [BOCI90a] und [FISC93] beschrieben. Bei der Implementierung realer Systeme zeigte sich, daß die Programmierung

- durch Modularisierungskonzepte,
- durch Unterstützung von Fehlerbehandlungen und
- durch Standardbausteine für Teilabläufe

wesentlich vereinfacht und fehlersicherer gemacht werden kann. Solche Zusätze werden bei den obengenannten Autoren eingeführt. Von den genannten Erweiterungen soll nur der Aspekt der Spezifikation von Teilabläufen in den beiden nachfolgenden Unterkapiteln noch etwas vertieft werden. Hierzu werden Skripte [SCHA77, HOMM91] und Verhaltensmuster [FISC93] besprochen. Im Anschluß daran werden die Konzepte für regelbasierte Aufgabentransformatoren besprochen.

9.2 Skripte zur Modellierung von Abläufen

Bestandteile

Ein Skript nach Schank [SCHA77, HOMM91] ist ein parametrisiertes Schema mit einem prototypischen Ablauf. Neben dem

Standardablauf können kleinere Varianten definiert werden. Ein Skript besteht aus folgenden Teilen:

- Name des Skripts
- Objekte bzw. Ressourcen
  Diese werden zur Ausführung benötigt oder spielen eine Rolle bei der Beschreibung des Skripts.
- Vorbedingungen
  Diese müssen erfüllt sein, damit das Skript angewandt werden kann.
- Nachbedingungen
  Diese gelten, wenn das Skript ohne Fehler ausgeführt wurde. Nachbedingungen für Fehlersituationen müssen im Ablauf selbst spezifiziert werden. Alternativ können die Nachbedingungen für die verschiedenen Fälle gruppiert werden. In den Vor- und Nachbedingungen können insbesondere Attribute der beteiligten Objekte oder generelle Systemparameter auftreten.
- Szenen
  Eine Szene enthält eine Gruppe von parametrisierten Abläufen, die in einem semantischen Zusammenhang stehen. Abläufe gliedern sich in Ablaufblöcke. Ein Ablaufblock kann direkt durch Sprungbefehle aktiviert werden. Alternativ kann die Auswahl eines Ablaufblocks durch eine vorangestellte Bedingung gesteuert werden.

Name

Objekte Ressourcen

Vorbedingungen

Nachbedingungen

Szenen

Ein Vorgang in einem Skript kann selbst wieder durch ein Skript beschrieben sein. Ein Aufgabenplaner kann in einer gegebenen Situation unter den anwendbaren Skripten wählen und aufgrund seiner Umweltmodelle eventuell verschiedene Zuordnungen von Objekten in der Wissensbasis zu den Objekten in dem Skript treffen. Das ausgewählte Skript beschreibt dann die Aktionen, die als nächstes auszuführen sind. Skripte können also als Wissen, wie etwas auszuführen ist, betrachtet werden.

rekursive Skripte

Als Beispiel für ein Skript wird die Prozedur greifen aus dem Programm zur Montage des Cranfield-Pendels in Abschnitt 7.3 verwendet. Dabei sind typische Erweiterungen, wie die Ergänzung durch Vorbedingungen, durchgeführt worden. Zum Verständnis ist es besser, komplexere Bedingungen umgangssprachlich zu formulieren. Diese müssen natürlich in wirklichen Skripts auch formalisiert werden oder wenigstens durch bereitgestellte Algorithmen berechenbar sein.

Beispiel greifen

Skript Greifen

Skript Greifen

```
Skript Greifen
{  /* ohne alternative Abläufe, ohne Fehlerbehandlung */
Objekte: W, R, G, ApVec;
   /* Werkstück, Roboter, Greifer, Approach-Vektor */
Vorbedingungen:
```

W *IstEin* Bauteil ∧
R *IstEin* Roboter ∧
G *IstEin* Greifer ∧
G *IstFrei* ∧
W *IstNichtGegriffen* ∧
W.Gewicht < R.Tragkraft ∧
W *InReichweiteVon R* ∧
G *MontiertAn* R ∧
W *KannGegriffenWerdenMit* R ∧ ... ;
Nachbedingungen:
W *IstGegriffen* ∧
G *IstNichtFrei* ∧
W.GFrame.AffixKey == RIGIDLY ∧ ... ;
Szene 1 (anfahren Objekt):
MoveS(TOOL, W.GFrame-Apvec, R.highspeed, NOWAIT);
HOpenWidth(G, W.schließweite+20 * mm, WAIT);
MoveS (TOOL, W.GFrame, R.lowspeed, WAIT);
Szene 2 (greifen Objekt):
HCloseForce (W.schließkraft, WAIT);
AFFIX (&(W.GFrame), &TOOL, RIGIDLY);
Szene 3 (abrücken):
MoveS (TOOL, W.GFrame-Apvec, R.lowspeed, NOWAIT);
}

9.3 Verhaltensmuster zur Modellierung von Abläufen

Synchronisation

Verhaltensmuster nach Fischer [FISC93] sind für die Beschreibung von Abläufen in kooperierenden Agenten entwickelt worden. Der Schwerpunkt liegt auf der Synchronisation paralleler Abläufe. Die Notation hat Ähnlichkeit mit Petri-Netzen. Die wichtigsten Elemente sollen an dem Beispiel in Abb. 9.2 erläutert werden.

Beispiel

Agenten

In dem Beispiel gibt es die beiden autonomen Systeme (Agenten) Roboter und Werkzeugmaschine. Für die Teilaufgabe „Einsetzen eines Werkstücks in das Spannfutter“ ist für jeden der beiden Agenten je ein Verhaltensmuster definiert. Die Verhaltensmuster beschreiben sowohl die in den Agenten durchzuführenden Aktionen als auch die dabei erforderlichen Interaktionen.

Aktionen

Bedingungen

Die rechteckigen Kästchen bezeichnen Aktionen. Die waagrechten Striche stellen Bedingungen für den Fortschritt zu den Folgeaktionen dar. Erst wenn alle durch ankommende Pfeile dargestellten Eingangsbedingungen erfüllt sind, dann können die Folgeaktionen durchgeführt werden. Bei den Verhaltensmustern sind

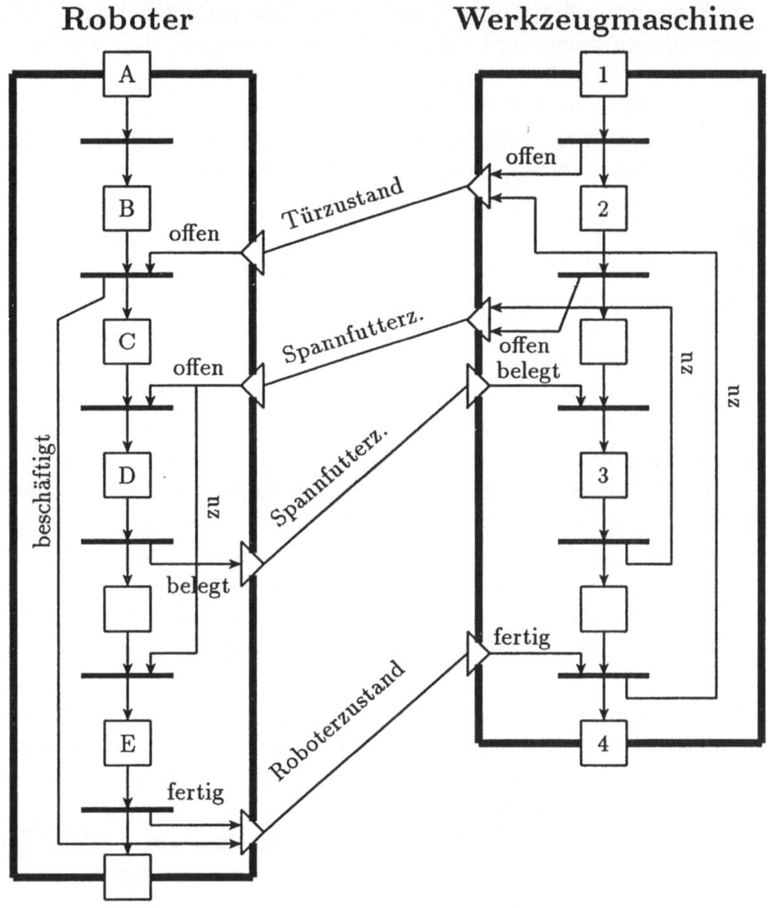

Erklärung:

A holen Werkstück	1 öffnen Tür
B zu Anrückpunkt Tür	2 öffnen Spannfutter
C zu Anrückpunkt Spannf.	3 schließen Spannfutter
D einsetzen Werkstück	4 schließen Tür
E loslassen Werkstück, zu Ausgangsposition	

Abb. 9.2. Beispiel für Verhaltensmuster

die Eingangsbedingungen erfüllt, wenn alle vorangehenden Aktionen abgeschlossen sind und wenn die vorausgesetzten Zustandsdaten bei den anderen Agenten vorliegen, beispielsweise wenn der Zustand der Tür der Werkzeugmaschine „offen“ ist.

Nachrichten Fakten

Die Zustandsänderungen eines Agenten werden an andere Agenten über Nachrichten gemeldet. Ein- und Ausgänge von Nachrichten sind durch Dreiecke bezeichnet. Kanten zu diesen Ausgängen tragen die Bezeichnung des über diese Kante eingestellten Zustandes. Kanten von Eingängen zu Bedingungen geben den Zustand an, bei dem die Bedingung erfüllt ist. Kanten zwischen Aus- und Eingängen geben den Namen (die Bedeutung) des Zustandes an. Sind die Agenten als Regelsysteme implementiert, dann können die ankommenden Nachrichten in lokale Fakten umgesetzt werden. Eine Bedingung ist dann erfüllt, wenn das entsprechende Faktum vorhanden ist.

Konsistenz des Wissens

Durch die Realisierung des Systems als Gruppe von kooperierenden Agenten treten die typischen Probleme verteilter Systeme auf. Hierzu gehört insbesondere, daß nicht garantiert werden kann, daß alle Agenten einen konsistenten Weltzustand haben. So kann es sein, daß in einem Agenten noch das Faktum „Tür offen“ vorliegt, obwohl die betreffende Tür im Moment schon wieder geschlossen ist. Solchen Effekten ist bei der Programmierung der Agenten besonderes Augenmerk zu widmen. In der Realität wird man wichtige Zustände der Umwelt zusätzlich durch unabhängige Sensoren überwachen. Solche Sensoren können selbst wieder als autonome Agenten modelliert werden.

parallele Abläufe

Im Beispiel ist der Ablauf in den Agenten sequentiell. Dies ist nicht zwingend so. Abläufe in Verhaltensmustern können auch parallel sein.

Fehlerbehandlung

Die Verhaltensmuster nach Fischer enthalten auch Fehlerein- und -ausgänge. Diese wurden hier nicht besprochen. Auch bezüglich des zugehörigen Programmiersystems MAGSY und der maschinellen Umsetzung der Verhaltensmuster in Regeln sei auf Fischer verwiesen.

textuelle Spezifikation

Fischer definiert auch eine textuelle Spezifikation von Verhaltensmustern und gibt ein Verfahren zur direkten Übersetzung in Regeln an. Verhaltensmuster sind dabei Schablonen (Planskelette) mit Parametern. Ein Verhaltensmuster gibt einen prototypischen Teilablauf bei der Lösung einer Aufgabe an. Es wird durch eine Gruppe von (Verhaltens-) Regeln realisiert. In einem Aufgabentransformator können Verhaltensmuster für viele Teilaktionen und getrennt nach Agenten vorgesehen sein. Die für einen Aktion erforderlichen Verhaltensmuster werden dann durch Regeln in einem Aufgabenplaner ausgewählt, aus einer Datenbank in den Regelin-

Realisierung

terpreter geladen und ausgeführt. Verhaltensmuster können auch zu komplexeren Aktionen (neue Verhaltensmuster) zusammengesetzt werden.

9.4 Regelsysteme zur Aufgabentransformation

Beispiel: greife Objekt

Regelsysteme wurden bereits in Kapitel 8 eingeführt. Da die Regeln vom Aufbau her dem WENN-DANN Schließen beim Menschen nahe kommen, lassen sie sich gut für die aufgabenorientierte Transformation einsetzen. Die Aufgabentransformatoren besitzen so potentiell die Fähigkeiten eines Expertensystems. Das nachfolgende Beispiel veranschaulicht die geschilderten Konzepte nochmals an einem ausführlicheren Beispiel. Die Regeln behandeln den Auftrag „greife Objekt", der als Faktum in die Faktenbasis eingetragen ist.

Regel 1

```
Regel 1:
WENN
  (GreifeObjekt object:?o zustand:unbearbeitet AuftragsNr:?anr)
  (RobZustand roboter:?Robot zustand:frei AuftragsNr:?x)
DANN
  makefact (GreifeObjekt object:?o zustand:aktiv
                AuftragsNr:?anr);
  makefact (RobZustand roboter:?Robot zustand:belegt
                AuftragsNr:?anr);
  deletefact (1, 2);
ENDE
```

Erläuterung

Erläuterung zu Regel 1: Es wird geprüft, ob ein unbearbeiteter Greifauftrag vorliegt und ein freier Roboter vorhanden ist. Falls dies der Fall ist, wird der Auftrag in den Zustand aktiv gebracht und der Roboter wird als belegt für den vorliegenden Auftrag gekennzeichnet. Beides erfolgt durch Erzeugen eines neuen Faktums und Löschen des bisherigen. Die Reihenfolge der Bedingungen und der Aktionen ist hier ohne Bedeutung. Die Namen der Variablen sind frei gewählt. Wichtig ist nur, daß an allen Stellen, deren Wert übereinstimmen muß, dieselbe Variable steht.

Regel 2

```
Regel 2:
WENN
  (GreifeObjekt object:?o zustand:aktiv AuftragsNr:?anr)
  (RobZustand roboter:?Robot zustand:belegt AuftragsNr:?anr)
  (ObjectGeometry object:?o art:wuerfel kante:?w)
DANN
  ?L = call (Camera, GetLocation, ?o);
  ?G = call (GraspPlanner, PlanGrasp, ?o, ?L);
  ?ok = call (?Robot, OpenHand, !(?w+20));
  if (?ok == "OK") ?ok = call (?Robot, Move, ?G);
  if (?ok == "OK") ?ok = call (?Robot, Grasp, ?w);
  if (?ok == "OK") {
    makefact (RobZustand roboter:?Robot
              zustand:ObjektGegriffen AuftragsNr:NIL);
    makefact (GreifeObjekt object:?o zustand:OKbeendet
              AuftragsNr:?anr);
  }
  else {
    makefact (RobZustand roboter:?Robot zustand:frei
              AuftragsNr:NIL);
    makefact (GreifeObjekt object:?o zustand:NOKbeendet
              AuftragsNr:?anr);
  }
  deletefact (1, 2);
ENDE
```

Erläuterung

Erläuterung zu Regel 2: Es wird geprüft, ob ein aktiver Greifauftrag vorliegt. Falls dies der Fall ist und die Regeln fehlerfrei programmiert sind, dann muß es auch einen belegten Roboter für diesen Auftrag geben. Die in den Aktionen der Regel verwendete Bestimmung der Greifweite ist nur für Würfel geeignet, deshalb wird mit der dritten Bedingung geprüft, ob es sich um einen Würfel handelt. Ist dies der Fall, dann gibt es das angegebene Faktum. Auf der Aktionsseite wird zunächst das Bildverarbeitungssystem mit der Kamera beauftragt, die Lage des Objekts festzustellen. Die Lage wird in der Variablen ?L gespeichert. Anschließend wird durch die Greifplanung der Greifpunkt bestimmt und in ?G abgespeichert. Dann wird der Roboter beauftragt, die Hand auf die um 20 erhöhte Kantenbreite des Würfels zu öffnen. Die Rückmeldung, im fehlerfreien Fall OK, wird in ?ok gespeichert. Die beiden folgenden Aktionen werden nur ausgeführt, wenn die vorangehende Aktion fehlerfrei war. Dabei wird der Roboter beauftragt, an den Greifpunkt zu fahren. Das Greifframe ist hier identisch mit dem Lageframe. Als nächstes greift der Roboter das Objekt. Zur

Kontrolle der Schließweite wird die Greifweite in ?w als Parameter mitgeteilt. Anschließend wird der Auftrag als fehlerhaft oder fehlerfrei beendet gekennzeichnet. Der Roboter wird wieder für andere Aufgaben frei. Beides erfolgt durch Löschen des alten Faktums und Erzeugen eines neuen.

Das Faktum (GreifeObjekt ...) mit der Information OKbeendet oder NOKbeendet wird nicht gelöscht, da davon ausgegangen wird, daß Information über die beendeten Aufträge gehalten werden soll. Falls für die Anwendung die Historie uninteressant ist, kann dieses Faktum natürlich gelöscht werden.

9.5 Kommunikation zwischen verteilten Agenten

Jedes größere Anwendungssystem muß geeignet modularisiert sein. In dem hier betrachteten Umfeld sind solche Moduln auch als kooperierende Prozesse (kooperierende Agenten) realisiert. Beispielsweise könnte der Aufgabentransformator ein solcher Agent sein, der mit den Agenten Robotersteuerung und Bildauswertung zusammen die Aufgabe löst, ein Objekt zu lokalisieren und dann zu transportieren. Werden die Umweltdaten in einer Wissensbasis, wie in vorherigen Kapiteln geschildert, gespeichert, dann tritt als weiterer Agent die Wissensbasis hinzu.

Agenten und ihre Kommunikation

Agent Wissensbasis

Die Agenten sind mit unterschiedlichen Programmiertechniken realisiert, müssen aber kooperieren. Hierzu sind, basierend auf einem Nachrichtenaustausch über Netze, geeignete höhere Schnittstellen anzubieten. Solche Schnittstellen sollen nachfolgend beispielartig eingeführt werden.

höhere Schnittstellen

Die einfachste Form der Kommunikation ist der RPC (remote procedure call). Durch den Dienst

remote procedure call

- call (agent, p1, p2, p3, ...)

wird der angegebene Agent aufgerufen und ihm die Parameter p1, p2, p3, ... übergeben. Alle Parameter sind Zeichenketten. Das Ergebnis ist ebenfalls eine Zeichenkette. Der Aufrufer wartet bis der Agent das Ergebnis zurückmeldet und setzt erst dann mit seiner Arbeit fort. Anstelle eines Agenten kann mit diesem Dienst auch eine lokale Prozedur aufgerufen werden. Bei Einbettung in einen Regelinterpreter kann dieser Dienst im Aktionsteil auftreten. Parameter können auch Variable des Regelprogramms sein. Das Ergebnis des Aufrufs kann einer Variablen zugewiesen werden, die in späteren Aktionen der Regel verwendet werden kann. Die Parameter können bei der Einbettung in ein Regelsystem zur

Angleichung an die Schreibweise der Umgebung ohne Stringklammern geschrieben werden (siehe auch Anwendungsbeispiel S. 210).

Austausch von Fakten

Für die direkte Kommunikation zwischen zwei regelbasierten Agenten wird der Austausch von Fakten vorgesehen. Hierzu wird ein Dienst

- sendfact (agent, fact)

eingeführt. Dieser Dienst kann als Aktion in einer Regel aufgerufen werden. Der Parameter agent gibt den Adressaten an und fact das zu übermittelnde Faktum. Der Dienst erzeugt eine Nachricht, die das Faktum enthält. Beim Zielagenten trifft diese Nachricht asynchron ein. Sein Regelinterpreter kann gemäß Abb. 8.5 im Interpretationszyklus dann die Nachricht auswerten und die Daten in Form eines Faktums in die lokale Faktenbasis eintragen. Beim nächsten Interpretationszyklus werden diese Fakten dann mitberücksichtigt. Wenn man unterstellt, daß solche Fakten besonders wichtig sind, können diese bei der Regelauswahl aus der Konfliktmenge besonders hoch gewichtet werden.

Zugriff auf Attribute einer Wissensbasis

Für die Kommunikation eines Regelinterpreters mit einer Wissensbasis sind komplexere Schnittstellen notwendig. Wir gehen von Schnittstellen einer losen Kopplung mit geringen Veränderungen im Regelinterpreter aus. Die Dienste können als Aktionen in Regeln aufgerufen werden. Die erste Gruppe von Diensten umfaßt das Lesen und Schreiben in der Wissensbasis:

- wbread (nameclass, nameinstance, na)
  Als Ergebnis wird der Wert des Attributs mit dem Namen na der Instanz nameinstance der Klasse nameclass zurückgegeben.
- wbwrite (nameclass, nameinstance, na1:v1, na2:v2, ...)
  Es werden die angegebenen Attribute in der bezeichneten Instanz mit den angegebenen Werten besetzt.

Falls es mehrere Wissensbasen gibt, muß als weiterer Parameter der Name der Wissensbasis zugefügt werden. Auch muß ein bestimmter Ergebniswert als Fehlerrückmeldung vereinbart werden.

Ändern Struktur einer Wissensbasis

Weiterhin sind Dienste zur Änderung der Wissensbasisstruktur erforderlich. Wir benötigen nur die folgenden:

- wbcreateinstance(nameclass, nameinstance, na1:v1, na2:v2, ...)
  Es wird die Instanz mit dem Namen nameinstance bei der Klasse nameclass in der Wissensbasis wb erzeugt. Ausgewählte Attribute werden gemäß Angabe besetzt.
- wbdeleteinstance (nameclass, nameinstance)
  Es wird die bezeichnete Instanz gelöscht.

Anmelden und Abmelden als Interessent

Zur Kommunikation zwischen Agenten wird eine aktive Wissensbasis eingesetzt. Das bedeutet, daß in der Wissensbasis das Interessentenkonzept realisiert ist. Mit dem Dienst

- wbinteressent (nameclass, nameinstance, nattr)

trägt ein Agent sich als Interessent für das Attribut mit dem Namen nattr der angegebenen Instanz ein. Er erhält dann in einer Nachricht den aktuellen Wert v des Attributs zum Zeitpunkt der Eintragung und später bei jedem Schreibzugriff auf dieses Attribut eine Nachricht mit dem neuen Wert v des Attributs. Die Nachricht wird vom Regelinterpreter in ein Faktum umgesetzt und in die Faktenbasis eingetragen. Wir setzen voraus, daß dieses Faktum folgenden Aufbau erhält: Der Faktenklassenbezeichner ist WbEl zur Erinnerung, daß es sich um ein Wissensbasiselement handelt. Die Attribute des Faktums sind class:nameclass, instance:nameinstance, na:nattr und wert:v.

Verhandlungsprotokolle

Auf die Darstellung weiterer Dienste zur Kommunikation mit der Wissensbasis, wie Abmelden als Interessent, soll hier verzichtet werden. Dies gilt auch für die Protokolle zur Synchronisation und zur Absprache der Aufgaben (Verhandlungsprotokolle) zwischen kooperierenden Agenten. Hierzu siehe beispielsweise [HAHN92, HAHN94, LEVI93].

9.6 Grundstruktur eines Aufgabentransformators

einstufige Aufgabentransformation

Die einfachste Art eines Aufgabentransformators ist der einstufige. Hier erfolgt die Zerlegung eines Auftrags in die notwendigen Aktionen zur Durchführung in einem Schritt, also ohne dazwischen Unteraufträge abzuleiten. Prinzipiell reicht dafür eine einzige Transformationsregel, auch wenn man aus Gründen der Übersichtlichkeit häufig mehrere benutzt.

Beispiel Pick-and-Place Schritte

Nach Lozano-Pérez [LOZA87] erfordert beispielsweise die Pick-and-Place Aufgabe „bewege Objekt o nach Zielposition zp" die folgenden Schritte:

- Lokalisieren des Objekts o mit einem Sensor, falls seine Lage nicht vorab bekannt ist.
- Planen des Greifpunktes G am Objekt o.
- Planen der kollisionsfreien Bahn zum Anrückpunkt des Greifpunktes G.
- Planen der Feinbewegungen beim Greifen.
- Planen des Umgreifens des Objekts o, also das Abstellen des Objekts und das Fassen an einem anderen Greifpunkt. Dies ist

notwendig, wenn die Ablage des Objekts mit dem Greifer am ursprünglichen Greifpunkt G nicht möglich ist.

- Planen der kollisionsfreien Bahn zum Anrückpunkt des Ziels zp.
- Planen der Feinbewegung beim Ablegen. Das Ablegen kann durchaus ein komplexer Montage- oder Fügevorgang sein, der auch weitere Umgreifoperationen enthalten kann.

Jeder der Schritte resultiert in der Generierung einer Folge von roboter- bzw. geräteorientierten Anweisungen für Roboter, Effektoren (beispielsweise Greifer) und Sensoren (beispielsweise Kameras oder Abstandssensoren).

Annahmen

Unter stark vereinfachenden Annahmen kann man drei Regeln aufstellen, die einen solchen Pick-and-Place Auftrag (bewege o nach zp) mit einer einstufigen Transformation bearbeiten. Eine einzige Regel erledigt dabei die einstufige Transformation. Die anderen zwei Regeln dienen lediglich dazu, das Ergebnis des Auftrags, erfolgreich oder nicht erfolgreich, zurückzumelden. Folgende vereinfachende Annahmen werden gemacht:

- Jede Aktion wird beim Aufruf vollständig ausgeführt, beispielsweise wird eine dabei verlangte Roboterbewegung vollständig ausgeführt, bevor die Aktion als beendet gilt.
- Jede Aktion wird ohne Rückkopplung aus der Umwelt ausgeführt.
- Es wird immer vorausgesetzt, daß alle Aufrufe von Diensten die Rückmeldung „fehlerfrei“ liefern. Deshalb wird dieser Sachverhalt nicht abgeprüft. Eine Ausnahme von dieser Regel sind Fälle, bei denen eine Fehlerbehandlung grob skizziert werden soll, beispielsweise bei Aufträgen an den Roboter. Bei Roboterbefehlen kann das Ergebnis „OK“ oder „NOTOK“ sein. Tritt ein Fehler auf, dann wird der Auftrag mit „NOTOK“ abgebrochen. Das Gesamtergebnis („OK“ oder „NOTOK“) wird in einem Faktum gespeichert, über das die Regeln 2 und 3 den Erfolg des Auftrags testen können.
- Es werden keine Voraussetzungen geprüft wie „Ist das zu bewegende Objekt frei?“ oder „Ist die Zielposition frei zugänglich?“.
- Die Transformation besteht nur darin, daß die Regel die notwendigen Teilschritte in der richtigen Reihenfolge aufruft.
- Die Ergebniswerte des Bahnplaners sind Zeichenstrings mit Sequenzen von Bewegungsanweisungen. Dieser String wird vom Roboter zur Ausführung akzeptiert.

Damit ergeben sich folgende drei Regeln:

Regel 1

```
Regel 1:
WENN
  (Bewege object:?o ziel:?zp)
DANN
  ?L = call (Camera, GetLocation, ?o);
  ?Robot = call (RobotManagement, GetRobot, ?o, ?L, ?zp);
  ?P = call (?Robot, GetPosition);
  ?G = call (GraspPlanner, PlanGrasp, ?o, ?L);
  ?bahn1 = call (PathPlanner, PlanApproach, ?o, ?P, ?G, ?L);
  ?bahn2 = call (PathPlanner, PlanGraspMotion, ?o, ?G, ?L);
  ?bahn3 = call (PathPlanner, PlanApproach, ?o, ?G, ?zp);
  ?bahn4 = call (PathPlanner, PlanDetachMotion, ?o, ?G, ?zp);
  ?ok = call (?Robot, ErrorReset);
  if (?ok=="OK") ?ok = call (?Robot, OpenHand);
  if (?ok=="OK") ?ok = call (?Robot, Execute, ?bahn1);
  if (?ok=="OK") ?ok = call (?Robot, Execute, ?bahn2);
  if (?ok=="OK") ?ok = call (?Robot, Grasp);
  if (?ok=="OK") ?ok = call (?Robot, Execute, ?bahn3);
  if (?ok=="OK") ?ok = call (?Robot, Execute, ?bahn4);
  if (?ok=="OK") ?ok = call (?Robot, Detach);
  makefact (BewegeResultat object:?o ziel:?zp resultat:?ok);
  call (RobotManagement, FreeRobot, ?Robot);
  deletefact (1);
ENDE
```

Erklärung Regel 1

Die Bedeutung der Aktionenfolge ist:

- Der Kamera-Agent wird aufgefordert, das Objekt ?o zu lokalisieren. Das Ergebnis ist in der Variablen ?L.
- Es wird ein freier Roboter bestimmt, der das lokalisierte Objekt greifen kann. Das Objekt und die Zielposition müssen im Arbeitsraum des Roboters sein, der Roboter muß ausreichend stark sein und der Greifer des Roboters muß geeignet sein, um das Objekt zu greifen.
- Die aktuelle Position des Roboters wird erfragt und nach ?P gespeichert.
- Der Greifplaner bestimmt den Greifpunkt aufgrund der Lage ?L des Objekts ?o. Der Greifpunkt steht dann in ?G.
- Der Wegplaner bestimmt dann eine Folge von Roboterbefehlen, die von der aktuellen Stellung des Roboters in ?P zum Anrückpunkt von ?G führen. Dieser String wird in ?bahn1 gespeichert und später an den Roboter zur Ausführung der darin enthaltenen Befehle geschickt.
- Der Wegplaner bestimmt dann eine Folge von Roboterbefehlen, die vom Anrückpunkt des Greifpunktes zum Greifpunkt ?G

führen. Hierin kann eine Feinbewegung zum Greifen enthalten sein. Die Befehle werden in ?bahn2 gespeichert.

- Der Wegplaner bestimmt dann eine Folge von Roboterbefehlen, die eine Punktfolge vom Greifpunkt ?G zum Anrückpunkt des Ziels in ?zp führen. Dieser String wird in ?bahn3 gespeichert.
- Der Wegplaner bestimmt dann eine Folge von Roboterbefehlen, die vom Anrückpunkt des Ziels zum Ziel in ?zp führen. Hier kann eine Feinbewegung zum Fügen enthalten sein. Die Befehle werden in ?bahn4 gespeichert.
- Der Roboter erhält jetzt die Befehlsfolge gespeicherten Fehlercode löschen (ErrorReset), Hand öffnen, zum Anrückpunkt des Greifpunktes fahren, zum Greifpunkt fahren, greifen, zum Anrückpunkt des Ziels fahren, zum Ziel fahren, Objekt absetzen. Falls dabei irgendwo ein Fehler auftritt, wird als Ergebnis NOTOK zurückgemeldet. Bis zu einem ErrorReset werden dann keine Befehle mehr ausgeführt, sondern diese nur noch mit NOTOK quittiert.
- Das Ergebnis des letzten Roboteraufrufs wird als Faktum der Faktenklasse BewegeResultat eingetragen.
- Zum Schluß wird noch das benutzte Auftragsfaktum im WENN-Teil der Regel wird gelöscht.

Erklärung Regeln 2 und 3

Die beiden folgenden Regeln werten das Ergebnis der Aufgabe „Bewege Objekt“ aus. Das Faktum „BewegeResultat“ mit dem Ergebnis wird in der Regel 1 erzeugt. Stellvertretend für eine komplexere Reaktion bei wirklichen Anwendungen wird hier nur eine Mitteilung ausgedruckt. Das Faktum „BewegeResultat“ wird anschließend gelöscht.

Regel 2

```
Regel 2:
WENN
  (BewegeResultat object:?o ziel:?zp resultat:OK);
DANN
  printf("Objekt %s erfolgreich nach %s bewegt\n", ?o, ?zp);
  deletefact (1);
ENDE
```

Regel 3

```
Regel 3:
WENN
  (BewegeResultat object:?o ziel:?zp resultat:NOTOK);
DANN
  printf("Objekt %s nicht nach %s bewegt\n", ?o, ?zp);
  deletefact (1);
ENDE
```

Diese Lösung mit der einstufigen Aufgabentransformation zeigt deutlich folgende Probleme: Probleme

- Das Regelsystem ist während der gesamten Planung und Ausführung des Auftrags, was beides sehr lange Zeit dauern kann, im Wartezustand und blockiert andere Abläufe. Die Parallelausführung von Planungsschritten oder gar die Verschränkung der Planung mit der Ausführung sind nicht möglich.
- Voraussetzungen zur Bewegung des Objekts werden weder geprüft noch geschaffen. Letzteres ist beispielsweise notwendig, wenn auf dem Ziel noch andere Objekte stehen, die erst abgeräumt werden müssen. Damit wird die zu wählende Aktionsfolge von der aktuellen Situation abhängig und ist nicht so starr wie in Regel 1.
- Eine Fehlerbehandlung während der Abarbeitung der Aktionen ist mit dieser einen Regel nicht möglich. Eine Fehlerbehandlung müßte ja bei Bedarf nach jedem Schritt eingeschoben werden können und dabei auch die Ausführung der restlichen Aktionen unterbinden.
- Eine reaktive Planung ist mit nur einer Regel nicht möglich. Das könnte nötig werden, wenn Sensoren während der Bewegung neue Hindernisse erfassen und der Roboter seine Bahn verändern müßte.
- Es ist unübersichtlich, die Sequenz von Befehlen gemäß Regel 1 an den Roboter zu geben. Es wäre besser, die Sequenz als eine Greifaufgabe und eine Absetzaufgabe zu formulieren und erst in einer nächsten Planungsebene in Einzelschritte aufzulösen und an den Roboter zu geben.
- Die Aufgabe „bewege objekt: ?o zum ziel:?zp" ist selbst nur ein Schritt in einem größeren Aufgabentransformator, der beispielsweise eine ganze Montageaufgabe löst.

mehrstufiger Aufgaben-transformator

Die genannten Probleme können mit einem mehrstufigen Aufgabentransformator gelöst werden. Die Transformation von der Ebene der aufgabenorientierten Spezifikation zu der Ebene der roboterorientierten Programmierung geht hierbei in mehreren Schritten vor sich. Die Ebenen (auch: Stufen, Schichten) repräsentieren die unterschiedlichen Abstraktionsebenen der zu lösenden Aufgabe. Die Schichten oder die Aufgaben einer Schicht können als kooperierende Prozesse (Agenten) realisiert sein, die sich in verschiedenen Rechnern befinden. Dies sind dann mehrstufige, verteilte Aufgabentransformatoren.

mehrstufiger reaktiver Aufgaben-transformator

Nur in einfachsten Fällen kann der Aufgabentransformator die Roboterbefehle ohne Rückkopplung mit der Umwelt ausführen. Bereits einfache Fehler können schon den Einschub von Fehlerbehandlungen in die Abläufe und eine Neuplanung der Durchführung der restlichen Aufgabe notwendig machen. Man erhält so mehrstufige, verteilte und reaktive Aufgabentransformatoren auf der Basis kooperierender Prozesse (Agenten), die wir kurz mvr-Aufgabentransformatoren nennen wollen. In Abb. 10.1 wird beispielartig die Architektur eines mvr-Aufgabentransformators dargestellt. Wie schon erwähnt, sind Regelsysteme für die Implementierung gut geeignet.

Vorteile

Neben den bereits genannten Vorteilen bieten mvr-Aufgabentransformatoren aber weitere:

Parallelarbeit

- Die Agenten arbeiten parallel und können auf verschiedene Rechner verteilt werden. Dies ist interessant bei Aufgaben mit hohem Rechenzeitbedarf. Agenten senden sich dabei asynchron Auftrags- und Ergebnisfakten zu. Als Mechanismen zur Kommunikation und Synchronisation aller beteiligten Regelmoduln können eigene Nachrichtenmanager verwendet werden [BOCI90a], aber auch die aktiven Dämonen einer Wissensbasis [SCHW91]. Dies wurde im vorherigen Kapitel bereits ausgeführt.

Beherrschung der Komplexität

- Der Programmierer eines Agenten kann sich auf einen Ausschnitt des Gesamtproblems (divide et impera) konzentrieren. Eine bestimmte Ebene des Aufgabentransformators entspricht ja einer bestimmten Abstraktionsstufe des zu lösenden Problems. Der Agent löst ein Teilproblem mit wohldefinierten Schnittstellen zur Umgebung. Man muß sich daher nur mit den für diese Ebene (diesen Agenten) aktuellen Objekten, Attributen und Aktionen beschäftigen.

Methodenbaukasten

- Agenten müssen notwendigerweise wohldefinierte Schnittstellen nach außen besitzen, ähnlich wie Prozeduren. Die einzelnen Agenten sind daher vielseitig wiederverwendbar und können in eine Methodendatenbank aufgenommen werden. Beispiele dafür sind das Bildverarbeitungssystem (Kamera) oder die Bahnplanung. Agenten können wahlweise als Bestandteil des Aufgabentransformators oder als unabhängige Dienstleistungsprozesse gesehen werden.

Verbesserung der Autonomie

- Agenten können je nach Intelligenz eigenständig oder in Kooperation mit anderen Agenten Aufgaben lösen. Auftraggeber spezifizieren nur noch das WAS. WIE und WER organisiert der Agent. Der Agent besitzt also lokale Entscheidungskompetenz und bekommt damit Autonomieeigenschaften.

10. Beispiele aufgabenorientierter Programmierung

In Kapitel 9 wurden die Basiskonzepte für die aufgabenorientierte Programmierung beschrieben. In diesem Kapitel werden nun Anwendungsbeispiele zur Programmierung von mehrstufigen, verteilten, reaktiven Aufgabentransformatoren (mvr-Aufgabentransformatoren) vorgestellt. Das erste Beispiel zeigt die grundsätzliche Architektur eines mvr-Aufgabentransformators und die Aufteilung der Aufgaben auf seine Komponenten. Das zweite Beispiel gibt ein Programm für den obersten Regelmodul zur Lösung der Aufgabe „bewege Objekt an Zielpunkt“. Anhand dieses Ausschnittes wird insbesondere die Kommunikation zwischen Agenten gezeigt. Das dritte Beispiel, ein dreistufiger nichtreaktiver Aufgabentransformator aus der Klötzchenwelt, soll das Konzept der Abstraktionsebenen vertiefen.

10.1 Architektur eines mvr-Aufgabentransformators

Komponenten im Beispiel

In Abb. 10.1 wird beispielartig die Architektur eines mehrstufigen, verteilten, reaktiven Aufgabentransformators (mvr-Aufgabentransformator) dargestellt. Als zentrale Komponente ist eine aktive Wissensbasis zur Kommunikation der Agenten untereinander und mit der Umgebung vorgesehen. Das Werkstattleitsystem gibt einen Auftrag an den Aufgabentransformator, beispielsweise „baue Cranfield-Pendel“, indem es eine entsprechende Instanz der Klasse Fertigungsauftrag in die Wissensbasis einträgt. Der Montageplaner MPL ist als Interessent eingetragen und erhält eine Nachricht, daß ein Fertigungsauftrag vorliegt. Er zerlegt den Auftrag in einzelne Montageschritte, u.a. tritt auch auf „bewege Teil T an Position P“. Dieser Teilauftrag wird ebenfalls in der Wissensbasis eingetragen. Der Regelmodul RM1 behandelt diesen Auftrag und zerlegt ihn in weitere Unteraufträge. Diese werden durch die anderen Regelmoduln RM2 und dann RM3 weiter in einfachere Aufträge zerlegt. Jeder Agent führt seine Aufgabe schrittweise

Werkstattleitsystem

Montageplaner

Regelmoduln Agenten

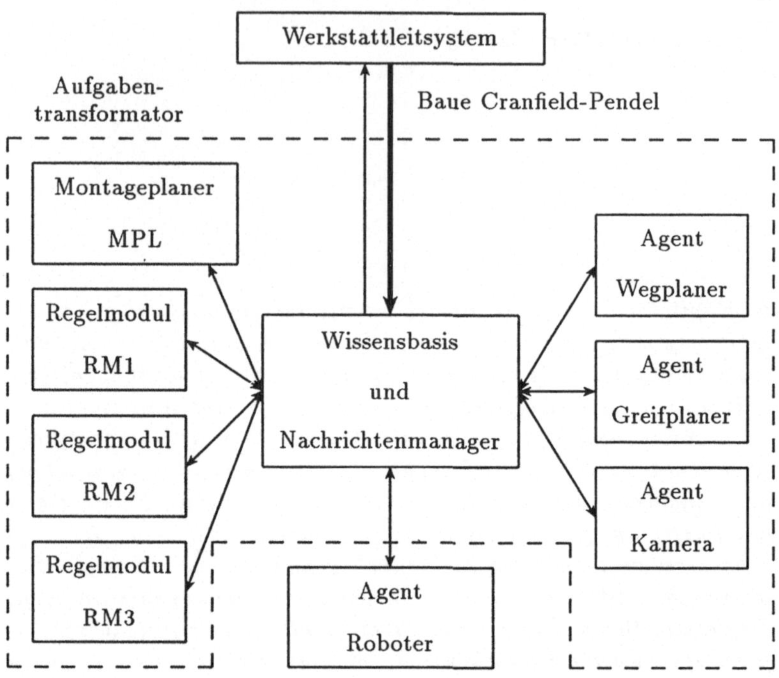

Abb. 10.1. Architektur eines mvr-Aufgabentransformators

durch und erhält von den beauftragten Agenten Rückmeldungen, die sein weiteres Vorgehen beeinflussen. Die Agenten des Beispiels führen grob folgende Aktionen durch:

Agent RM1

- Der Agent RM1 gibt an den Agent Kamera den Auftrag, das Teil T zu lokalisieren. Nach der Lokalisierung erhält der Agent RM2 den Auftrag, das Teil T mit der Lage L zur Position P zu transportieren. Aufgrund von Rückmeldungen der auftragnehmenden Agenten muß gegebenenfalls eine andere Lösung der Aufgabe gesucht werden.

Agent RM2

- Der Agent RM2 sorgt dann für eine Feinplanung der Wege und des Greifvorgangs. Hierbei erhält der Agent Greifplaner den Auftrag, für das lokalisierte Teil einen geeigneten Greifpunkt G zu bestimmen. Es wird ein Roboter ausgewählt, der den Auftrag ausführen kann, d.h. in dessen Arbeitsbereich die Bewegung des Objekts erfolgt. Der Agent Wegplaner erhält dann den Auftrag, einen Weg von der aktuellen Roboterstellung zu G und dann zu

P zu planen. Der Name des ausgewählten Roboters, die gefundenen Wege und die notwendigen Greifaktionen werden dann an den Agenten RM3 geschickt.

- Der Agent RM3 erzeugt aus den eingehenden Aufträgen einzelne roboterorientierte Befehle und gibt diese schrittweise an den Agent Roboter. Er ergänzt die zur Durchführung notwendigen roboterspezifischen Parameter, wie Konfigurationsparameter, Geschwindigkeiten oder Anrückpunkte. Gleichzeitig beauftragt er den Agent Kamera, die Ausführung zu überwachen. Aufgrund der Rückmeldungen der beiden Agenten bei jedem Schritt werden der nächste Schritt und die zugehörigen Parameter bestimmt. Schritte sind beispielsweise ein Segment der Bahn abfahren oder Greifer öffnen oder Teil greifen. Agent RM3

10.2 Regeln des Moduls RM1

Als Beispiel werden die Regeln des Moduls RM1 dargestellt. Dabei liegt der Schwerpunkt nicht auf einem komplexen Planungsvorgang, sondern auf der Kommunikation zwischen Agenten über eine aktive Wissensbasis. Der relevante Ausschnitt der Wissensbasis ist in Abb. 10.2 dargestellt und wird nachfolgend beschrieben. Kommunikation über Wissensbasis

In der Wissensbasis gibt es die Klasse Auftrag, die für unser Beispiel nicht in weitere Unterklassen aufgeteilt sei. Die Instanzen der Klasse Auftrag stellen die einzelnen Aufträge im System dar. Jede Instanz wird durch einen eindeutigen Instanznamen bezeichnet. Für das Beispiel sind folgende Attribute relevant: Klasse Auftrag

- art: Art des Auftrags, beispielsweise „bewege“ oder „lokalisiere“ oder „move“.
- pi: Der i-te Parameter des Auftrags. Für die obigen Auftragsarten gilt:

	bewege	move	lokalisiere
p1	Objektname	Objektname	Objektname
p2	Zielposition	Objektposition	
p3		Zielposition	

- qu: Die Endemeldung (Quittung) für den Auftrag, hier: fehlerfrei beendet (OK), fehlerhaft beendet(NOTOK).
- erg: Ergebnisparameter für Rückmeldungen des Auftragnehmers. Bei der Lokalisierung durch eine Kamera wird hier die Lage des lokalisierten Objekts eingetragen.

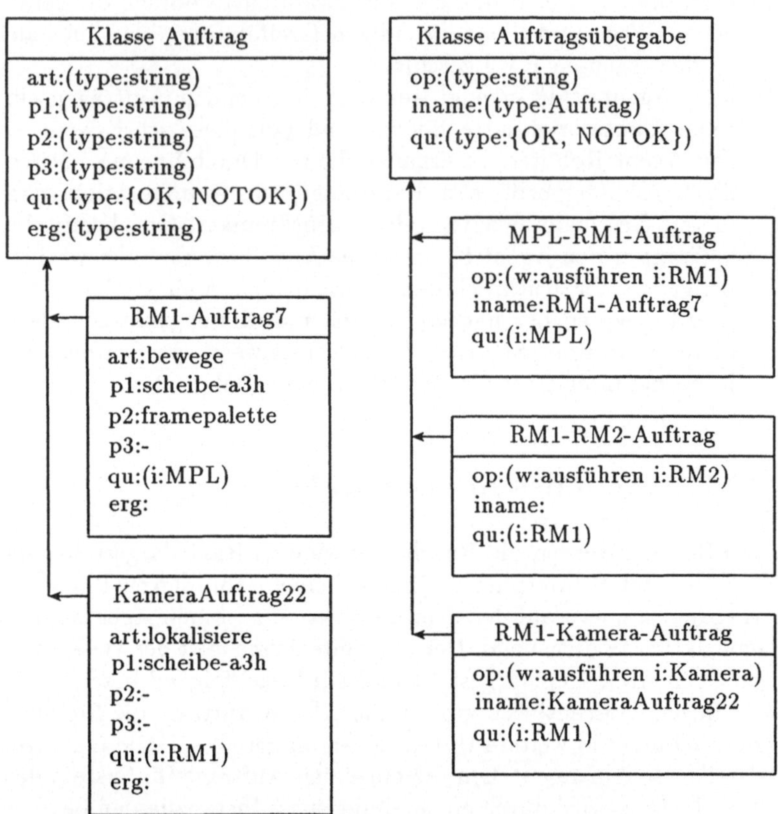

Bei den Attributen sind in Klammern Facetten angegeben
Facette w enthält den Wert für das Attribut
Facette type spezifiziert die zulässigen Datentypen für das Attribut
Facette i bedeutet den Interessenten für das Attribut
Bei einigen Facetten sind keine Werte angegeben.
Ausschnitt gilt bei einem bestimmten Zeitpunkt des Ablaufs

Abb. 10.2. Struktur der Wissensbasis für das Beispiel

Klasse Auftragsübergabe

Als weitere Klasse gibt es die Klasse Auftragsübergabe (in den Regeln kurz AuftrÜ). Sie dient der Übergabe von Aufträgen an Agenten. Wir nehmen zur Vereinfachung in diesem Beispiel an, daß die Aufträge gezielt an einen Agenten vergeben werden. In Wirklichkeit wäre es in vielen Fällen vorteilhaft, von mehreren Agenten auszugehen, die sich um Aufträge bewerben können. Instanzen der Klasse Auftragsübergabe enthalten als Attribute:

- op: Operation, die ausgeführt werden soll, beispielsweise „ausführen" eines Auftrags, „abbrechen", „halt" oder „weiter".
- iname: Falls ein Auftrag auszuführen ist, der Name der Instanz der Klasse Auftrag, die den zu bearbeitenden Auftrag enthält.
- qu: Quittung (OK) des Auftragnehmers, wenn der Auftrag übernommen ist.

Instanzen

Für jedes Auftraggeber-Auftragnehmer-Paar gibt es unter unseren vereinfachenden Annahmen je eine Instanz. In unserem Beispiel sind das die Instanzen MPL-RM1-Auftrag, RM1-RM2-Auftrag, RM1-Kamera-Auftrag.

Petri-Netz für RM1 generell

Den groben Ablauf im Regelmodul RM1 zeigt das Petri-Netz in Abb. 10.3. Dieser Ablauf wird später noch genauer durch Regeln beschrieben. Im Petri-Netz sind die Stellen durch Kreise und die Transitionen durch Rechtecke beschrieben. Die Stellen können Marken, dargestellt durch gefüllte Kreise, enthalten. Das Petri-Netz für RM1 ist zunächst nur an der Stelle Urstart markiert. Sind alle Stellen, die zu einer Transition führen markiert, dann wird diese Transition durchgeführt. Hierbei wird je eine Marke allen unmittelbar vorangehenden Stellen entnommen. Bei allen unmittelbar nachfolgenden Stellen wird eine Marke zugefügt. Den Stellen sind Zustände des RM1 zugeordnet. Der Zustand liegt vor, falls die entsprechende Stelle markiert ist. Da der Regelmodul RM1 mit anderen Agenten kommuniziert, können zu diesen Marken übertragen werden oder es können Marken von diesen kommen. Solche Außenbeziehungen sind mit einem Pfeil gekennzeichnet, der auch die Richtung des Markenflusses andeutet. Transitionen werden durch die Angabe der Regel gekennzeichnet, die den Übergang ausführt und die notwendigen Aktionen anstößt.

Petri-Netz für RM1 Ablauf

Da im Petri-Netz für RM1 der Urstart markiert ist, erfolgt mit Regel RM1.1 die Ausführung der Initialisierung. Kommt jetzt eine Auftragsübergabe von MPL, hier also eine Marke, dann wird Regel RM1.2 ausgeführt und ein Bewegungsauftrag erzeugt. Gleichzeitig wird die Auftragsübergabe quittiert. Der übergebene Auftrag selbst wird natürlich erst am Ende der Auftragsausführung durch RM1 quittiert. Ist der RM1 im Zustand bereit, wird also im Moment an keinem Auftrag gearbeitet, und liegt ein Bewegungsauftrag vor, dann wird die Transition RM1.3 durchgeführt.

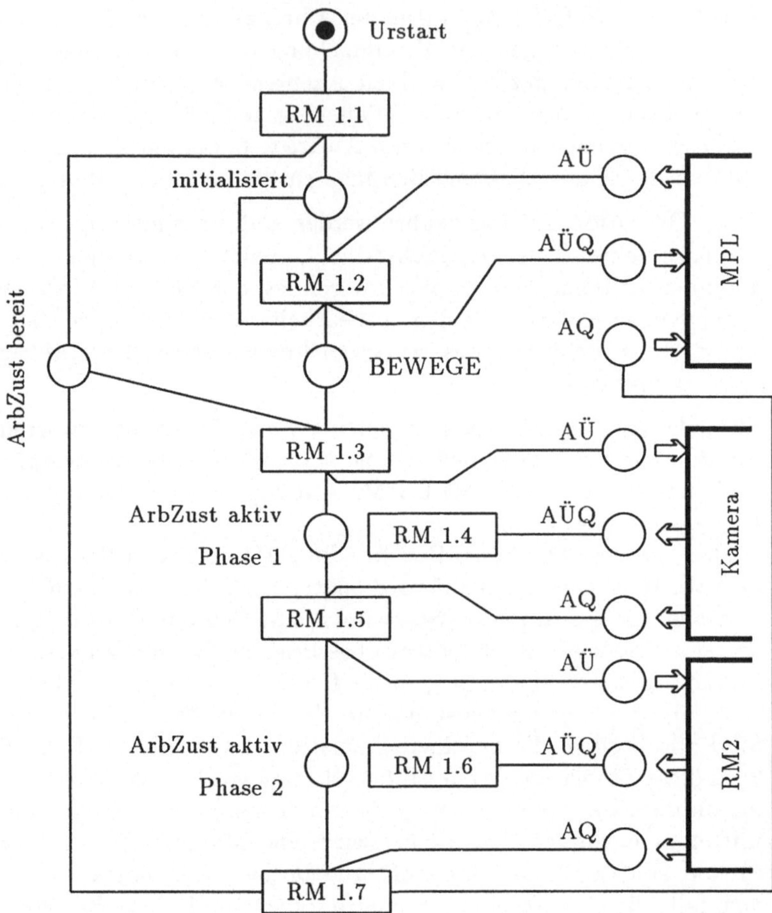

⇦ Marken von und zu anderen Agenten
AÜ Auftragsübergabe
AÜQ Auftragsübergabe Quittung
AQ Auftragsquittung

Abb. 10.3. Petri-Netz zum Ablauf in RM1

Es wird der Zustand aktiv in Phase 1 eingestellt und ein Auftrag zur Lokalisierung des Objekts an den Kamera-Agenten übergeben. Die Quittung der Auftragsübergabe, die vom Kamera-Agenten kommt, wird durch die Transition RM1.4 aufgenommen und ignoriert, da fehlerfreies Arbeiten vorausgesetzt ist. Sobald der Auftrag vom Kamera-Agenten durchgeführt ist, d.h. die entsprechende Quittung kommt, kann Regel RM1.5 ausgeführt werden. Der neue Zustand des Regelmoduls RM1 wird aktiv in Phase 2. Es wird der Regelmodul RM2 beauftragt, den Bewegungsauftrag durchzuführen, wobei jetzt die Lage des Objekts bekannt ist. Die Beauftragung erfolgt analog zur Beauftragung des Kamera-Agenten. Hat der Regelmodul RM2 den Auftrag ausgeführt, dann wird Transition RM1.7 ausgeführt. Der Regelmodul RM1 hat seinen Auftrag ausgeführt und schickt eine Quittung an MPL. Der neue Arbeitszustand ist bereit (für einen neuen Auftrag).

Die Abwicklung der Aufträge zwischen MPL und RM1 erfolgt analog wie zwischen RM1 und dem Kamera-Agenten bzw. RM2.

Regeln im Regelmodul RM1

Die Klassen und die Instanzen für die Auftragsübergabe seien beim Start des Regelmoduls RM1 bereits eingerichtet. Mit den obengenannten Voraussetzungen ergeben sich dann folgende Regeln für RM1:

Regel RM1.1

```
Regel RM1.1:
WENN
  NOT (INITIALIZED)
DANN
  wbinteressent (AuftrÜ, MPL-RM1-Auftrag, op);
  wbinteressent (AuftrÜ, RM1-RM2-Auftrag, qu);
  wbinteressent (AuftrÜ, RM1-Kamera-Auftrag, qu);
  makefact (INITIALIZED);
  makefact (ArbZust status:bereit phase:- AuftragsNr:1 inst:-);
  makefact (AUFTRAG AuftragsNr:1);
ENDE
```

Erklärung zur Regel RM1.1

Erklärung zur Regel RM1.1: Die Regel wird nach Start des Regelmoduls genau einmal zur Initialisierung ausgeführt. Zur Initialisierung trägt sich RM1 als Interessent für die gewünschte Operation bei seinem Auftraggeber MPL und für Quittungen bei seinen Auftragnehmern RM2 und Kamera ein. Der Arbeitszustand des Regelmoduls RM1 wird im Faktum ArbZust vermerkt. Der Zustand ist bereit für den nächsten Auftrag. Die Auftragsnummer AuftragsNr zur Reihung der Aufträge wird mit eins initialisiert. Der nächste zu bearbeitende Auftrag hat also die Sequenznummer 1. Die Phase der Auftragsbearbeitung und die Instanz, die den zu bearbeitenden Auftrag enthält, sind noch ohne Bedeutung. Im Faktum AUFTRAG wird die Sequenznummer für den nächsten eintreffenden Auftrag gespeichert. Damit können die asynchron von MPL eintreffenden Aufträge fortlaufend numeriert werden.

Regel RM1.2

```
Regel RM1.2:
WENN
  (INITIALIZED)
  (WbEl class:AuftrÜ instance:MPL-RM1-Auftrag
        na:op wert:ausführen)
  (AUFTRAG AuftragsNr:?anr)
DANN
  ?AInst=wbread (AuftrÜ, MPL-RM1-Auftrag, iname);
  ?obj=wbread (Auftrag, ?AInst, p1);
  ?zielp=wbread (Auftrag, ?AInst, p2);
  makefact (BEWEGE obj:?obj zp:?zielp AuftragsNr:?anr
            inst:?AInst);
  makefact (AUFTRAG AuftragsNr:!(?anr+1));
  wbwrite (AuftrÜ, MPL-RM1-Auftrag, qu:OK);
  deletefact (2,3)
ENDE
```

Erklärung zur Regel RM1.2

Erklärung zur Regel RM1.2: Diese Regel zündet immer dann, wenn von MPL ein Auftrag gegeben wird. Dieser Auftrag wird asynchron übernommen, allerdings erst nach der Initialisierung. Aus der Wissensbasis werden die Parameter des Auftrags abgeholt, hier iname, p1 und p2. Dann wird ein Faktum BEWEGE mit den Parametern in die Wissensbasis eingetragen. Dieses Faktum bedeutet die Übernahme eines neuen Auftrags in die lokale Faktenbasis. Die eintreffenden Aufträge werden mit Hilfe des Faktums AUFTRAG fortlaufend numeriert, da unterstellt wird, daß die Aufträge sequentiell abgearbeitet werden müssen. Die Instanz, in der sich die Beschreibung des Auftrags befindet, wird ebenfalls im Faktum BEWEGE gespeichert. Durch die Besetzung der Quittung qu mit ok in der Instanz MPL-RM1-Auftrag wird der Auftrag als übernommen gekennzeichnet, so daß der Auftraggeber den nächsten Auftrag bereitstellen kann.

weitere Regeln

Weitere Regeln für die Fälle, daß das Attribut wert im Faktum WbEl „abbrechen“, „halt“ oder „weiter“ ist, werden hier nicht dargestellt. Sie verändern das Faktum ArbZust und müssen ggf. sofort an die Auftragnehmer weitergegeben werden. Auch weitere Fehlerfälle beim Aufruf von Diensten der Wissensbasis werden nicht dargestellt.

Regel RM1.3

```
Regel RM1.3:
WENN
  (ArbZust status:bereit phase:- AuftragsNr:?anr inst:-)
  (BEWEGE obj:?obj zp:?zielp AuftragsNr:?anr inst:?AInst)
DANN
  ?inst=call (konkat, KameraAuftrag, ?anr);
  wbcreateinstance (Auftrag, ?inst, art:lokalisiere, p1:?obj);
  wbinteressent (Auftrag, ?inst, qu);
  wbwrite (AuftrÜ, RM1-Kamera-Auftrag, op:ausführen,
           iname:?inst);
  makefact (ArbZust status:aktiv phase:1 AuftragsNr:?anr
            inst:?inst);
  deletefact (1);
ENDE
```

Erklärung zur Regel RM1.3

Erklärung zur Regel RM1.3: Es wird der nächste Auftrag gemäß der Sequenznummer begonnen. Als erster Schritt in der Auftragsbearbeitung wird ein Unterauftrag an den Kamera-Agenten gegeben, das Objekt zu lokalisieren. Hierzu wird durch Stringkonkatenation ein eindeutiger Name einer Instanz erzeugt, die den Auftrag an den Kamera-Agenten enthält. Anschließend wird die Instanz, beispielsweise „Kamera-Auftrag1", erzeugt. In dem Faktum ArbZust wird der interne Zustand festgehalten. Der Regelmodul arbeitet an einem Auftrag, ist also aktiv. Er ist in der Auftragsbearbeitungsphase 1. Dies soll bedeuten, daß er den Auftrag zur Lokalisierung gegeben hat. In dem Attribut inst wird der Name der Instanz eingetragen, die den Unterauftrag an die Kamera beschreibt. (Der Auftrag, der vom Regelmodul RM1 gerade ausgeführt wird, steht im Attribut inst des Faktums BEWEGE).

Regel RM1.4

```
Regel RM1.4:
WENN
  (WbEl class:AuftrÜ instance:RM1-Kamera-Auftrag
        na:qu wert:?x)
DANN
  deletefact (1);
ENDE
```

Erklärung zur Regel RM1.4

Erklärung zur Regel RM1.4: Mit dieser Regel wird eine Quittung vom Kamera-Agenten behandelt. Dieser teilt hier mit, daß er einen Kamera-Auftrag übernommen hat. Da der Regelmodul RM1 einfach arbeitet und immer nur einen Auftrag an die Kamera gibt, wartet er ohnehin bis zur Endemeldung (Regel RM1.5). Falls Aufträge, wie anhalten oder abbrechen, an den Kamera-Agenten gegeben werden müßten, dann könnten diese erst übergeben werden, wenn das Element zur Auftragsübergabe frei ist. Es wird unterstellt, daß die Übergabe erfolgreich war, sonst müßten Fehlerbehandlungen vorgesehen werden.

Regel RM1.5

```
Regel RM1.5:
WENN
  (ArbZust status:aktiv phase:1 AuftragsNr:?anr inst:?inst)
  (WbEl class:Auftrag instance:?inst na:qu wert:OK)
  (BEWEGE obj:?obj zp:?zielp AuftragsNr:?anr inst:?AInst)
DANN
  ?objp=wbread (Auftrag, ?inst, erg);
  wbdeleteinstance (Auftrag, ?inst);
  ?inst2=call (konkat, RM2-Auftrag,?anr);
  wbcreateinstance (Auftrag, ?inst2, art:move,
                    p1:?obj, p2:?objp, p3:?zielp);
  wbinteressent (Auftrag, ?inst2, qu);
  wbwrite (AuftrÜ, RM1-RM2-Auftrag, op:ausführen,
           iname:?inst2);
  makefact (ArbZust status:aktiv phase:2 AuftragsNr:?anr
            inst:?inst2);
  deletefact (1,2);
ENDE
```

Erklärung zur Regel RM1.5

Erklärung zur Regel RM1.5: Hier wird ebenfalls eine Quittung des Kamera-Agenten behandelt. Dieser teilt hier mit, daß der Auftrag ein Objekt zu lokalisieren, erfolgreich und fehlerfrei durchgeführt wurde. Wenn die fehlerfreie Endemeldung des Kamera-Agenten eintrifft, wird der Regelmodul RM2 beauftragt, die Bewegung durchzuführen. Die einzelnen Schritte auf der DANN-Seite sind: Es wird aus der Wissensbasis das Ergebnis des Auftrags an den Kamera-Agenten im Attribut erg ausgelesen. Dieses enthält die Lage und Orientierung des lokalisierten Objekts. Dann wird die Instanz mit dem beendeten Unterauftrag an den Kamera-Agenten gelöscht. Es wird eine neue Instanz der Klasse Auftrag erzeugt. Diese enthält die Beschreibung des Unterauftrags an den Regelmodul RM2. In der Auftragsbeschreibung werden Attribute mit dem Objektnamen sowie der Objekt- und Zielposition übergeben. Der Objektname erlaubt dem Regelmodul RM2, sich weitere Informationen aus der Wissensbasis zu holen, wie die Greifpunkte oder die geometrischen Beschreibungen. RM1 trägt sich als Interessent für die Rückmeldung des Regelmoduls RM2 in qu ein. Dann wird der Auftrag an RM2 übergeben. Hierzu werden die bereits früher beschriebenen Parameter in der Instanz RM1-RM2-Auftrag der Klasse AuftrÜ geeignet besetzt. Der Arbeitszustand geht in Phase 2 der Auftragsbearbeitung über. Wiederum werden später die Regeln zur Behandlung der Endemeldung mit Fehler nicht betrachtet. Nicht betrachtet wird auch der Fall, daß das zu greifende Objekt von anderen Objekten verdeckt ist, die zuerst abgeräumt werden müssen. In diesem Fall entstünden aus einem Auftrag an RM1 mehrere Aufträge an den Kamera-Agenten und an den Regelmodul RM2.

Regel RM1.6

```
Regel RM1.6:
WENN
  (WbEl class:AuftrÜ instance:RM1-RM2-Auftrag na:qu wert:?x)
DANN
  deletefact (1);
ENDE
```

Erklärung zur Regel RM1.6

Erklärung zur Regel RM1.6: Mit dieser Regel wird eine Quittung vom Regelmodul RM2 behandelt. Dieser teilt hier mit, daß er einen Auftrag übernommen hat. Im übrigen gelten die Ausführungen bei Regel RM1.4.

Regel RM1.7

```
Regel RM1.7:
WENN
  (ArbZust status:aktiv phase:2 AuftragsNr:?anr inst:?inst)
  (WbEl class:Auftrag instance:?inst na:qu wert:OK)
  (BEWEGE obj:?obj zp:?zielp AuftragsNr:?anr inst:?AInst)
DANN
  wbdeleteinstance (Auftrag, ?inst);
  wbwrite (Auftrag, ?AInst, qu:OK);
  makefact (ArbZust status:bereit phase:- AuftragsNr:!(?anr+1)
            inst:-);
  deletefact (1,2,3);
ENDE
```

Erklärung zur Regel RM1.7

Erklärung zur Regel RM1.7: Hier wird die Quittung von Regelmodul RM2, daß der Auftrag „move“ fehlerfrei ausgeführt wurde, behandelt. Die Instanz, die den Auftrag an RM2 beschrieb, wird gelöscht. In unserem einfachen Beispiel ist damit der Auftrag BEWEGE beendet. Darüber wird der Auftraggeber MPL durch das Attribut qu der Auftragsinstanz, die im Faktum BEWEGE vermerkt wurde, informiert. Der Regelmodul RM1 kann aufgrund des neuen Faktums ArbZust den nächsten Auftrag behandeln. Der nächste Auftrag kann bereits vorliegen, da über Regel RM1.2 zwischenzeitlich weitere Aufträge akzeptiert werden konnten. Durch die Inkrementierung der Auftragsnummer werden die Aufträge richtig sequentialisiert.

Regelskelett

Das Beispiel zeigt weiter, daß die Kommunikation mit den anderen Agenten ziemlich stereotyp ist. Zur Erleichterung der Programmierung von Anwendungen bietet es sich daher an, ein parametrisierbares Regelskelett zur Beauftragung anderer Agenten und zur Übernahme der Ergebnisse bereitzustellen. Wie ein solches Regelskelett aussehen könnte, kann man aus dem ausgeführten Beispiel direkt erschließen.

standardisierte Fehlerbehandlungen

Die im Beispiel gezeigte Vorgehensweise zur Übernahme von Aufträgen kann auch für die Reaktion auf ankommende Fehlermeldungen verwendet werden. Ähnlich wie Aufträge treffen auch die Fehlermeldungen asynchron ein. Sie enthalten aber üblicherweise nur die Fehlerursache und den Namen des meldenden Agenten. Deshalb müssen bei der Beauftragung von Komponenten weitere Fakten zur eventuellen Fehlerbehandlung erzeugt werden, aus denen später die genaue Situation erschlossen werden kann.

10.3 Ein dreistufiger, nichtreaktiver Aufgabentransformator

Komponenten und Aufgaben

Das Konzept der Abstraktionsebenen bei Aufgabentransformatoren soll an einem einfachen Beispiel aus der Klötzchenwelt vertieft werden. Hierzu wird ein Ausschnitt eines dreistufigen, nichtreaktiven Aufgabentransformators dargestellt. In diesem Beispiel arbeitet ein Roboter an einem Tisch, auf dem Klötze stehen, entweder auf einem Tischplatz oder auf einem anderen Klotz. Der Roboter kann Klötze greifen und an eine andere Stelle, den Zielplatz, transportieren. Der Aufgabentransformator erledigt also Aufträge der Form „(SetzeAuf nkl:a nziel:b)“. Das Attribut nkl des Faktums gibt den Namen eines Klotzes an, der auf einen Zielplatz gestellt werden soll. Der Name des Zielplatzes ist im Attribut nziel enthalten. Das Ziel kann ein anderer Klotz oder ein Tischplatz sein.

Ebenen

Der Aufgabentransformator besteht aus drei Ebenen:

- Symbolische Ebene (Ebene 1),
- geometrische Ebene (Ebene 2),
- roboterorientierte Ebene (Ebene 3).

Die drei Ebenen sind regelbasiert realisiert. Jede Ebene hat einen eigenen Regelinterpreter und eine eigene Faktenbasis, ist also ein Agent. Agenten können in verschiedenen Rechnern ablaufen. Die Kommunikation und Auftragsübergabe ist gegenüber dem vorangehenden Beispiel stark vereinfacht und erfolgt über den Austausch von Fakten. Da der Aufgabentransformator nichtreaktiv ist, werden lediglich Aufträge in Faktenform von einer Ebene an die nächsttiefere geschickt. Aufträge werden nicht quittiert.

symbolische Ebene

Auf der symbolischen Ebene kennt der Aufgabentransformator die Namen der Klötze und der Tischplätze. Er plant auf dieser Ebene eine Folge von Transportbefehlen für die Klötze, die an die nächste Ebene, die geometrische Ebene, gegeben werden. Bei dieser Planung muß berücksichtigt werden, daß der Roboter natürlich einen Klotz nur dann transportieren kann, wenn kein anderer Klotz auf diesem steht und auch der Zielplatz frei ist. Wesentlicher Inhalt der Planungsstrategie ist also das Erkennen und das Abräumen der hinderlichen Klötze. Da uns jetzt die Planungsstrategien noch nicht interessieren, wird zur rigorosen Vereinfachung angenommen, daß es so viele Tischplätze wie Klötze gibt. Damit ergibt sich folgende Lösungsstrategie:

- Alle Klötze über a und b abbauen und auf freie Tischplätze stellen.
- Klotz a auf Zielplatz b setzen

geometrische Ebene

Auf der geometrischen Ebene treffen Transportaufträge der Form „(TranspKlotz nkl:k nziel:p anr2:n)“ von der symbolischen Ebene ein. Die Aufträge sind fortlaufend numeriert und werden sequentiell bearbeitet. Dann ist gewährleistet, daß der angegebene Klotz und der Zielplatz frei sind. Die geometrische Ebene kennt die Koordinatensysteme und den Ort der Kötze. Sie ersetzt also die symbolischen Namen durch Koordinaten. Außerdem löst sie einen Transportauftrag in vier höhere, roboterorientierte Befehle auf:

- (MoveRob xziel:x yziel:y zziel:z anr3:n)
- (ÖffneGreifer anr3:n)
- (GreifeKlotz weite:w anr3:n)
- (SetzeAb anr3:n)

Diese Befehle werden als Fakten an die roboterorientierte Ebene geschickt. Als Ziel wird nur die Position im Raum angegeben. Die Orientierung wird immer als z-Achse senkrecht zum Tisch und x- sowie y-Achse ausgerichtet mit den Tischkanten impliziert. Die Parameterversorgung wird noch weiter vereinfacht, indem als Klötze lediglich Würfel zugelassen werden. In diesem Fall ist ein Klotz durch seine Länge vollständig beschrieben. Die Aufträge für die roboterorientierte Ebene sind wieder fortlaufend numeriert.

roboterorientierte Ebene

Die roboterorientierte Ebene zerlegt die ankommenden Aufträge in eine Folge von Befehlen, die in einer Programmiersprache für Roboter verfügbar sind. Sie schickt diese Befehle einzeln an die Robotersteuerung zur Ausführung. Eigenschaften des konkreten Roboters, wie Konfiguration, Geschwindigkeit oder Anrück-

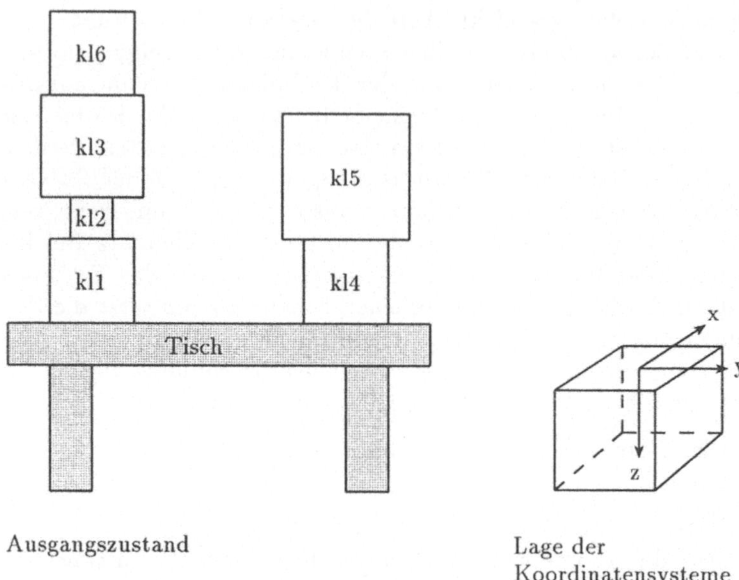

Abb. 10.4. Ausgangszustand der Klötze auf dem Tisch

und Abrückpunkte werden hier berücksichtigt. Zu den Aufgaben der Ebene drei gehören im Prinzip auch noch die Berechnung von Trajektorien und die Überwachung der Vorgänge durch Sensoren.

Bezeichnungen

Nachfolgend wird die Realisierung der einzelnen Ebenen detaillierter behandelt. Hierbei werden folgende Bezeichnungen verwendet:

nkl	Name Klotz
npl	Name Platz
nklpl	Name Klotz oder Platz
nziel	Name Klotz oder Platz, auf den Klotz zu stellen
xziel	x-Koordinate Zielpunkt
yziel	y-Koordinate Zielpunkt
zziel	z-Koordinate eines Zielpunktes
anr1	Auftragsnummer in Ebene 1
anr2	Auftragsnummer in Ebene 2
anr3	Auftragsnummer in Ebene 3

10.3.1 Symbolische Ebene

Fakten

Die Ausgangslage der Klötze zeigt Abb. 10.4. Hierzu gehören folgende Fakten bei Beginn des Auftrags:

- Namen der vorhanden Klötze:
  (KLOTZ nkl:kl1)
  (KLOTZ nkl:kl2)
  (KLOTZ nkl:kl3)
  (KLOTZ nkl:kl4)
  (KLOTZ nkl:kl5)
  (KLOTZ nkl:kl6)
- Namen der vorhandenen Tischplätze:
  (TISCHPLATZ npl:p1)
  (TISCHPLATZ npl:p2)
  (TISCHPLATZ npl:p3)
  (TISCHPLATZ npl:p4)
  (TISCHPLATZ npl:p5)
  (TISCHPLATZ npl:p6)
- Beschreibung der relativen Lage der Klötze:
  (AUF nkl:kl1 nklpl:p1)
  (AUF nkl:kl2 nklpl:kl1)
  (AUF nkl:kl3 nklpl:kl2)
  (AUF nkl:kl4 nklpl:p4)
  (AUF nkl:kl5 nklpl:kl4)
  (AUF nkl:kl6 nklpl:kl3)
- Sequenznummern der Aufträge:
  (AUFTRAG1 anr1:1)
  (AUFTRAG2 anr2:1)

Die Fakten AUFTRAG1 und AUFTRAG2 enthalten die Sequenznummer des nächsten Auftrags, der an Ebene 1 kommt bzw. an Ebene 2 geht. Wie auch bei den folgenden Ebenen wird hier auf eine Darstellung der Initialisierung der Faktenbasis durch Initialisierungsaufträge verzichtet. Auch das Problem der Konsistenz zwischen Faktenbasis und Umwelt wird ausgeklammert. Die Regeln der Ebene 1 sind:

Regel R1.1

```
Regel R1.1:
WENN
  (AUFTRAG1 anr1:?n1)
  (SetzeAuf nkl:?x nziel:?y anr1:?n1)
  (AUF nkl:?x nklpl:?y)
DANN
  makefact (AUFTRAG1 anr1:!(?n1 + 1))
  write('Klotz steht richtig');
  delete(1,2);
ENDE
```

Erläuterung zu Regel R1.1: Falls ein Auftrag eintrifft, einen Klotz x auf y zu stellen und x steht bereits auf y, dann ist der Auftrag bereits erledigt.

Regel R1.2

```
Regel R1.2:
WENN
  (AUFTRAG1 anr1:?n1)
  (SetzeAuf nkl:?x nziel:?y anr1:?n1)
  NOT(KLOTZ nkl:?x)
DANN
  makefact (AUFTRAG1 anr1:!(?n1 + 1))
  write('zu bewegendes Objekt ist kein Klotz');
  delete(1,2);
ENDE
```

Erläuterung zu Regel R1.2: Wenn ein Objekt transportiert werden soll, welches kein Klotz ist, liegt ein Fehler vor.

Regel R1.3

```
Regel R1.3:
WENN
  (AUFTRAG1 anr1:?n1)
  (SetzeAuf nkl:?x nziel:?y anr1:?n1)
  (testattribut ?x == ?y)
DANN
  makefact (AUFTRAG1 anr1:!(?n1 + 1))
  write('Objekt ist gleich Ziel');
  delete(1,2);
ENDE
```

Erläuterung zu Regel R1.3: Wenn ein Objekt auf sich selbst gestellt werden soll, liegt ein Fehler vor.

Regel R1.4

```
Regel R1.4:
WENN
  (AUFTRAG1 anr1:?n1)
  (SetzeAuf nkl:?x nziel:?y anr1:?n1)
  (KLOTZ nkl:?x)
  (testattribut ?x <> ?y)
  NOT(AUF nkl:?x nklpl:?y)
  (AUF nkl:?z nklpl:?y)
DANN
  makefact (RäumeAb nkl:?z);
ENDE
```

Erläuterung zu Regel R1.4: Wenn auf dem Ziel ein Klotz z steht, dann ist dieser abzuräumen. Abräumaufträge werden ebenfalls noch von der symbolischen Ebene behandelt.

Regel R1.5: Regel R1.5

```
WENN
  (AUFTRAG1 anr1:?n1)
  (SetzeAuf nkl:?x nziel:?y anr1:?n1)
  (KLOTZ nkl:?x)
  (testattribut ?x <> ?y)
  NOT(AUF nkl:?x nklpl:?y)
  (AUF nkl:?z nklpl:?x)
DANN
  makefact (RäumeAb nkl:?z);
ENDE
```

Erläuterung zu Regel R1.5: Wenn auf dem zu transportierende Klotz ein anderer Klotz steht, dann ist dieser abzuräumen.

Regel R1.6: Regel R1.6

```
WENN
  (AUFTRAG1 anr1:?n1)
  (SetzeAuf nkl:?x nziel:?y anr1:?n1)
  (KLOTZ nkl:?x)
  (testattribut ?x <> ?y)
  NOT(AUF nkl:?x nklpl:?y)
  NOT(AUF nkl:?z1 nklpl:?x)
  NOT(AUF nkl:?z2 nklpl:?y)
  (AUFTRAG2 anr2:?n2)
  (AUF nkl:?x nklpl:?z)
DANN
  sendfact (EBENE2 (TranspKlotz nkl:?x nziel:?y anr2:?n2));
  makefact (AUF nkl:?x nklpl:?y);
  makefact (AUFTRAG2 anr2:!(?n2 + 1));
  delete(4,5);
ENDE
```

Erläuterung zu Regel R1.6: Wenn weder auf dem zu transportierenden Klotz noch auf dem Ziel etwas steht, dann kann der Klotz transportiert werden. Hierzu wird ein Transportauftrag an die geometrische Ebene gegeben. Der neue Zustand nach dem Transport wird sofort eingestellt, da eine fehlerfreie Ausführung der Aufträge ohne Rückmeldung vorausgesetzt wurde.

Regel R1.7

```
Regel R1.7:
WENN
  (RäumeAb nkl:?x)
  (AUF nkl:?y nklpl:?x)
  NOT(RäumeAb nkl:?y)
DANN
  makefact (RäumeAb nkl:?y);
ENDE
```

Erläuterung zu Regel R1.7: Wenn ein Klotz x abzuräumen ist, auf dem ein anderer Klotz y steht und für diesen noch kein Abräumauftrag gegeben wurde, dann ist auch y abzuräumen.

Regel R1.8

```
Regel R1.8:
WENN
  (RäumeAb nkl:?x)
  NOT(AUF nkl:?y nklpl:?x)
  (AUF nkl:?x nklpl:?z)
  (TISCHPLATZ npl:?t)
  NOT(AUF nkl:?k nklpl:?t)
  (AUFTRAG2 anr2:?n2)
DANN
  sendfact (EBENE2 (TranspKlotz nkl:?x nziel:?t anr2:?n2));
  makefact (AUF nkl:?x nklpl:?t);
  makefact (AUFTRAG2 anr2:!(?n2 + 1));
  delete(1,2,4);
ENDE
```

Erläuterung zu Regel R1.8: Wenn ein Klotz x abzuräumen ist, auf dem kein anderer Klotz y steht und t ein freier Tischplatz ist, dann geht ein Transportauftrag, y auf t zu stellen, an die geometrische Ebene. Auch hier wird der neue Zustand nach dem transport sofort eingestellt.

10.3.2 Geometrische Ebene

Fakten

Die Ausgangslage wird durch nachfolgende Fakten repräsentiert. Die Initialisierung dieser Fakten wird nicht dargestellt.

- Länge der Klötze:
  (LÄNGE nkl:kl1 kante:10)
  (LÄNGE nkl:kl2 kante:7)
  (LÄNGE nkl:kl3 kante:12)
  (LÄNGE nkl:kl4 kante:10)
  (LÄNGE nkl:kl5 kante:15)
  (LÄNGE nkl:kl6 kante:10)

- Lage-Koordinaten der Tischplätze und Klötze
  (KOORD nklpl:p1 x:20 y:20 z:0)
  (KOORD nklpl:p2 x:40 y:20 z:0)
  (KOORD nklpl:p3 x:60 y:20 z:0)
  (KOORD nklpl:p4 x:20 y:40 z:0)
  (KOORD nklpl:p5 x:40 y:40 z:0)
  (KOORD nklpl:p6 x:60 y:40 z:0)
  (KOORD nklpl:kl1 x:20 y:20 z:10)
  ...
- Sequenznummern der Aufträge:
  (AUFTRAG2 anr2:1)
  (AUFTRAG3 anr3:1)

Die Fakten AUFTRAG2 und AUFTRAG3 entahlten die Sequenznummern der Aufträge, die als nächste an die Ebene 2 kommen bzw. an die Ebene 3 gehen. Bei den nachfolgenden Regeln der geometrischen Ebene wird ein korrektes Arbeiten der symbolischen Ebene vorausgesetzt, so daß Prüfungen auf Fehler entfallen. Dies sollte man bei realen Anwendungen allerdings nie tun. In unserem sehr einfachen Beispiel besteht die geometrische Ebene nur aus einer einzigen Regel.

Regel R2.1

```
Regel R2.1:
WENN
  (TranspKlotz nkl:?x nziel:?y anr2:?n2)
  (AUFTRAG2 anr2:?n2)
  (AUFTRAG3 anr2:?n3)
  (LÄNGE nkl:?x kante:?xw)
  (KOORD nklpl:?x x:?xx y:?yx z:?zx)
  (KOORD nklpl:?y x:?xy y:?yy z:?zy)
DANN
  sendfact (EBENE3 (ÖffneGreifer anr3:?n3));
  sendfact (EBENE3 (MoveRob xziel:?xx yziel: yx zziel:?zx
                    anr3:!(?n3 + 1)));
  sendfact (EBENE3 (GreifeKlotz Länge:?xw anr3:!(?n3 + 2)));
  sendfact (EBENE3 (MoveRob xziel:?xy yziel:yy
                    zziel:!(?zy - ?xw) anr3:!(?n3 + 3)));
  sendfact (EBENE3 (SetzeAb anr3:!(?n3 + 4)));
  makefact (KOORD nklpl:?x x:?xy y:?yy z:!(?zy - ?xw));
  makefact (AUFTRAG2 anr2:!(?n2 + 1));
  makefact (AUFTRAG3 anr3:!(?n3 + 5));
  delete(1,2,3,5);
ENDE
```

Erläuterung zu Regel R2.1: Es ist ein Klotz x auf den Platz y zu transportieren. Dazu werden folgende Befehle an den Roboter geschickt: Greifer öffnen, zum Klotz fahren, Klotz greifen, an das Ziel fahren und Klotz absetzen. Da der Ursprung der Koordinatensysteme, wie in Abb. 10.4 gezeigt, auf der Oberseite der Klötze und Plätze liegt, muß beim Absetzen entsprechend der Länge der Klötze in negativer z-Richtung versetzt werden. Die Aufträge an die Ebene 3 werden wieder fortlaufend numeriert. Auch hier wird fehlerfreies Arbeiten der Ebene 3 unterstellt und deshalb der neue Zustand nach dem Transport sofort eingestellt.

10.3.3 Roboterorientierte Ebene

Fakten

Die Ausgangslage wird durch folgende Fakten repräsentiert:

- Faktum zur Berechnung des An- und Abrückpunkts:
  (APPROACH dx:0 dy:0 dz:35)
- Fakten über den Roboterzustand:
  (GREIFER maxweite:50 zustand:leer)
  (GreifKraft greifk:10)
  (RobPos x:0 y:0 z:0)
- Sequenznummer der Aufträge:
  (AUFTRAG3 anr3:1)

Das Faktum GREIFER gibt die maximale Öffnungsweite des Greifers und seinen aktuellen Zustand an. Letzterer könnte für Fehlerprüfungen verwendet werden. Dies erfolgt hier im Beispiel aber nicht. Das Faktum GreifKraft gibt die Greifkraft für die Klötze an. Das Faktum RobPos gibt die aktuelle Position des Greifers an. Die Regeln der Ebene 3 sind:

Regel R3.1

```
Regel R3.1:
WENN
  (MoveRob xziel:?xz yziel:?yz zziel:?zz anr3:?n3)
  (AUFTRAG3 anr3:?n3)
  (APPROACH dx:?dx dy:?dy dz:?dz)
  (RobPos x:?rx y:?ry z:?rz)
DANN
  call (Robot, MoveS, !(?xz - ?dx), !(?yz - ?dy), !(?zz - dz),
        NOWAIT);
  makefact (AUFTRAG3 anr3:!(?n3 + 1));
  makefact (RobPos x:!(?xz - ?dx) y:!(?yz - ?dy) z:!(?zz - dz));
  delete(1,2,4);
ENDE
```

Erläuterung zu Regel R3.1: Bei einem Bewegungsauftrag wird der Roboter an den Anrückpunkt auf einer Geraden gefahren. Auf die Berechnung kollisionsfreier Bahnen und die Vorgabe der Konfigurationsparameter sowie der Geschwindigkeiten wurde zur Vereinfachung verzichtet. Die Parameter NOWAIT bzw. WAIT geben immer an, ob der Auftrag nur angestossen wird oder ob auf die vollständige Ausführung gewartet wird. Das Ziel wird in RobPos vermerkt.

Regel R3.2

```
Regel R3.2:
WENN
  (ÖffneGreifer anr3:?an2)
  (AUFTRAG3 anr3:?an2);
  (GREIFER maxweite:?wmax zustand:leer)
DANN
  call (Greifer, OpenWidth, ?wmax, NOWAIT);
  makefact (AUFTRAG3 anr3:!(?an2 + 1));
  delete(1,2);
ENDE
```

Erläuterung zu Regel R3.2: Mit dieser Regel wird das Öffnen des Greifers angestossen. Der Roboter und der Greifer können parallel ihre Aufträge ausführen. Beim Greifen und beim Absetzen muß dann aber synchronisiert werden.

Regel R3.3

```
Regel R3.3:
WENN
  (GreifeKlotz weite:?w anr3:?n3)
  (AUFTRAG3 anr3:?n3)
  (GREIFER maxweite:?wmax zustand:leer)
  (GreifKraft greifk:?k)
  (RobPos x:?rx y:?ry z:?rz)
  (APPROACH dx:?dx dy:?dy dz:?dz)
DANN
  call (Greifer, OpenWidth, ?wmax, WAIT);
  call (Robot, MoveS, !(?rx + ?dx), !(?ry + ?dy), !(?rz + ?dz),
        WAIT);
  call (Greifer, closeForce, ?k, WAIT);
  call (Robot, MoveS, ?rx, ?ry, ?rz, NOWAIT);
  makefact (AUFTRAG3 anr3:!(?n3 + 1));
  makefact (GREIFER maxweite:?wmax zustand:voll);
  delete(1,2,3);
ENDE
```

Erläuterung zu Regel R3.3: Erst wenn der Greifer offen ist, darf der Roboter vom Anrückpunkt zum Zielpunkt bewegt werden. Am Zielpunkt muß er wieder warten bis der Greifer das Objekt gegriffen hat. Anschließend wird wieder zum Anrückpunkt zurückgefahren.

Regel R3.4

```
Regel R3.4:
WENN
  (SetzeAb anr3:?an2)
  (AUFTRAG3 anr3:?an2)
  (GREIFER maxweite:?wmax zustand:voll)
  (RobPos x:?rx y:?ry z:?rz)
  (APPROACH dx:?dx dy:?dy dz:?dz)
DANN
  call (Robot, MoveS, !(?rx + ?dx), !(?ry + ?dy), !(?rz + ?dz),
        WAIT);
  call (Greifer, OpenWidth, ?wmax, WAIT);
  call (Robot, MoveS, ?rx, ?ry, ?rz, NOWAIT);
  makefact (AUFTRAG3 anr3:!(?an2 + 1));
  makefact (GREIFER maxweite:?wmax zustand:leer);
  delete(1,2,3);
ENDE
```

Erläuterung zu Regel R3.4: Der Roboter wird vom Anrückpunkt an das Ziel gefahren. Erst wenn er dort ist, wird der Greifer geöffnet. Nach dem Absetzen des Objekts wird wieder zum Anrückpunkt zurückgefahren.

11. Planen

Im letzten Kapitel über Aufgabentransformation kam bereits ab und zu das Wort Planen vor. Bei Bahn- oder Greifplanern handelt es sich z.B. um eine Suche nach kürzesten Wegen oder stabilsten Haltepunkten an einem Objekt. Diese Art Planen soll im vorliegenden Kapitel nicht näher besprochen werden. Vielmehr geht es darum, einen gegebenen Ausgangszustand der Roboterwelt durch eine Folge von Aktionen in einen gewünschten Zielzustand überzuführen. Die dazu nötige Aktionenfolge ist das Ergebnis des Planens. Das Kapitel beginnt mit der Abgrenzung der Planung. Danach werden die notwendigen Elemente zur Beschreibung von Planungsvorgängen vorgestellt sowie eine Klassifikation verschiedener Begriffe und Techniken vorgenommen. Die unterschiedlichen Suchverfahren bei der Planerstellung werden durch Beispiele aus der Klötzchenwelt veranschaulicht.

11.1 Elemente des Planens

Planen heißt, zu einer definierten Aufgabe deren Durchführung zu bestimmen. Als Ergebnis des Planens entsteht ein (Aktions-) Plan. Dieser enthält eine zeitlich geordnete Folge von Aktionen (Tätigkeiten, Operationen). Die Ausführung dieser Tätigkeiten, beispielsweise durch einen Roboter, löst die gestellte Aufgabe. Definition

Man kann im Rahmen der aufgabenorientierten Programmierung folgende Arten des Planens unterscheiden: Arten

- Aktionsplanung: WAS ist zu tun, also welche Aktionen sind aus einem Auftrag abzuleiten?
- Reihenfolgeplanung: In welcher zeitlichen Beziehung stehen die Aktionen?
- Ressourcenplanung: WER, also welche Agenten oder Geräte führen die Aktionen durch?
- Zeitplanung: WANN sind die Aktionen zu starten?
- Durchführungsplanung: WIE, also mit welcher Parametrisierung, ist eine Aktion konkret auszuführen?

Planen beim Aufgabentransformator

Beim einstufigen Aufgabentransformator in Abschnitt 9.6 kamen alle Arten des Planens bereits vor, allerdings in unterschiedlich komplizierten Ausprägungen:

Aktionsplanung

- Bei der Aktionsplanung für den Auftrag „bewege Objekt o nach zp" müßten, wenn das Objekt verdeckt ist, Aufträge zum Abräumen geplant werden. Diese Planung ist nicht fest, da eventuell weitere Abräumschritte für das verdeckende Objekt erforderlich werden. Eine solche Aktionsplanung ist jedoch im genannten Beispiel nicht ausgeführt.

Reihenfolgeplanung

- Die Reihenfolgeplanung der Aktionen (erst Objekt lokalisieren, dann Anrückpunkte planen, dann Greifen usw.) war vorgegeben. Es handelte sich daher im Beispiel um kein echtes Planen, sondern um fest codierte Transformationsschritte.

Ressourcenplanung

- Eine sehr einfache Ressourcenplanung hatte das Roboter-Management zu erledigen. Dieses mußte einen geeigneten Roboter für die Aufgabe auswählen.

Zeitplanung

- Eine Zeitplanung wurde im Beispiel nicht durchgeführt. Die Aufträge wurden nacheinander ausgeführt. Die Dauer der Ausführung oder die Auslastung der Ressourcen war ohne Bedeutung.

Durchführungsplanung

- Die Durchführungsplanung, beispielsweise die Bahn- und Greifplanung, wird von speziellen Agenten erledigt. Je nach Voraussetzungen und Gegebenheiten in der Umwelt können die Algorithmen hierzu sehr einfach oder auch sehr komplex sein.

Planen im engeren Sinn

Unter Planen im engeren Sinn wird oft die Aktionsplanung in Verbindung mit der Reihenfolgeplanung verstanden. Das Ergebnis ist eine partiell geordnete Menge von Aktionen. Die Ordnung der Aktionen beschreibt im Idealfall die maximal möglichen Parallelismen bei der Abarbeitung der Aktionen. In diesem Kapitel werden wir uns nur mit dem Planen im engeren Sinne beschäftigen.

Scheduling

Die Ressourcen- und die Zeitplanung werden üblicherweise unter dem Oberbegriff Scheduling zusammengefaßt. Sie sind in vielen Fällen eng verwoben, da einerseits zeitliche Randbedingungen aus der Reihenfolgeplanung oder aus Lieferbedingungen beachtet werden müssen und andererseits die Ressourcen beschränkt sind und möglichst gut ausgelastet werden sollen.

Ebenen der Abstraktion

Die Planung kann prinzipiell auf mehreren (Abstraktions-) Ebenen (also hierarchisch) erfolgen. Auf einer bestimmten Ebene sei eine Aufgabe gestellt. Durch einen Planungsvorgang auf dieser Ebene werden Aktionen erzeugt, die von der darunter liegenden Ebene entweder direkt ausgeführt werden können oder durch einen erneuten Planungsvorgang auf dieser tieferen Ebene in weitere Aktionen zerlegt werden.

Weltmodell

Auf jeder Planungsebene wird natürlich nur der für das Problem interessierende Ausschnitt der Welt (Weltmodell) betrachtet. Das Weltmodell wird durch seinen Zustand beschrieben. Die Anzahl der Zustände bestimmt, wie wir noch sehen werden, meist den Planungsaufwand. Deshalb soll der Ausschnitt der Welt so klein und so einfach wie möglich sein. Durch die Ausführung von Aktionen verändert sich der Zustand des Weltmodells. Infolge von Randbedingungen sind nicht alle Aktionen in jedem Zustand möglich. Beispielsweise kann ein Objekt nur gegriffen werden, wenn das Objekt zugänglich ist, wenn der Roboter das Objekt überhaupt tragen kann und wenn der Greifer geöffnet ist, sich am Greifpunkt des Objekts befindet und zum Greifen dieses Objekts geeignet ist.

Randbedingungen

Nicht alle Randbedingungen sind so einfach zu formulieren, zu prüfen und zu erfüllen wie die eben genannten. In realen Anwendungen treten eine Fülle sehr viel komplexerer Randbedingungen auf. Einige, die insbesondere für Montageplanungen wichtig sind, seien genannt:

- Arbeitszeit: Der Roboter sollte die Aufgabe beispielsweise in möglichst kurzer Zeit oder innerhalb einer vorgegebenen maximalen Zeitspanne erledigen. Hierbei könnten bei einer Montageaufgabe beispielsweise als Teilziele definiert sein, möglichst wenig Werkzeugwechsel vorzunehmen und bevorzugt benachbarte Komponenten einzubauen. *(Arbeitszeit)*
- Mechanische Stabilität: Die teilmontierten Komponenten müssen mechanisch stabil sein. *(Stabilität)*
- Handhabbarkeit: In vielen Fällen bieten Operationen mit mehreren Komponenten noch Freiheitsgrade. Beispielsweise kann beim Eindrehen einer Schraube in einen Zylinderblock entweder die Schraube oder der Zylinderblock gedreht werden. Es ist unmittelbar einsichtig, daß nicht der Zylinderblock gedreht werden sollte. Allgemein muß also im Montageplan berücksichtigt werden, daß die entstehenden teilmontierten Komponenten später mit möglichst geringem und durch die Geräte auch erbringbarem Kraftaufwand zusammengefügt werden können. *(Handhabbarkeit)*
- Verbindungsform: Es muß beschrieben werden, wie die Verbindung der Teile erfolgt, z.B. durch Andrücken, mit Klebstoff, durch Eindrehen, mit Federringen. Dies ist wichtig, da sich dadurch Randbedingungen für teilmontierte Komponenten ergeben. Beispielsweise Einhalten einer Abbindezeit bei Klebeverbindungen vor weiteren Verarbeitungsschritten. *(Verbindung)*
- Materialeigenschaften: Ein Beispiel hierfür ist die Verformbarkeit. Es muß beschrieben werden, ob die Teile verformbar sind oder nicht. Meistens werden starre Körper vorausgesetzt. Bei *(Material)*

bestimmten Aufgaben ist dies aber nicht möglich, beispielsweise beim Einsetzen einer Feder. Ein anderes Beispiel ist Temperaturempfindlichkeit. Ein temperaturempfindliches Teil kann beispielsweise erst eingesetzt werden, wenn das Werkstück anschließend durch Bearbeitungsvorgänge nicht mehr zu stark erwärmt wird.

Beobachtbarkeit

- Beobachtbarkeit: Die Reihenfolge der Operationen muß so gewählt werden, daß der Vorgang durch Sensoren beobachtet werden kann. Beispielsweise sollte beim Eindrehen einer Schraube nicht zuerst ein Teil montiert worden sein, das den Blick der vorhandenen Videokamera auf die Schraube verhindert.

Genauigkeit

- Genauigkeit: Es muß die Genauigkeit der gegenseitigen Positionierung von Teilen definiert werden. Dies hat Einfluß auf die Auswahl der Sensoren und möglicherweise auf die Reihenfolge der Montage.

Diese Randbedingungen müssen natürlich bei einer wirklichen Anwendung detailliert formal spezifiziert werden.

Überwachung

Ein weiteres wichtiges Problem der Planung, das aber oft wegen seiner Schwierigkeit ausgeklammert wird, ist die Überwachung der Ausführung des Plans, z.B. durch Sensoren, und die Modifikation des Plans bei Erkennen von Abweichungen gegenüber den Annahmen im bisherigen Plan. Man benötigt dazu reaktive Planer (vgl. auch Kapitel 9).

11.2 Planen als Suche

Formale Beschreibung des Planens

In einer formaleren Terminologie läßt sich das Problem des Planens auf einer bestimmten Abstraktionsebene wie folgt beschreiben:

- Explizit oder implizit ist eine Menge $\mathcal{Z}$ von möglichen Zuständen der Welt gegeben.
- Es ist ein Ausgangszustand $z_A \in \mathcal{Z}$ gegeben.
- Es ist ein Zielzustand $z_Z \in \mathcal{Z}$ gegeben.
- Es ist eine Menge $\mathcal{A}$ möglicher Aktionen definiert. Eine Aktion ist dabei eine auf der nächsttieferen Planungsebene ausführbare bzw. planbare Operation.
- Für jede Aktion $a \in \mathcal{A}$ wird die Vorbedingung $\mathcal{P}(a)$ für ihre Anwendbarkeit (formal) spezifiziert.
- Für jede Aktion $a \in \mathcal{A}$ wird die durch sie ausgelöste Zustandstransformation $g: \mathcal{Z} \times \mathcal{A} \longrightarrow \mathcal{Z}$ formal beschrieben. Meistens wird dabei nur beschrieben, was sich am Zustand ändert. Man

nennt dies oft auch die Nachbedingung $Q(a)$. Bei den Nachbedingungen wird bei manchen Autoren noch eine Positiv- und eine Negativliste unterschieden. Die Negativliste enthält alle aufzulösenden Beziehungen und die zu löschenden Attribute oder Objekte. Die Positivliste enthält dementsprechend die neuen Beziehungen, die neuen Attributwerte und die neuen Objekte. Nachfolgend wird bei der Angabe von Nachbedingungen immer impliziert, daß

1. die angegebenen Änderungen durchgeführt werden,
2. alle Merkmale des neuen Zustands, die sich im Widerspruch zu der explizit angegebenen Änderung befinden, korrigiert werden,
3. und alle sonstigen Merkmale unverändert bleiben.

- Beim Planen muß eine zeitlich (partiell) geordnete Folge von Aktionen erzeugt werden, durch deren Ausführung die gestellte Aufgabe gelöst wird.

Zustände und Folgezustände

In seiner einfachsten Form besteht eine Planung darin, ausgehend von einem Ausgangszustand des Weltmodells alle zulässigen direkten und indirekten Folgezustände zu erzeugen. Die Bestimmung der direkten Folgezustände eines Zustands nennt man auch Expansion dieses Zustands. Die Relation *IstFolgezustandVon* führt zu einem Baum, dem Suchbaum. Die Knoten stellen Zustände dar. Die Kanten repräsentieren Aktionen, die die Zustände ineinander überführen. Tritt in der Menge der Folgezustände der Zielzustand auf, dann ist die Aufgabe gelöst. Aus dem Weg vom Ausgangszustand zum Zielzustand kann die gesuchte Folge von Aktionen erzeugt werden.

Bewertungsfunktion

Ein Zielzustand kann mehrfach im Suchbaum auftreten. In diesem Fall sollte man natürlich denjenigen auswählen, der am günstigsten erreichbar ist, beispielsweise mit den wenigsten Aktionen. Man benötigt also eine Bewertungsfunktion. Diese kann auch verwendet werden, wenn man den Suchbaum nicht vollständig erzeugen möchte, sondern möglichst nur die ausichtsreichen Wege, also die Wege, die möglichst günstig zu dem Zielzustand führen.

Eine für diese beiden Zwecke geeignete Bewertungsfunktion für einen Knoten k des Suchbaums sei $b(k)$. Sie setzt sich im allgemeinen Fall aus zwei Anteilen zusammen:

- einem positionsabhängigen Teil $bp(k)$ und
- und einem zustandsabhängigen Teil $bz(z(k))$.

Der positionsabhängige Teil gibt beispielsweise die Tiefe des Knotens im Baum an. Damit ist er ein Maß für die Anzahl der Aktionen, die zu diesem Knoten führten. In allgemeineren Fällen stellt dieser Teil die Kosten dar, um den Ausgangszustand in diesen

Zustand zu überführen, beispielsweise die erforderliche Zeit zur Ausführung der Operationen, einschließlich der Werkzeugwechsel, multipliziert mit einem Kostenfaktor. Der zustandsabhängige Teil bewertet die Relevanz des Zustands $z(k)$ im Knoten k als Zwischenzustand zum Zielzustand. Dieser Teil könnte beispielsweise eine Schätzung der Kosten sein, um vom Zustand $z(k)$ zum Zielzustand zu gelangen. Der zustandsabhängige Teil stellt also das heuristische Element des Suchalgorithmus dar. Es ist die bestmögliche Beurteilung einer Situation bei eingeschränkter Information. Wir definieren insgesamt für die Bewertungsfunktion:

$$b(k) = c_1 * bp(k) + c_2 * bz(z(k))$$

Dabei sind die c_i frei wählbare Gewichte. Ein Zustand k ist besser bewertet als ein Zustand k', falls $b(k) < b(k')$. Um das Verfahren auf reine Tiefensuche verallgemeinern zu können, definieren wir für diesen Fall: $b(k) = 1/bp(k)$.

Suchstrategien

Der Suchalgorithmus ist sehr allgemein. Abhängig von der Wahl der Bewertungsfunktion erhält man ganz unterschiedliche Suchstrategien. Diese werden später besprochen.

Such-algorithmus

Der Suchbaum wird schrittweise aufgebaut. Jedem Knoten ist ein Zustand zugeordnet. Ein Knoten, für den noch nicht alle direkten Folgeknoten bestimmt wurden, heißt offen. Ein Knoten, für den alle direkten Folgeknoten bestimmt wurden, heißt geschlossen. Die Bestimmung der direkten Folgeknoten eines Knotens heißt Expansion des Knotens. Für einen direkten Folgeknoten k' des Knotens k gilt: Es gibt eine Aktion, deren Vorbedingungen durch den Zustand $z(k)$ erfüllt werden und die $z(k)$ in den Folgezustand $z(k')$ überführt. Im nachfolgenden Algorithmus wird versucht, möglichst nur diejenigen Knoten zu expandieren, die zu einem günstig bewerteten Zielzustand führen. Die Wurzel des Suchbaums ist der Ausgangszustand. Die Wurzel ist zu Beginn des Planens offen. Es gilt $b(Wurzel) = 0$.

Suchalgorithmus:

1:

Suchbaum ist leer.
Ausgangszustand als Wurzel eintragen.
Wurzel ist offen.
Wurzel wird bewertet.

2:

Knoten k im Suchbaum auswählen, dessen Zustand offen ist
und für den $b(k)$ minimal bezüglich aller
anderen offenen Zustände ist.
Abbruch, falls es keinen solchen Knoten k gibt, denn

dann sind alle vom Ausgangszustand erreichbaren Zustände
untersucht und der Zielzustand war nicht dabei.

3:
Knoten k expandieren, wobei $\mathcal{F}(k)$
die Menge der dabei erzeugten Folgeknoten sei.
Alle Knoten in $\mathcal{F}(k)$ sind offen.
4:
Knoten k wird geschlossen.

5:
Ist Zielzustand unter den Knoten $\mathcal{F}(k)$, dann
ist Suche beendet und die Aktionsfolge wird bestimmt.

6:
Es sei $\mathcal{N}$ die Menge der aktuell vorhandenen
Knoten im Suchbaum.

7:
Für alle $k'' \in \mathcal{F}(k)$ wird bestimmt:
$\mathcal{GZ}(k'') = \{ k' \in \mathcal{N} \mid z(k') = z(k'') \wedge k' \neq k'' \}$
/* Menge der Knoten mit gleichem Zustand wie k'' */
Ist $\mathcal{GZ}(k'') \neq 0$, dann werden für alle $k' \in \mathcal{GZ}(k'')$
die Schritte 7a bzw. 7b ausgeführt:
/* Es wurde ein Zustand $z(k'')$ erzeugt, der bereits auftrat. */
/* Der ungünstigere Zustand wird nicht weiter verfolgt. */

7a: Fall: $bp(k') \leq bp(k'')$
Knoten k'' im Suchbaum schliessen, da die Aktionsfolge zum
Knoten k' günstiger oder gleich günstig.

7b: Fall: $bp(k') > bp(k'')$
Den Teilbaum ausgehend von Knoten k' löschen, da Aktionsfolge zum Knoten k'' günstiger als die zu k'.
Knoten k' selbst kann im Suchbaum bleiben.
Knoten k' wird geschlossen.

8:
goto Schritt 2;

Ende Suchalgorithmus

Zum Löschen des Teilbaums in Schritt 7

Das Löschen des Teilbaums in Schritt 7b hatte den folgenden Grund: Der Knoten k', der die Wurzel des Teilbaums bildete, hatte eine ungünstigere Bewertung als der Knoten k'', der denselben Zustand repräsentierte. Damit sind auch alle Folgezustände von k' schlechter bewertet als später die Folgezustände von k'' und können deshalb gelöscht werden. Die gelöschten Knoten werden mit anderer Bewertung wegen $z(k'') = z(k')$ auf jeden Fall wieder erzeugt, beispielsweise durch Expansion des Knotens k''.

Vermeiden des Löschens durch Umhängen

Der Algorithmus kann so modifiziert werden, daß das Löschen bereits erzeugter Teilbäume vermieden wird (Nielsson [NIEL82]). Dies ist interessant, wenn die Erzeugung von zulässigen Folgezuständen aufwendig ist.

Prinzip

Prinzip: Immer wenn ein neuer Weg zu einem bereits vorhandenen Zustand gefunden wird, prüfen, ob der Zustand dadurch günstiger als auf dem bisher günstigsten Weg erreicht werden kann. Wenn ja, Teilbäume so umhängen, daß sie am kostengünstigsten Weg angehängt sind. Die Bewertungsfunktionen der Knoten in den umgehängten Teilbäumen neu berechnen. Nach dem Umhängen ergeben sich neue Wege zu allen Knoten des umgehängten Teilbaums. Also wiederholt sich der geschilderte Vorgang rekursiv.

Bezeichnungen

Es werden folgende Bezeichnungen verwendet:

$\mathcal{T}(k)$	Teilbaum der an Knoten k hängt und k selbst
$\mathcal{F}(k)$	Menge der direkten Folgeknoten von Knoten k
$\mathcal{GZ}(k)$	Menge der Knoten k' mit gleichem Zustand wie Knoten k, also: $\mathcal{GZ}(k) = \{k' \in \mathcal{N} \mid z(k') = z(k)\}$
$k_{min}(k)$	der Knoten mit dem Zustand $z(k)$ und der kleinsten positionsabhängigen Bewertungsfunktion, also gilt: $k_{min} \in \mathcal{GZ}(k) \wedge \forall k' \in \mathcal{GZ}(k) : bp(k') \geq bp(k_{min})$
$\mathcal{N}$	Menge der aktuell vorhandenen Knoten im Suchbaum

Sei $\mathcal{T}(k)$ ein umzuhängender Teilbaum mit Wurzel k, dann wird die Prozedur umhaengen(k) ausgeführt:

Algorithmus

```
void umhaengen (k) knoten k;
  { bestimme k_min(k);
    for ( alle k'' ∈ GZ(k) )
       haenge T(k'') ohne k'' an Knoten k_min;
    for ( alle k'' ∈ F(k_min) ) bestimme b(k'');
    for ( alle k'' ∈ F(k_min) ) umhaengen(k'');
  }
```

Beispiel Umhängen

Ein Anwendungsbeispiel findet sich in Abb. 11.1. In diesem Beispiel ist der Suchbaum teilweise aufgebaut und es wurde gerade der Knoten 75 erzeugt. Der vom Knoten 75 repräsentierte Zustand B tritt auch bei dem bereits vorhandenen Knoten 15 auf. Die Bewertung von Knoten 75 ist 20, die von Knoten 15 ist 32. Also muß der Teilbaum ausgehend von Knoten 15 umgehängt werden. Der Zustand vor dem Umhängen zeigt das obere Teilbild, den Zustand nach dem rekursiv abgearbeiteten Umhängen das untere Teilbild.

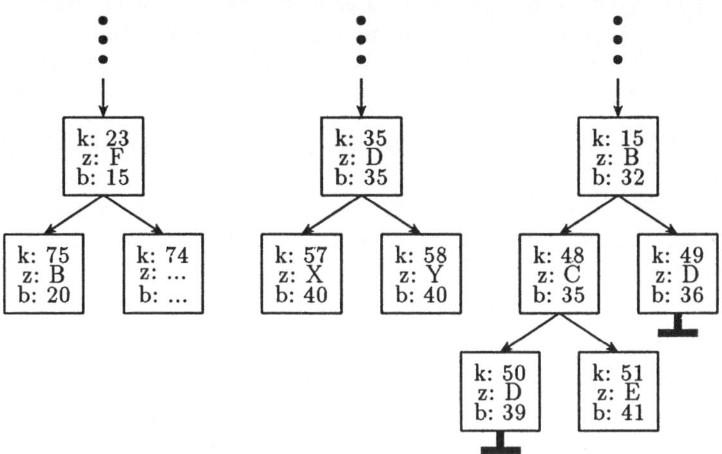

Teilbild a): Knoten 75 mit Zustand B gerade erzeugt, Umhängen noch nicht erfolgt

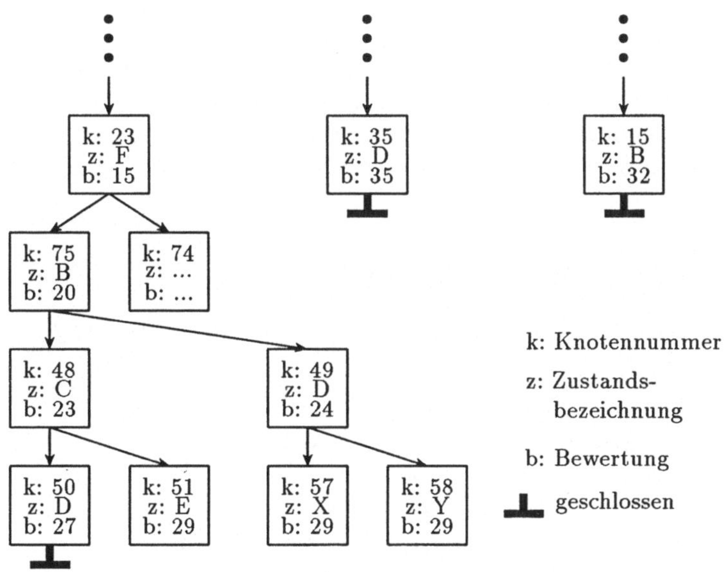

Teilbild b): nach Umhängen

Abb. 11.1. Beispiel für Umhängen von Teilbäumen beim Suchen

Unterschied zum A*-Algorithmus

Der A*-Algorithmus, siehe beispielsweise Nielsson [NIEL82], ist ein bekannter Suchalgorithmus für Planungen in der KI-Literatur. Der A*-Algorithmus weicht von unserem Suchalgorithmus in folgenden Punkten ab:

- Im A*-Algorithmus wird das Löschen von Teilbäumen vermieden.
- Im A*-Algorithmus wird das Erreichen des Zielzustands erst dann erkannt, wenn der zur Expansion ausgewählte Knoten ein Zielknoten ist, und nicht wie bei uns, bereits wenn der Vater des Zielknotens expandiert wurde.

Der A*-Algorithmus liefert also erst ein Ergebnis, wenn der Zielzustand der Knoten mit der minimalen Bewertung unter den vorhandenen Knoten ist. Hierdurch erhält man die optimale Lösung, wenn die Bewertungsfunktion $b(k)$ so gewählt wird, daß für alle Knoten n gilt $b(n) \leq b^*(k)$. Hierbei sind $b^*(k)$ die tatsächlichen minimalen Kosten vom Ausgangszustand zum Zielzustand über den Knoten k. Die Bewertungsfunktion liefert also immer eine Abschätzung der wirklichen Kosten nach unten. Ein triviales Beispiel ergibt sich, wenn $b(k)$ nur die Tiefe im Baum angibt. Eine optimale Lösung ist eine Lösung mit geringster Tiefe im Baum. Der A*-Algorithmus führt in diesem Fall eine Breitensuche aus.

Anwendungen des Suchalgorithmus werden im nächsten Kapitel zusammen mit einer Taxonomie des Planens besprochen.

11.3 Taxonomie des Planens

Taxonomie

Für das Planen wird folgende Taxonomie (u.a. [HERT89]) verwendet:

- lineares vs. nichtlineares Planen
- monotones vs. nichtmonotones Planen
- zentrales vs. verteiltes Planen
- einstufiges vs. mehrstufiges Planen
- blindes vs. intelligentes (heuristisches) Planen
- Vorwärtssuche vs. Rückwärtssuche vs. kombinierte Suche
- Planung der Gesamtlösung vs. Planung durch Zusammensetzen von Teillösungen (Planen mit Teilzielen)

Die einzelnen Vorgehensweisen werden nachfolgend vorgestellt und dann durch einfache Beispiele aus der Klötzchenwelt illustriert.

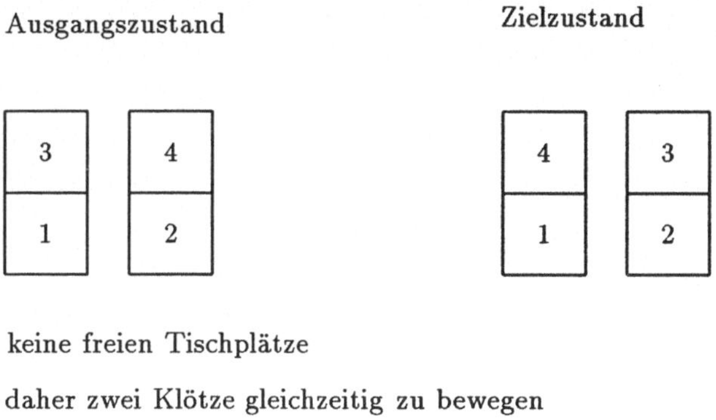

Abb. 11.2. Nichtlinearer Plan

Lineares und nichtlineares Planen

Beim linearen Planen werden alle Aktionen in einer strengen zeitlichen Sequenz ausgeführt. lineares Planen

Beim nichtlinearen Planen bestehen zwischen den Aktionen komplexe zeitliche Abhängigkeiten. Die Aktionen werden bezüglich des Anfangs bzw. des Endes ihrer Ausführung zeitlich nur partiell geordnet. Aktionen können also je nach Situation zeitlich nacheinander, überlappend oder parallel ausgeführt werden. Bestimmte Aufgaben sind nur mit nichtlinearen Plänen zu lösen. Ein Beispiel dafür zeigt Abb. 11.2. Hier gibt es keine Ablageplätze auf dem Tisch, daher müssen zur Erreichung des Zielzustands zwei Klötzchen gleichzeitig bewegt werden. nichtlineares Planen

Monotones und nichtmonotones Planen

Beim monotonen Planen wird jedes Teil sofort in seine Endposition gebracht. Ein zwischenzeitliches Ablegen auf Stellplätze oder ein zwischenzeitliches Bewegen eines anderen Teils ist also ausgeschlossen. monotones Planen

Beim nichtmonotonen Planen, werden nicht alle Teile sofort in ihre Endposition gebracht. Teile werden an Zwischenpositionen abgelegt und erst nach anderen Teilen wieder weiterbewegt. Zur Lösung bestimmter Aufgaben sind nichtmonotone Pläne unbedingt erforderlich. Ein Beispiel sind die Türme von Hanoi. Ein anderes Beispiel aus der Klötzchenwelt zeigt das Umordnen von Klötzen. Im Beispiel Abb. 11.3 muß Klotz 3 zunächst auf einen nichtmonotones Planen

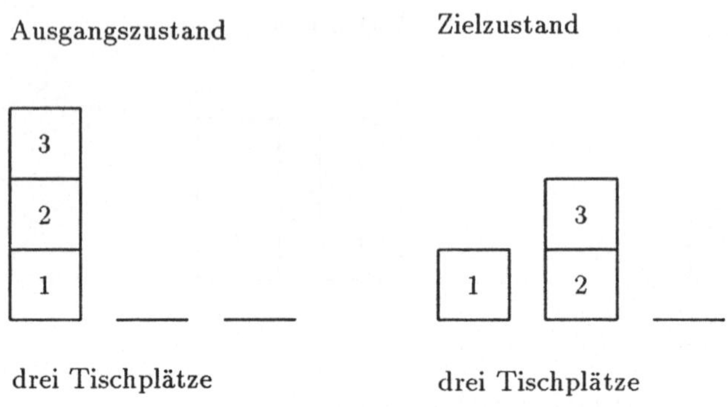

Abb. 11.3. Nichtmonotoner Plan

Standplatz abgelegt werden. Danach kann Klotz 2 und dann erst Klotz 3 in seine Endposition gebracht werden.

Zentrales und verteiltes Planen

zentrales Planen

Eine zentrale Planung bedeutet, daß an nur einer Stelle die gesamte Planung durchgeführt wird. Hierbei werden alle erforderlichen Details betrachtet. Die vom Planer erzeugten Teilaufträge gehen dann an Auftragnehmer, die den vorgegebenen Auftrag nach einem festen Schema abwickeln. Der Planer bestimmt auch den zeitlichen Ablauf der Teilaufträge und die einzusetzenden Ressourcen. Es gibt bei den Auftragnehmern also keine eigene Planung mit Freiheitsgraden in der Auftragsabwicklung und damit auch keine Autonomie.

Bewertung

Der Vorteil eines zentralen Planers ist, daß er alle Randbedingungen kennt und somit optimale Pläne erzeugen kann. In Realität sind wegen des Planungsaufwandes jedoch meist nur suboptimale Pläne erreichbar.

Der Hauptnachteil der zentralen Planer ist, daß alle Details im gesamten Weltmodell bei der Planung berücksichtigt werden müssen. Alle Änderungen der Annahmen und alle Unregelmäßigkeiten bei der Ausführung von Aufträgen werden an den zentralen Planer gemeldet und führen zu einer Neuplanung. Der zentrale Planer ist also sehr komplex und bildet leicht einen Engpaß. Ein Ausfall des zentralen Planers bedeutet einen Stillstand der Arbeit.

verteiltes Planen

Beim verteilten Planen gibt es eine Hierarchie von Auftragnehmern (Agenten), die Teilaufträge erhalten und deren Ausführung selbst planen. Bei Aufträgen, die ein Agent nicht allein ausführen kann, erfolgt eine Vergabe von Teilaufträgen an andere Agenten.

Verhandlungsprotokoll

Da Agenten autonom sind, muß bei einer solchen Auftragsvergabe sichergestellt werden, daß der beauftragte Agent diese Aufgabe auch zeitgerecht ausführen kann. Vor einer Auftragsvergabe ist also eine Verhandlung zwischen Agenten erforderlich. Hier wird festgestellt, welcher Agent oder welches Team von Agenten den Auftrag am günstigsten ausführen kann. Diese Agenten erhalten dann entsprechende Aufträge. Agenten können Aufträge auch wieder zurückgeben, wenn Konflikte entstehen und der Auftrag nicht unter den vereinbarten Bedingungen abgehandelt werden kann.

Konflikte

Agenten sind auch verantwortlich für die Erkennung von Konflikten in den Plänen und, soweit möglich, auch für die Konfliktlösung. Beispiel: Zwei Roboter planen zunächst unabhängig ihre Bewegungen, die zur Kollision führen würden.

Bewertung

Hauptnachteile der verteilten Planung sind, daß nur lokale Optimierungen möglich sind und daß sehr viel Kommunikation zwischen den Agenten notwendig werden kann.

Der Hauptvorteil ist, daß nur lokale Planungen erfolgen, die auch nur die lokalen Umgebungen für den speziellen Auftrag berücksichtigen müssen. Die Planer in den Agenten sind daher weniger komplex als ein zentraler Gesamtplaner. Man kann erwarten, daß deshalb solche lokalen Planer von den Erstellern der Planungsalgorithmen noch beherrscht werden können.

Ein weiterer Vorteil ist, daß das Zufügen neuer Agenten mit neuen Aufgaben nur lokale Auswirkungen hat. Allenfalls sind dabei einzelne Planer zu ändern. Das System ist also leicht änderbar und erweiterbar.

Der dritte Vorteil ist, daß die Planung auf verschiedenen Rechnern abläuft. Deshalb können die für die Planung verfügbaren Ressourcen größer sein als bei einem zentralen Planer.

Bezug zu Organisationsstrukturen

Eine verteilte Planung entspricht der Führungsorganisation und der Aufgabenausführung durch die Mitarbeiter in Industriebetrieben. Bei der Arbeitsorganisation für Mitarbeiter käme niemand auf die Idee, eine zentrale Planung für die Gesamtfirma zu erstellen, in der für jeden Mitarbeiter genau festgelegt ist, was er zu welcher Zeit zu tun hat. Allerdings muß es natürlich grobe Pläne (Ziele) für die Gesamtfirma auf oberster Führungsebene geben. Diese werden in nachgeordneten Führungsebenen für und durch die einzelnen Gruppen detailliert, ergänzt und fortgeschrieben. In der Regel ist ein Plan um so detaillierter, je näher sein Planungszeitraum liegt.

Ein- und mehrstufiges Planen

einstufiges Planen

Bei der einstufigen Planung entstehen aus der Aufgabe in einem Schritt direkt ausführbare Aktionen. Einstufiges Planen ist also analog zur einstufigen Aufgabentransformation zu sehen. Der einstufige Aufgabentransformator mit nur drei Regeln in Abschnitt 9.6 ist ein Beispiel dafür.

mehrstufiges Planen

Beim mehrstufigen (hierarchischen) Planen erfolgt die Planung über mehrere Abstraktionsebenen hinweg. Das entspricht einer Rückführung auf kleinere Teilprobleme. Hierdurch ist die Anzahl der möglichen Zustände und die Anzahl der möglichen Operationen auf jeder Ebene kleiner. Man spricht von Zustands- und von Operatorabstraktion. Hierdurch kann der Suchraum für das Planen erheblich reduziert werden. Dies ist neben der Konzentration auf das Wesentliche der Hauptvorteil des mehrstufigen Planens.

Bei einem mehrstufigen Planer werden die Zustands- und Operatorabstraktionen für eine Ebene üblicherweise für die Programmierung fest vorgegeben. Es gibt aber auch Bestrebungen, dies dynamisch und automatisiert durchzuführen (vgl. [HERT89]). Hierzu werden die Teilzustände des Zielzustands klassifiziert. Für Klassen von Teilzuständen sind Gewichte oder Prioritäten vorgegeben. Dann werden zuerst die Aktionen zum Erreichen des Teilziels mit dem höchsten Gewicht geplant und danach die immer weniger gewichtigen Teilziele. Die Festlegung der Prioritäten ist nur mit Lösungswissen möglich.

Ein Beispiel wäre, daß das Teilziel „Greifer-leer“ eines Zielzustands zunächst ignoriert wird, da man es meist leicht mit einer einzigen Aktion erreichen kann. Dagegen haben Teilziele wie „Klotz A *StehtAuf* Klotz B“ hohe Priorität, da hier normalerweise komplizierte Abräum- und Umstellsequenzen notwendig sind.

Blindes und intelligentes Planen

blindes Planen

Beim blinden Planen (blinden Suchen) handelt sich um eine allgemeine Suche, bei der die Auswahl des zu expandierenden Zustands unabhängig vom Zustand selbst ist. In der Bewertungsfunktion aus Abschnitt 11.2 ist also der Parameter $c_2 = 0$. Im Prinzip werden also alle Zustandsfolgen untersucht. Dies ist für komplexere Aufgaben wegen der kombinatorischen Explosion in der Regel nicht durchführbar.

Breitensuche Tiefensuche

Spezialfälle des blinden Suchens sind die Breiten- und die Tiefensuche. Bei der Breitensuche wird jeweils ein offener Knoten der geringsten Tiefe im Suchbaum expandiert. Bei der Tiefensuche wird ein offener Knoten mit der höchsten Tiefe im Suchbaum expandiert.

Um komplexere Planungen durchführen zu können, ist ein intelligentes Planen bzw. eine intelligente Suche notwendig. Diese ist nur mit heuristischen Annahmen über den Lösungsprozeß möglich. Diese Annahmen führen zu einer Bewertungsfunktion des erreichten Zustands. Die Auswahl des zu expandierenden Zustands ist also vom Zustand selbst abhängig. Die Bewertungsfunktion wird so gewählt, daß die für das Erreichen des Zielzustands vermutlich besonders günstigen Zwischenzustände bevorzugt expandiert werden. Hiermit wird die kombinatorische Explosion vermieden. Im Idealfall werden nur die Knoten expandiert, die auf dem günstigsten Weg zum Ziel liegen.

intelligentes Planen

Der Grenzfall, daß aufgrund des erreichten Zustands immer die nächste Aktion auf dem Lösungsweg angegeben werden kann, setzt die Kenntnis des Lösungsprozesses voraus. In diesem Grenzfall spricht man von deterministischer Planung.

deterministisches Planen

Vorwärts-, Rückwärts- und kombinierte Suche

Bei der Vorwärtssuche wird der Suchbaum ausgehend vom Ausgangszustand aufgebaut. Bei der Montage eines Bauteils entspricht die Vorwärtssuche, dem Zusammenbau des Bauteils aus seinen Einzelteilen. Hierbei wird die Bildung von Unterbaugruppen und die Reihenfolge des Zusammenbaus von Einzelteilen sowie der Ort ihres Anbaus solange variiert, bis eine Lösung gefunden wird.

Vorwärtssuche

Bei der Rückwärtssuche wird der Suchbaum ausgehend vom Zielzustand aufgebaut. Im Gegensatz zur Vorwärtssuche werden bei der Expansion eines Zustands nicht Folgezustände berechnet, sondern die möglichen vorangehenden Zustände. Bei der Montage eines Bauteils entspricht die Rückwärtssuche, dem Zerlegen des Bauteils in seine Einzelteile. Hierbei wird die Reihenfolge der Zerlegung in Unterbaugruppen und die Bestimmung der Teile einer Unterbaugruppe solange variiert, bis nur noch die Einzelteile des Ausgangszustands vorhanden sind.

Rückwärtssuche

Die Frage, welche der beiden Strategien günstiger ist, ist nur problemabhängig zu entscheiden. Der wesentliche Gesichtspunkt zur Beurteilung ist die zu erwartende Verzweigungsbreite. Nach Hertzberg [HERT86] ergibt sich bei der Rückwärtssuche automatisch eine Zentrierung auf die Bearbeitung der wesentlichen Punkte eines Problems und damit kürzere Suchzeiten. Demnach wäre sie immer der Vorwärtssuche vorzuziehen, was in der Praxis aber nicht so generell nachweisbar ist.

Bewertung

Bei der kombinierten Planung (Suche) werden die Rückwärts- und die Vorwärtssuche kombiniert und im Wechsel eine Expansion durchgeführt. Die Suche ist beendet, wenn im Suchbaum für die

Suche kombinierte

Rückwärtssuche ein Zustand auftritt, der sich auch im Suchbaum für die Vorwärtssuche befindet. Da von zwei festen Zuständen aus gesucht wird, steigt die Anzahl der zu betrachtenden Zustände nicht so schnell an. Ein Problem ist allerdings, von beiden Seiten nicht „aneinander vorbei“ zu suchen und somit jeden der beiden Suchbäume fast komplett aufzubauen. Bei der Tiefensuche kann das leicht passieren.

Planen mit Teilzielen

Teilprobleme

Bei der Problemreduktion durch Definition von Teilzielen wird das Gesamtproblem in Teilprobleme zerlegt. Zur Lösung der Teilprobleme werden Teilpläne erzeugt. Die Teilpläne werden dann zu einem Gesamtplan zusammengefügt. Das Hauptziel ist ebenfalls die Reduktion der kombinatorischen Vielfalt. Durch die Definition der Teilprobleme wird ja das komplexe Gesamtproblem auf eine Menge einfacherer, evtl. schon bekannter Teilprobleme, zurückgeführt.

Werden die Teilprobleme nicht durch den Menschen definiert, so müssen diese durch den Planer aus dem Zielzustand extrahiert werden. Im einfachsten Fall ist jedes Prädikat des Zielzustands ein Teilziel.

Problem Verträglichkeit

Das Hauptproblem ist die Verträglichkeit der erzeugten Teilpläne, da diese normalerweise nicht unabhängig sind. Teilpläne können deshalb auch nicht einfach sequentialisiert werden. Bei der einfachen Sequentialisierung der Teilpläne werden erreichte Teilziele wieder zerstört oder die Voraussetzungen von Teilplänen werden ungültig. In der Literatur finden sich komplexere Verfahren zur Kombination von Teilplänen. Diese können aber keine grundsätzliche Lösung des Problems bieten.

Beispiel

Das folgende, sehr einfache Beispiel illustriert die Problematik. Es gibt drei Klötze A, B und C. Der Ausgangszustand sei: A und B stehen auf dem Tisch und C steht auf B. Der Zielzustand sei: A steht auf C und im Robotergreifer ist B. Wir nehmen an, das Teilziel A steht auf C ist wichtiger und muß zuerst erfüllt werden. Dies ist sehr einfach, da A einfach auf C gesetzt werden kann. Soll jetzt das zweite Teilziel (im Robotergreifer ist B) erfüllt werden, wird das erste Teilziel zerstört und muß anschließend unter neuen Randbedingungen neu geplant werden. Auch bei einer anderen Reihenfolge des Erreichens der Teilziele gibt es Probleme. Wird zuerst das Teilziel B ist im Greifer erfüllt, dann muß zum Erreichen des Teilziels A steht auf C der Klotz B wieder abgelegt werden.

Wissensbasiertes Planen

Das wissensbasierte Planen kann zur Lösung eines Gesamtproblems, aber auch zur Lösung von Teilproblemen bei der mehrstufigen Planung oder der Planung mit Teilzielen eingesetzt werden. Man benutzt bereits vorhandene (Teil-) Planskelette, die in einer geeigneten Situation mit aktuellen Werten instantiiert werden und so ein Teilproblem lösen. Zur Lösung des Teilproblems ist also keine Suche notwendig.

Planskelette

In den Planskeletten steckt Vorwissen über die Lösung von Teilaufgaben, daher auch der Name wissensbasiertes Planen. Die Hauptprobleme bei dieser Planungsart sind das Finden einer geeigneten Auswahl wiederverwendbarer Pläne oder Planteile sowie das Feststellen der Eignung eines Planskeletts in neuartigen Situationen.

11.4 Anwendungsbeispiele aus der Klötzchenwelt

Die folgenden Beispiele aus der Klötzchenwelt dienen dazu, die verschiedenen Suchstrategien beim Planen zu illustrieren und grob zu analysieren. Dabei wird beispielsweise die Anzahl der Suchschritte diskutiert, da sie die Dauer des Planens impliziert. Ein anderes Untersuchungskriterium ist die Anzahl der erzeugten Aktionen als Maß für die Güte des Plans. Die später angegebenen Zahlenwerte zeigen ein zu erwartendes Ergebnis in der Tendenz auf. Sie haben aber keinerlei universelle oder statistische Signifikanz, da sie nur für ein Beispiel mit einer ganz bestimmten Bewertungsfunktion Gültigkeit haben.

Analysekriterien

Formale Beschreibung

Im Beispiel gibt es eine Menge $\mathcal{T}$ von Tischplätzen und eine Menge $\mathcal{K}$ von Klötzchen. Ein Klotz k kann auf einem Tischplatz oder einem anderen Klotz stehen. Um dies darzustellen führen wir die Menge $\mathcal{TK}$ der Standplätze ein. Es gilt: $\mathcal{TK} = \mathcal{T} \cup \mathcal{K}$. Steht ein Klotz k auf einem Standplatz $s \in \mathcal{TK}$, dann gilt $k \ \underline{auf}\ s = true$.

Mengen, Relationen

Für die möglichen Zustände der Welt gelten stets folgende Konsistenzbedingungen:

Konsistenzbedingungen

- Jeder Klotz muß auf einem Standplatz stehen, also:

$$\forall k \in \mathcal{K} : (\exists s \in \mathcal{TK} : k \ \underline{auf}\ s)$$

- Ein Klotz kann nur auf einem Standplatz stehen, also:

$$\exists k \in \mathcal{K}, s \in \mathcal{TK} : k \; \underline{auf} \; s \Rightarrow \forall s' \in \mathcal{TK} : \neg(s' \neq s \wedge k \; \underline{auf} \; s')$$

- Auf einem Standplatz kann höchstens ein Klotz stehen, also:

$$\forall s \in \mathcal{TK} : (\forall k, k' \in \mathcal{K} : \neg(k \neq k' \wedge k \; \underline{auf} \; s \wedge k' \; \underline{auf} \; s)$$

Die erste Bedingung sagt auch aus, daß ein Roboter einen Klotz nur beim Übergang von einem Zustand zu einem anderen im Greifer halten kann, nicht aber in einem bestimmten Zustand. Weiterhin soll vorausgesetzt werden, daß alle Tischplätze gleichwertig sind. Diese Voraussetzung reduziert die Anzahl der zu betrachtenden Zustände, bildet aber sonst keine prinzipielle Einschränkung des Verfahrens.

freie Klötze

Wir führen der Bequemlichkeit halber noch das abgeleitete Prädikat $frei(s)$ für $s \in \mathcal{TK}$ ein. Die Funktion liefert true, wenn kein Klotz auf s steht, also gilt:

$$\forall s \in \mathcal{TK} : frei(s) \Leftrightarrow \forall k \in \mathcal{K} : \neg(k \; \underline{auf} \; s)$$

Aktion „bewege“

Es gibt nur eine Aktion, nämlich bewege(k,s). Hierbei wird der Klotz k auf den Standplatz s gestellt. Also:

$$\mathcal{A} = \{bewege(k, s)\}$$

$$\mathcal{P}(bewege) := \{k \in \mathcal{K}, \; s \in \mathcal{TK}, \; k \neq s, \; frei(k), \; frei(s)\}$$

$$\mathcal{Q}(bewege) := \{k \; \underline{auf} \; s\}$$

Anmerkung:

Vereinbarung zu Nachbedingungen

Es wird unterstellt, daß alle Zustände der Welt, die im Widerspruch zu der Nachbedingung stehen, korrigiert werden. Das bedeutet in diesem Fall, daß der Standplatz, auf dem Klotz k vorher stand, frei wird. Die Operation bewege(k,s) ist kein Auftrag an das System, sondern eine Aktion, die den Zustand der Welt verändert. Deshalb muß hier der Fall, daß k schon auf s steht, nicht behandelt werden.

Formalisierung des Beispiels

Im konkreten Beispiel sei:

$$\mathcal{K} := \{1, 2, 3, 4, 5\}$$

$$\mathcal{T} := \{t1, t2, t3\}$$

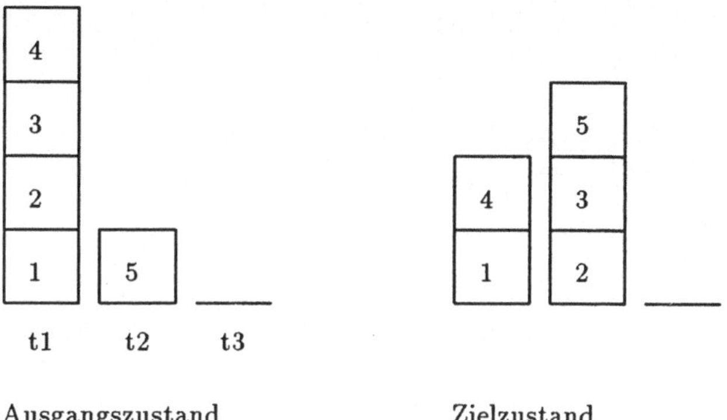

Abb. 11.4. Ausgangs- und Zielzustand

Der Ausgangszustand sei:

$$1 \ \underline{auf}\ t1,\ 2\ \underline{auf}\ 1,\ 3\ \underline{auf}\ 2,\ 4\ \underline{auf}\ 3,\ 5\ \underline{auf}\ t2$$

Der Zielzustand sei:

$$1\ \underline{auf}\ t,\ 4\ \underline{auf}\ 1,\ 2\ \underline{auf}\ u,\ 3\ \underline{auf}\ 2,\ 5\ \underline{auf}\ 3$$

Hierbei bedeuten t und u beliebige, aber unterschiedliche Tischplätze. Abb. 11.4 stellt Ausgangs- und Zielzustand grafisch dar. Falls alle Tischplätze gleichrangig sind, dann gibt es für dieses Beispiel 480 verschiedene Zustände.

Analyse der Breitensuche

Analyse Breitensuche

Die Breitensuche erfolgt wie früher beschrieben. Die Wurzel des Suchbaums ist der Ausgangszustand, es liegt also eine Vorwärtssuche vor. Die Rückwärtssuche bringt für das Beispiel keine Vorteile. Die ersten drei Ebenen des erzeugten Suchbaums zeigt die Abb. 11.5. Es werden zur Lösung 7 Ebenen berechnet. Insgesamt wurden 726 Knoten erzeugt. Zum Zeitpunkt der Lösung stehen 295 Knoten (Zustände) im Suchbaum. Als Ergebnis ergibt sich eine Folge von 6 Aktionen. Dies ist die minimale Anzahl von Aktionen, mit denen das Problem zu lösen ist.

1.Aktion: Klotz 4 nach Standplatz 5
2.Aktion: Klotz 3 nach Standplatz 4
3.Aktion: Klotz 2 nach Standplatz t3
4.Aktion: Klotz 3 nach Standplatz 2
5.Aktion: Klotz 4 nach Standplatz 1
6.Aktion: Klotz 5 nach Standplatz 3

Analyse der Tiefensuche

Analyse Tiefensuche

Das Ergebnis einer Tiefensuche hängt sehr stark von der Anordnung der Folgezustände ab. In dem Beispiel war die Ordnung so, daß bevorzugt ein Klotz kleiner Klotznummer bewegt wurde. Dieser wurde wiederum bevorzugt auf einen Tischplatz und dann erst auf einen Klotz möglichst kleiner Nummer gesetzt. Im Beispiel war die Erzeugung von 1037 Zuständen erforderlich. Zum Zeitpunkt der Lösung waren 359 Knoten (Zustände) im Suchbaum. Die gefundene Lösung benötigte 80 Aktionen.

Verbesserung Tiefensuche

Bei dieser Lösung werden offensichtlich viel zu viel Aktionen verwendet. Das Ergebnis läßt sich durch eine Begrenzung der Suchtiefe verbessern. Beispielsweise müssen bei einer Begrenzung der Suchtiefe auf 20 zwar 1808 Zustände erzeugt werden, von denen am Schluß noch 424 im Suchbaum sind, aber es wird eine Lösung mit 20 Aktionen gefunden. Die hohe Anzahl der Aktionen ist verständlich, da die neu erzeugten Zustände vorwiegend in tiefen Ebenen des Baumes sind. Diese werden mit dem Zielzustand verglichen. Damit ist auch die Wahrscheinlichkeit hoch, daß der Zielzustand in einer tiefen Ebene gefunden wird. Neben der Suchzeit ist das Hauptproblem der Tiefensuche also die ungünstige Anzahl der Aktionen.

Analyse der intelligenten Suche

Analyse intelligente Suche

Die intelligente Suche hat zum Ziel, die Anzahl der zu untersuchenden Zustände gering zu halten. Hierzu wird jeweils der Zustand expandiert, der die größte Chance hat, zum Zielzustand zu führen. Wie beschrieben, ist hierzu eine Bewertungsfunktion des Zustands erforderlich. Hierin liegt das Problem. Die Ergebnisse sind stark von der Wahl dieser Funktion abhängig. Im Beispiel wurde als zustandsabhängige Bewertungsfunktion $bz(z)$ die Anzahl der Klötze aufsummiert, die sich über einem auf einem falschen Standplatz stehenden Klotz befinden. Die Grundidee hierbei ist, daß ein falsch stehender Klotz bewegt werden muß und hierzu die darüber stehenden Klötze zuerst entfernt werden müssen.

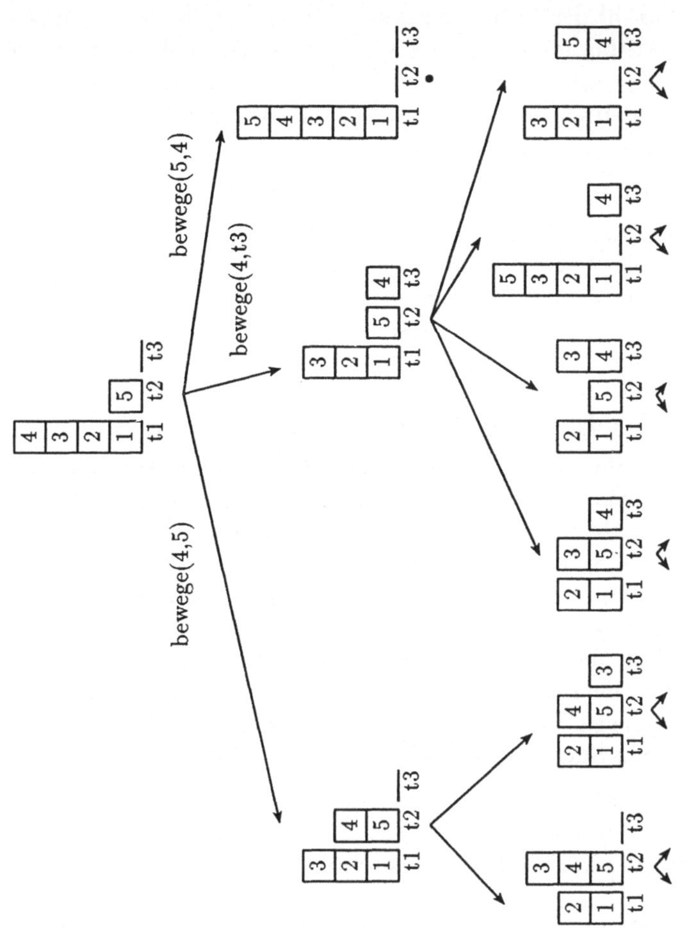

Abb. 11.5. Beispiel für Suchbaum bei Breitensuche

Ergebnis

Die Anzahl der bisherigen Aktionen wird in der Bewertungsfunktion mitberücksichtigt. Gewählt wird beispielsweise: $c_1 = c_2 = 1$, dann werden 111 Zustände erzeugt. Davon sind am Schluß noch 66 Zustände im Suchbaum. Für die Lösung ergeben sich 8 Aktionen:

1.Aktion: Klotz 4 nach Standplatz t3
2.Aktion: Klotz 3 nach Standplatz 4
3.Aktion: Klotz 5 nach Standplatz 3
4.Aktion: Klotz 2 nach Standplatz t2
5.Aktion: Klotz 5 nach Standplatz 1
6.Aktion: Klotz 3 nach Standplatz 2
7.Aktion: Klotz 5 nach Standplatz 3
8.Aktion: Klotz 4 nach Standplatz 1

Schlußfolgerung

Die Anzahl der erzeugten Zustände und die Aktionen zur Lösung hängen stark von der Wahl der Koeffizienten und der zustandsabhängigen Bewertungsfunktion ab. Wird diese beispielsweise nur als Summe der falsch stehenden Klötze gewählt, dann ergibt sich bei sonst gleichen Bedingungen wie oben eine Lösung mit 6 Aktionen. Hierbei sind insgesamt nur 75 Zustände erzeugt wurden. Von diesen sind wiederum noch 45 im Suchbaum. Generell gilt: Die Beurteilung möglicher Bewertungsfunktionen ist nur experimentell möglich. Sie muß einen akzeptablen Kompromiß zwischen Suchzeit und Kosten für die Ausführung des Plans darstellen.

Analyse der kombinierten Suche

Analyse kombinierte Suche

Als nächstes Beispiel wurde die Aufgabe aus der Klötzchenwelt mit einer kombinierten, intelligenten Suche gelöst. Bei der Bewertungsfunktion wurden alle falsch stehenden Klötze und die darüber befindlichen gezählt. Die gewählten Parameter für die Bewertungsfunktion waren wieder $c_1 = c_2 = 1$.

Zur Lösung wurden 94 Knoten erzeugt. Die Zahl der erzeugten Zustände ist gegenüber den oben dargestellten Verfahren nochmals reduziert, was als Vorteil der kombinierten Suche zu erwarten war. Am Schluß befanden sich in den beiden Suchbäumen insgesamt 61 Knoten (Zustände). Eine Lösung mit 7 Aktionen wurde gefunden. Ein V bzw. R kennzeichnet, daß die Aktion bei der Vorwärtssuche bzw. bei der Rückwärtssuche erzeugt wurde.

1.Aktion(V): Klotz 4 nach Standplatz t3
2.Aktion(V): Klotz 3 nach Standplatz 5
3.Aktion(V): Klotz 4 nach Standplatz 3
4.Aktion(R): Klotz 2 nach Standplatz t2
5.Aktion(R): Klotz 4 nach Standplatz 1
6.Aktion(R): Klotz 3 nach Standplatz 2
7.Aktion(R): Klotz 5 nach Standplatz 3

Analyse des Planens mit Teilzielen

Analyse Planen mit Teilzielen

Als Teilziele betrachten wir nicht die Lage einzelner Klötze, sondern die Zusammensetzung ganzer Stapel. Damit läßt sich unser Gesamtproblem in zwei Teilprobleme gliedern:

- Teilproblem 1: $1 \underline{auf}\ t \wedge 4 \underline{auf}\ 1$
- Teilproblem 2: $2 \underline{auf}\ u \wedge 3 \underline{auf}\ 2 \wedge 5 \underline{auf}\ 3$ mit $u \neq t$

Vorgehen abstrakte Klötze

Zur Lösung des Gesamtproblems gehen wir vom Ausgangszustand des Gesamtproblems aus und lösen zunächst das erste Teilproblem. Der Endzustand nach Lösung des ersten Teilproblems ist der Ausgangszustand für das zweite Teilproblem. Dieses wird dann gelöst. Bei jeder Teillösung wird eine Operator- und Zustandsabstraktion eingeführt. Die Zustandsabstraktion beinhaltet:

1. Klötze, die nicht im Zielzustand des Teilproblems erscheinen und aufeinander stehen, werden zu einem abstrakten Klotz vereinigt. Ein Beispiel ist der abstrakte Klotz A in Abb. 11.6 rechts.
2. Abstrakte Klötze, die auf einem Tischplatz stehen, werden zu einem abstrakten Tischplatz vereinigt.
3. Klötze, die nicht im Zielzustand des Teilproblems erscheinen und auf einem Tischplatz stehen, werden ebenfalls zu einem abstrakten Tischplatz vereinigt (vergleiche den abstrakten Tischplatz tA in Abb. 11.6).

Der Deutlichkeit halber werden die abstrakten Klötze und Plätze durch Buchstaben bezeichnet. Die Operatorabstraktion besteht darin, daß der Roboter sowohl einen normalen Klotz als auch einen abstrakten Klotz transportieren kann. Beim Transport eines abstrakten Klotzes dreht sich die Reihenfolge der Klötze darin um. Damit kann aus einem abstrahierten Zustand auch leicht wieder der reale Zustand bestimmt werden.

Teilproblem 1

Nach dem geschilderten Verfahren werden jetzt Ausgangs- und Zielzustand für Teilproblem 1 bestimmt. Diese sind in Abb. 11.6 zu finden. Eine intelligente Suche erzeugt 12 Knoten. Der Suchbaum enthält 8 Zustände. Die Aktionsfolge ist:

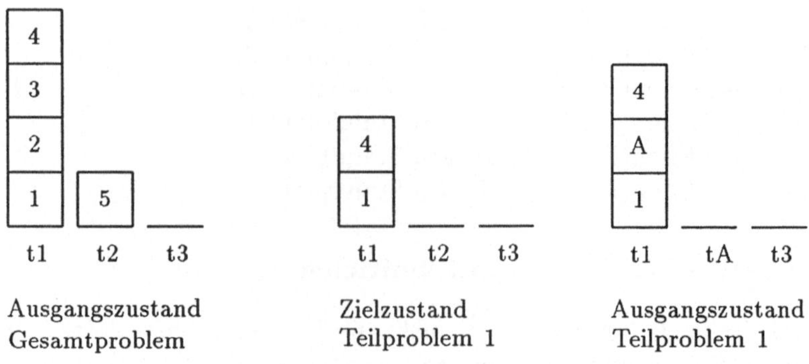

Abb. 11.6. Ausgangs- und Zielzustand Teilproblem 1

1.Aktion: Klotz 4 auf Tisch
2.Aktion: Klotz A auf Tisch
3.Aktion: Klotz 4 auf Klotz 1

Ausgangszustand Teilproblem 2

Je nach der konkreten Wahl der Tischplätze für Klotz A ergeben sich zwei zwei mögliche Ausgangszustände für Teilproblem 2. Abb. 11.7 zeigt die abstrahierten Ausgangszustände für Teilproblem 2 und den Zielzustand.

Ergebnis Teilproblem 2

Das Teilproblem 2 wurde wieder durch intelligente Suche gelöst. Beim Ausgangszustand 1 (2) sind 9 (5) Zustände im Suchbaum. Insgesamt wurden 14 (9) Zustände erzeugt. Bei beiden Ausgangszuständen ergab sich dieselbe Aktionsfolge:

1.Aktion: Klotz 2 auf Tisch
2.Aktion: Klotz 3 auf Klotz 2
3.Aktion: Klotz 5 auf Klotz 3

Gesamtlösung

Da bei Ausgangszustand 2 der Klotz 2 auf zwei unterschiedliche Tischplätze gestellt werden kann, gibt es insgesamt drei Ergebniszustände nach Lösung des Teilproblems 2 (Abb. 11.8). Von diesen sind zwei Zustände identisch. Nur die Lösung 3 ist mit dem Zielzustand des Gesamtproblems verträglich. Sie wird mit folgender Aktionsfolge erreicht:

1.Aktion(1): Klotz 4 nach Standplatz t3
2.Aktion(1): Klotz 3 nach Standplatz 5
3.Aktion(1): Klotz 2 nach Standplatz 3
4.Aktion(1): Klotz 4 nach Standplatz 1
5.Aktion(2): Klotz 2 nach Standplatz t3
6.Aktion(2): Klotz 3 nach Standplatz 2
7.Aktion(2): Klotz 5 nach Standplatz 3

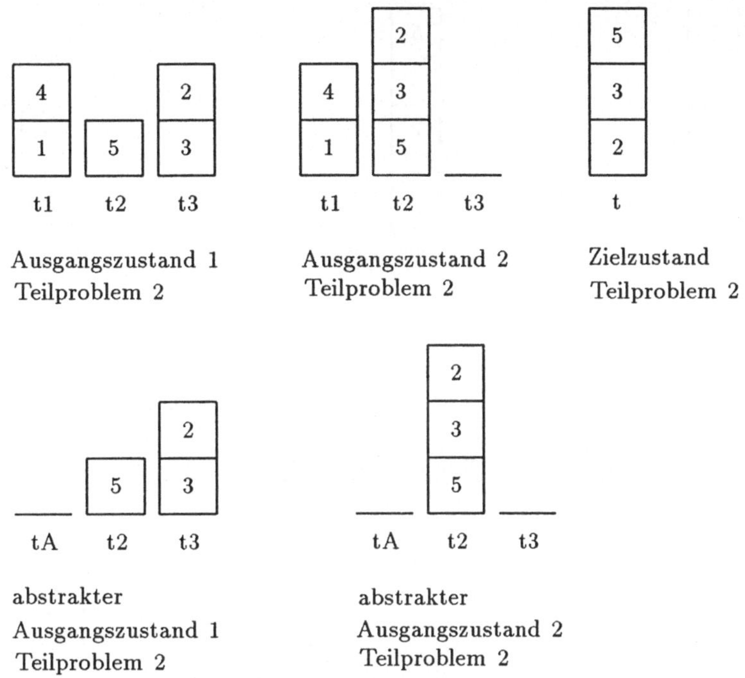

Abb. 11.7. Definition Teilproblem 2

Bewertung

In der Aktionsfolge wird durch (1) bzw. (2) angezeigt, bei der Lösung welchen Teilproblems dieser Schritt erzeugt wurde. Zur Lösung wurden insgesamt 21 Zustände erzeugt. Also nochmals deutlich weniger als bei den bisher beschriebenen Verfahren. Allerdings entsteht keine optimale Aktionsfolge. Dies liegt daran, daß bei der Lösung des Teilproblems 1 die Klötze 2 und 3 als ein abstrakter Klotz betrachtet werden. Damit können diese Klötze nicht unabhängig auf verschiedene Standplätze verteilt werden.

Die Tatsache, daß der Ausgangszustand 1 für das Teilproblem 1 in der dargestellten Vorgehensweise nicht zu einer Lösung des Gesamtproblems führte, heißt nicht, daß dieser Zustand prinzipiell unbrauchbar ist. Bei einer etwas anderen Abstraktion des Ausgangszustands für Teilproblem 2 gemäß der Abb. 11.9 ergibt sich doch eine Lösung.

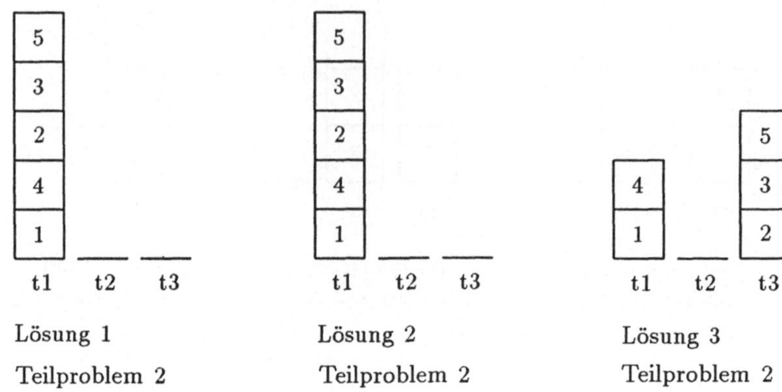

Abb. 11.8. Ergebniszustände Teilproblem 2

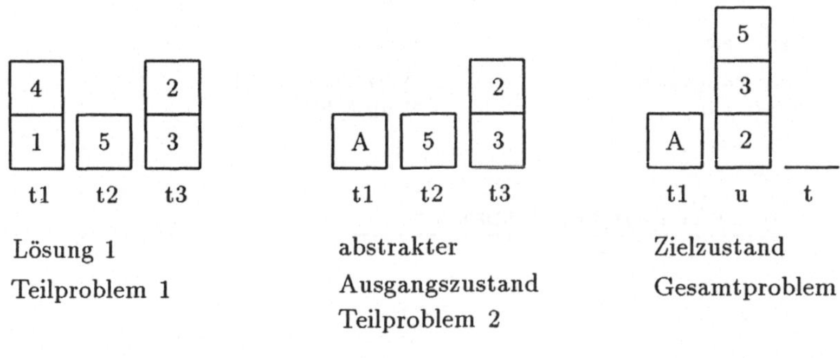

Abb. 11.9. Modifiziertes Teilproblem 2

Die geschickte Zerlegung eines Gesamtproblems in Teilprobleme ist stark von dem Anwendungsbereich abhängig. Eine befriedigende, universell anwendbare Vorgehensweise ist bis heute nicht bekannt.

12. Montageplanung

Nach den allgemeinen Formalismen und Verfahren des Planens wird die Montageplanung als ein wichtiges Anwendungsgebiet des Planens in der Robotik behandelt. Nach grundlegenden Definitionen werden die typischen Montageoperationen, insbesondere die Fügeoperationen, vorgestellt. Ein Bauteil wird durch Montageoperationen aus seinen Einzelteilen zusammengesetzt. Hierbei gibt es normalerweise eine Vielzahl möglicher Montagesequenzen. Am Beispiel einer stark vereinfachten Taschenlampenmontage werden Struktur und Erzeugung von UND/ODER-Graphen als wesentliche Grundlage zur Bestimmung optimaler Montagefolgen beschrieben. Das Kapitel schließt mit einer kritischen Betrachtung des Nutzens von automatischen Montageplanern.

12.1 Grundlagen

Montageplanung

Im vorherigen Kapitel wurden am Beispiel der Klötzchenwelt grundsätzliche Suchverfahren und -strategien beschrieben. In diesem Kapitel soll nun ein Anwendungsbereich, die (automatische) Montageplanung, genauer betrachtet werden. Montageplanung heißt, daß die Aktionenfolge, um ein Produkt automatisiert zu montieren, von einem Rechnerprogramm erzeugt wird.

Abgrenzung zur Arbeitsvorbereitung

Im Rahmen der Arbeitsvorbereitung bei der Automatisierung spricht man ebenfalls von Montageplanung. Dort wird der Begriff allerdings wesentlich umfassender gebraucht [AWFR82]. Zur Montageplanung gehören dann:

- Planung und Gestaltung der Produktionsstätten (Fertigungszellen),
- Festlegung des gesamten Montageablaufs (Materialfluß, Montageschritte, CIM-Einbindung),
- Planung von Ablaufzeiten,
- Planung von Montagemitteln (Ressourcen wie Werkzeuge, Material, Maschinen, Arbeitskräfte) und
- Planung von Kosten (Material, Montagemittel, Lohn).

Der Begriff Montageplanung im Sinn des vorliegenden Buchs ist demgegenüber stark eingeschränkt. Er umfaßt nur die Teilschritte Montagevorgangsplanung, evtl. zusammen mit der Ermittlung der Montagemittel.

Fertigungs-schritte Aktionen

Die Montageplanung ist Bestandteil eines Aufgabentransformators, siehe auch Abb. 10.1. Die Montageplanung zerlegt einen Fertigungsauftrag für ein Teil in einzelne Fertigungsschritte. Das Ergebnis ist eine Liste von Aktionen, deren Abarbeitung das Montieren des gewünschten Produkts herbeiführt. Die Liste der Aktionen kann

- bereits sequentialisiert oder
- nur partiell geordnet sein.

Vorranggraph

Im zweiten Fall kann die Montage je nach verfügbaren Ressourcen noch parallelisiert werden, z.B. können mehrere Roboter und Maschinen gleichzeitig eingesetzt werden. Eine Möglichkeit der Darstellung einer partiellen Ordnung ist ein Vorranggraph, wie er bei der Montage des Cranfield-Pendels verwendet wurde (Abb. 7.3).

Abstraktions-ebenen der Aktionen

Die bei der Montageplanung erzeugten Aktionen können verschieden abstrakt sein, z.B.

- roboter- und geräteorientierte Befehle oder
- aufgabenorientierte Anweisungen.

Im ersten Fall liegen Programme vor, die direkt in die Steuerung von Robotern und Maschinen geladen werden können. Hier ist der Planungsaufwand in der Montageplanung zur detaillierten Erstellung aller nötigen Befehle jedoch sehr groß. Außerdem ist das Ergebnis meist nur für eine feste Gerätekonfiguration zu gebrauchen.

aufgaben-orientierte Aktionen

Wesentlich flexibler ist die aufgabenorientierte Schnittstelle zwischen Montageplanung und Ausführung. Eine Aktionsliste mit aufgabenorientierten Aktionen kann beispielsweise für unterschiedliche Roboter und Fertigungszellen in roboterorientierte bzw. maschinenorientierte Befehlsfolgen umgewandelt werden. Dieses Vorgehen wurde ausführlich am Beispiel eines mvr-Aufgabentransformators dargestellt.

Arten Montage-planung

Auch bei der Montageplanung kann man wie bei anderen Planungen die folgenden grundsätzlichen Vorgehensweisen [LEVI88] unterscheiden:

zielorientiertes Planen

- Zielorientiertes Planen: Es wird ein Plan unter der Annahme einer perfekten Welt aufgestellt und dieser Plan dann ohne Aktionsüberwachung ausgeführt. Beispiele sind: STRIPS [FIKE71], ABSTRIPS [SACE77] oder APOM [LEVI88].

- Reagierendes Planen: Es wird ein vollständiger Plan für ein erwartetes Weltmodell erstellt. Bei der Ausführung erfolgt eine Aktionsüberwachung, die zu einer Neuplanung unter Änderung der Planungsziele führen kann. Ein Beispiel ist SIPE [WILK84]. reagierendes Planen
- Opportunistisches Planen: Es werden Pläne für alternative Weltmodelle erstellt. Es werden alle Ziele gleichzeitig verfolgt und es wird als nächster Schritt immer der im aktuellen Zustand erfolgversprechendste ausgewählt. Ein Beispiel ist OPIS [OW86]. opportunistisches Planen
- Zurückstellendes Planen: Es wird nur der jeweils nächste Schritt geplant und dieser ausgeführt. Die Ausführung wird überwacht. Man bewegt sich also in einem ständig aktualisierten, realen Weltmodell. zurückstellendes Planen
- Reflexives Planen: Hier handelt es sich um ein ereignisgetriebenes schrittweises Planen, ausschließlich aufgrund real vorliegender Daten. Das Verhalten basiert auf wenigen, vorausschauenden Annahmen. reflexives Planen

Normalerweise wird die Montageplanung losgelöst von einer konkreten Montage durchgeführt. Dies gilt insbesondere in einer Fabrikumgebung, da dort nach einem einzigen Montageplan sehr viele Bauteile gefertigt werden. In diesem Fall wird zur Erstellung des Montageplans ein zielorientiertes Planen eingesetzt, d.h. man geht von einer idealen Welt aus.

12.2 Montagewissen

Zur Durchführung einer Montageplanung ist Montagewissen erforderlich. Dieses gliedert sich in Produktionswissen und Produktwissen. Montagewissen

Zum Produktionswissen gehören alle Angaben, die die Fertigungsumgebung beschreiben, insbesondere Produktionswissen

- die Beschreibung der Montage- und Fügeoperationen Montageoperationen
  Diese können beispielsweise in Form von Skripten oder Verhaltensmustern spezifiziert sein. Sie können aber auch nur durch Prozeduren oder Prozesse algorithmisch definiert sein. Bestandteil der Beschreibung sind u.a. auch Vor- und Nachbedingungen, benötigte Werkzeuge, auszuübende Kräfte, Zeitdauern und Kosten.
- die Beschreibung der Transport- und Handhabungsoperationen Transportoperationen
  Diese können ähnlich wie die Montage- und Fügeoperationen beschrieben werden.
- die Beschreibung der Ressourcen Ressourcen
  Typische Ressourcen sind beispielsweise Lager, Transportwege in der Fabrik, Maschinen, Roboter, Sensoren, Werkzeuge,

Transporteinrichtungen oder Halte- und Spannvorrichtungen. Bei einem Werkzeug könnten Bestandteile der Beschreibung sein:
- Art, Einsatzmöglichkeit
- geometrische Beschreibung
- Material, Abnutzungsverhalten
- Ort der Aufbewahrung
- Dauer des Werkzeugwechsels

Produktwissen

Zum Produktwissen gehören alle Angaben über das Produkt, das gefertigt werden soll, insbesondere

- seine Einzelteile
- die geometrische Beschreibung der Einzelteile (CAD-Daten)
- die relative Lage von Koordinatensystemen, beispielsweise zur Beschreibung von Greifpunkten oder Fügeflächen
- die Materialbeschreibung der Einzelteile
- die Nachbarschaftsbeziehungen von Teilen oder von deren Fügeflächen
- die Verbindungsart von Teilen

Montagegraph

Die Nachbarschaftsbeziehungen zwischen Teilen und die jeweiligen Verbindungsarten werden oft in einem Montagegraph dargestellt. Dieser wird nachfolgend beschrieben.

Aus den vorliegenden Fertigungsaufträgen, dem Produktionswissen und dem Produktwissen wird dann ein Fertigungsplan aufgestellt. Basis des Fertigungsplans ist der Montageplan für einzelne Produkte, also die Sequenz, in der die Einzelteile zu den Teilkomponenten des Produkts und diese schließlich zum Endprodukt zusammengefügt werden. Die zeitliche Planung der Fertigung und die Zuordnung der benötigten Ressourcen ist üblicherweise die Aufgabe eines Produktionsplanungssystems (PPS). Der Montageplan kann vorab oder schritthaltend während der Fertigung erstellt werden. Heute ist eine schritthaltende Erstellung des Montageplans noch nicht möglich.

12.3 Montagegraph

Definition

Ein Montagegraph stellt einen Ausschnitt des Produktwissens, nämlich die Nachbarschaftsbeziehungen zwischen Teilen und die jeweiligen Verbindungsarten in den Vordergrund. In Anlehnung an Homem de Mello [HOME91] ist ein Montagegraph $\mathcal{MG}$ ein attributierter Graph, definiert durch die Knotenmenge $\mathcal{N} = \mathcal{P} \cup \mathcal{C} \cup \mathcal{A}$, wobei

$\mathcal{P}$ die Menge der Einzelteile (parts)

$\mathcal{C}$ die Menge der Kontakte (connections)

$\mathcal{A}$ die Menge der Befestigungen (attachements)

die Kantenmenge (Relationen) $\mathcal{R} = \mathcal{R}_{\mathcal{CP}} \cup \mathcal{R}_{\mathcal{AC}} \cup \mathcal{R}_{\mathcal{AP}}$, mit

$\mathcal{R}_{\mathcal{CP}}$ Teilmenge aus $\mathcal{C} \times \mathcal{P}$

$\mathcal{R}_{\mathcal{AC}}$ Teilmenge aus $\mathcal{A} \times \mathcal{C}$

$\mathcal{R}_{\mathcal{AP}}$ Teilmenge aus $\mathcal{A} \times \mathcal{P}$

eine Menge von Attributfunktionen für Knoten und Kanten

attributierter Graph

Die Einzelteile werden insbesondere durch Attribute, wie den Namen, die Gestalt, die geometrischen Eigenschaften, die Materialeigenschaften oder die Lage im Endprodukt beschrieben.

Attribute

Kontakte können zwischen je zwei Oberflächen von Teilen bestehen. Dabei kann eine Oberfläche durchaus mehrere Kontakte haben. Ein Attribut der Kontakte ist beispielsweise die Kontaktart: eben, rechteckig, zylindrisch oder verschraubt. Diese stehen für eine Berührung zweier ebener Flächen, für einen rechteckigen bzw. zylindrischen Stift in der entsprechenden Bohrung und für eine Verschraubung. Die Kontaktarten sind also direkt auf die Fügeoperationen abbildbar. Aus den Attributen des Kontakts müssen damit auch die Parameter der Fügeoperation hergeleitet oder noch besser direkt entnommen werden können. Damit gehören zu den Attributen auch die geometrischen Beziehungen zwischen den Oberflächen des Kontakts, Fügebewegungen und aufzuwendende Kräfte beim Fügen.

Kontakte

Eine Befestigung wird einem oder mehreren Kontakten zugeordnet, wenn diese durch sie fixiert werden. Die explizite Darstellung der Befestigungen im Graph wird vorgesehen, damit eine Beurteilung der Haltbarkeit und Stabilität der Verbindungen bei teilmontierten Produkten einfach möglich wird. Für die automatische Montageplanung ist dies neben der Zugänglichkeit von Teilen ja eines der wichtigen Entscheidungskriterien zur Erstellung möglicher Montagesequenzen.

Befestigung

Beispiele für Attribute von Befestigungen sind die Befestigungsart, das Befestigungsteil, die den Zugang zur Befestigung eventuell blockierenden anderen Teile sowie die Material- und Festigkeitsbeschreibungen. Typische Befestigungsarten sind Verklebung, Verbindung mit Haltern (wie Verriegelungsstifte, Seegerringe), Schnappverbindung, Verschraubung und Verschweißung.

Die Relationen zwischen Kontakten und Teilen beschreiben für einen Kontakt die beiden Teile, die jeweils eine der beiden beteiligten Kontaktflächen besitzen. Die Relationen zwischen Befestigungen und Kontakten beschreiben, welche Kontakte durch eine Befestigung fixiert werden. Eine Relation zwischen einer Befesti-

Kontakte und Teile

gung und einem Teil sagt aus, daß dieses Teil das Befestigungsteil ist.

Beispiel Taschenlampe

Ein Beispiel für einen Montagegraphen findet sich in Abb. 12.2. Dieser Montagegraph beschreibt den (statischen) Aufbau einer Taschenlampe. Damit die Übersichtlichkeit erhalten bleibt, wurde der Aufbau der Taschenlampe stark vereinfacht. Sie besteht nur noch aus folgenden Teilen (Abb. 12.1):

Bestandteile der Taschenlampe

Ba	Batterie	Bi	Birne	G	Gehäuse
K	Kappe	R	Reflektor	S	Scheibe

einige Erläuterungen

Einige Kontakte und Befestigungen, die im Montagegraphen der Taschenlampe (Abb. 12.2) auftreten, sollen nachfolgend erläutert werden. Die Bedeutung der nichtbeschriebenen Knoten und Kanten läßt sich daraus leicht erschließen.

Kontakt C1

- C1 beschreibt die Kontaktart verschraubt. Die Achsen der Kappe und des Gehäuses sind also ausgerichtet. Die Orientierung der Teile beim Fügen ergibt sich aus den Attributen. Die Befestigungsart A1 ist die erfolgte Verschraubung.

Kontakt C2

- C2 beschreibt die Kontaktart zylindrisch zwischen Batterie und Gehäuse. Die Achsen der Batterie und des Gehäuses sind also ausgerichtet. Eine Befestigung eines solchen Kontakts in dieser oder ähnlichen Situationen erfolgt bei den meisten Autoren nicht. Das ist nicht ganz sauber, man müßte im Graph eigentlich eine Befestigung durch die Kappe beschreiben, da erst nach Aufsetzen der Kappe die Batterien gegen ein Herausfallen gesichert sind. Bis dahin darf das Gehäuse auch nur mit Einschränkungen bewegt werden. In unserem Montagegraph ist deshalb eine Befestigung A2 für die Kontakte C2, C5 und C6 eingeführt worden (in der Abbildung gestrichelt). Das zugehörige Befestigungsteil ist die Kappe K.

Kontakt C7

- C7 beschreibt die Kontaktart zylindrisch zwischen Reflektor und Scheibe. Die Befestigung A5 erfolgt durch eine Verklebung. Welche Flächen mit welchem Klebstoff zu versehen sind sowie die Behandlung der Klebestelle steht in Attributen. Zur Behandlung der Klebestelle gehört möglicherweise Reinigung, Erwärmung, Anpreßdruck und Abbindezeit.

Aus den Montagegraphen muß nun eine Montagesequenz für die Einzelteile hergeleitet werden. Dieser Schritt wird im nächsten Kapitel behandelt.

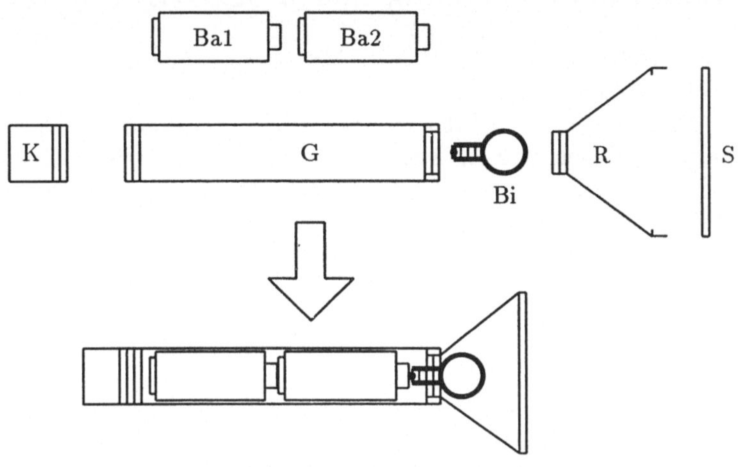

Abb. 12.1. Einzelteile der Taschenlampe

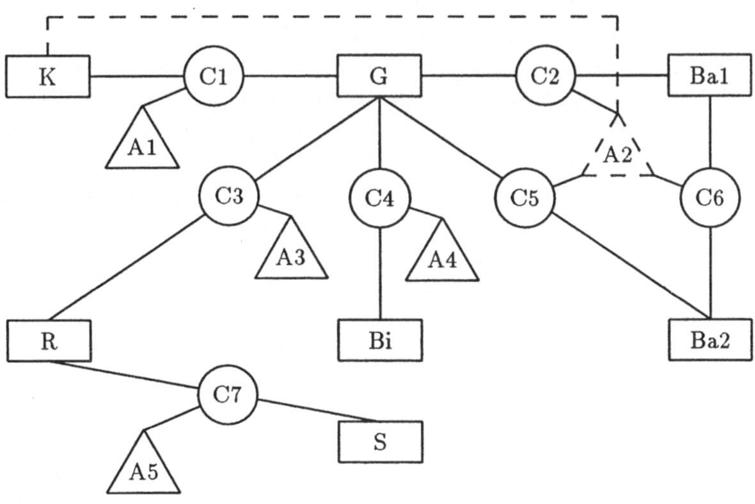

Abb. 12.2. Montagegraph für die Taschenlampe

12.4 Montageplanung und UND/ODER-Graph

Ablauf Montageplanung vom Montagegraph zum UND/ODER-Graph

Zunächst wird der Ablauf einer Montageplanung beschrieben. In Abb. 12.3 finden sich die wichtigsten Schritte.

Ausgangspunkt ist der Montagegraph, wie er im letzten Kapitel beschrieben wurde. Aus dem Montagegraphen werden durch Zerlegung die prinzipiell möglichen Teilkomponenten ermittelt. Nicht alle Teilkomponenten sind real als isolierte Einheit fertigbar, beispielsweise wenn die Stabilität nicht ausreichend ist. Die real fertigbaren Teilkomponenten und ihre Bestandteile werden in einem sogenannten UND/ODER-Graphen dargestellt. Aus dem Montageplan oder aus anderem Produktionswissen werden Attribute dem UND/ODER-Graphen zugefügt, beispielsweise mit welchen Fügeoperationen die Teile zu verbinden sind, welche Ressourcen dazu benötigt werden und was die Kosten dafür sind. So entsteht der attributierte UND/ODER-Graph. In diesem Graph wird dann eine optimale Montagesequenz, optimal beispielsweise bezüglich der Kosten, gesucht. Dadurch entsteht der Montageplan mit einer partiell geordneten Folge von Montageschritten.

detaillierte Schritte

Nachfolgend soll nun der Weg vom Montagegraphen zum attributierten UND/ODER-Graphen etwas detaillierter besprochen werden.

Zerlegung in Teilkomponenten

Aus dem Montagegraphen kann durch einen Schnitt eine Zerlegung des Produkts in zwei Teilkomponenten gewonnen werden. Die möglichen Schnitte ergeben mögliche Zerlegungen in Teilkomponenten. Es sind natürlich nur die Schnitte zulässig, die wieder gültige Montagegraphen für die Teilkomponenten ergeben oder die zu einem Einzelteil als Teilkomponente führen. Hierbei ist eine wichtige Bedingung für einen gültigen Montagegraphen, daß alle Kontakte zwischen den Einzelteilen im Montagegraph ebenfalls im Montagegraph enthalten sind. Die entstehenden Montagegraphen für die Teilkomponenten können dann rekursiv weiter zerlegt werden. Damit erhält man rekursiv eine Hierarchie aller prinzipiell möglichen Zerlegungen in Teilkomponenten.

reale Montagefolgen

Aus den prinzipiell möglichen Teilkomponenten müssen nun die real möglichen Montagefolgen ermittelt werden. Die vollautomatische Bestimmung der real möglichen Montagefolgen durch den Rechner ist bisher nur für einfachste Fälle gelungen, da sehr umfangreiches und detailliertes Produkt- und Produktionswissen erforderlich ist. Insbesondere muß der Rechner aus der Geometrie mühsam Montagefolgen herleiten, die der Konstrukteur beim Entwurf der Einzelteile bereits wußte und die in die Konstruktion eingeflossen sind. Daher ist eine Bereitstellung des bereits vorhandenen Wissens über Montagefolgen auf möglichst hoher Ebene sinnvoll.

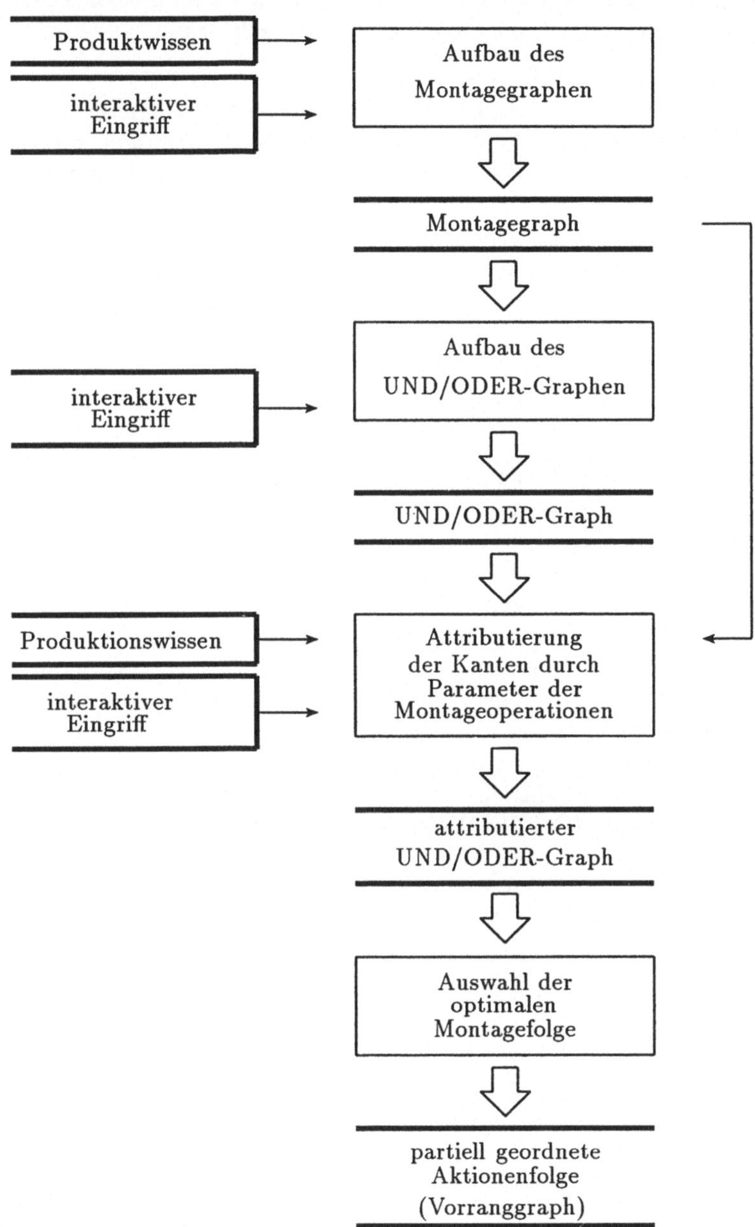

Abb. 12.3. Ablauf einer Montageplanung

Kriterien dazu

Wichtige Kriterien, um aus den prinzipiell möglichen Teilkomponenten die real möglichen zu extrahieren, sind:

- Stabilität der Teilkomponente (Baugruppe)
- Zugänglichkeit der Einbaustellen zur Montage der Bestandteile einer Baugruppe, also insbesondere Vorhandensein kollisionsfreier Pfade, um Baugruppen zur nächstgrößeren Baugruppe zu verbinden
- Möglichkeit, die Verbindung der Bestandteile einer Baugruppe auszuführen (Ressourcen, Werkzeuge vorhanden)
- Einbau eines Befestigungsteils nach Einbau der dadurch zu befestigenden Teile
- Restriktionen aufgrund von Eigenschaften einer Montageoperation, beispielsweise darf sich beim Schweißen kein Kunststoffteil in einer gewissen Umgebung der Schweißflamme befinden,

Hinzu kommen nichttechnische Vorgaben, beispielsweise soll eine Montagesequenz so gewählt werden, daß eine bestimmte Baugruppe als Zwischenprodukt entsteht, da diese auch als Ersatzteil verkauft werden soll.

Beispiele Prädikate

Falls die oben genannten Prädikate für die Bauteile nicht unmittelbar durch den Benutzer definiert werden, müssen sie formalisiert und in Programme umgesetzt werden. Dieser Vorgang wird hier nicht weiter besprochen. Erläuterungen für das Cranfield-Pendel findet man bei Frommherz [FROM90a] und für eine Laugenpumpe bei Levi [LEVI88].

Definition UND/ODER-Graph

Die real möglichen Montagefolgen für ein Produkt können als sogenannter UND/ODER-Graph dargestellt werden. Dieser besteht aus genau einer Wurzel und beliebig vielen Knoten und Kanten. Die Wurzel beschreibt das Produkt, die Blätter beschreiben die Einzelteile und die übrigen Knoten beschreiben die Baugruppen, also die teilmontierten Zwischenprodukte. Baugruppen bestehen wieder aus Baugruppen bzw. aus Einzelteilen, die nicht zu Baugruppen vormontiert wurden. Es ergibt sich also eine Baugruppenhierarchie.

Die Kanten geben die unmittelbaren Bestandteile einer Baugruppe an, also wie oben bereits ausgeführt, die Einzelteile oder Baugruppen aus denen eine Baugruppe montiert wird. Alle Kanten, die von einer Baugruppe zu ihren unmittelbaren Bestandteilen führen, werden zu einer Hyperkante zusammengefaßt. Eine Hyperkante heißt auch UND-Kante. Sie beschreibt einen Montagevorgang und kann daher mit einer Montageoperation attributiert werden. Eine Hyperkante wird in den Abbildungen durch einen Kreisbogen, der die dazugehörigen Einzelkanten verbindet, dargestellt. Umfassen alle Hyperkanten eines Graphen stets nur zwei

Kanten, werden also immer nur zwei Teile zu einer neuen Baugruppe montiert, dann spricht man vom binären UND/ODER-Graph.

In vielen Fällen gibt es unterschiedliche Montagesequenzen, die zu ein und derselben Baugruppe führen. In diesem Fall gibt es mehrere alternative Sätze von Bestandteilen, aus denen eine Baugruppe aufgebaut werden kann (ODER-Alternativen). Von einer Baugruppe gehen also mehrere Hyperkanten aus, die als Montagealternativen zu interpretieren sind.

ODER-Alternativen

Als Beispiel wird nachfolgend nun der UND/ODER-Graph für die Montage einer Taschenlampe ausschnittsweise besprochen. Die Einzelteile der Taschenlampe und der Montagegraph sind bereits in Abb. 12.1 und Abb. 12.2 dargestellt worden. In Abb. 12.4 wird der UND/ODER-Graph für die Taschenlampe dargestellt. Einzelteile werden durch die Abkürzung ihrer Bezeichnung markiert. Die Knoten dafür sind oval dargestellt. Zur besseren Übersichtlichkeit sind Knoten für Einzelteile eventuell mehrfach im Graph aufgezeichnet. In Wirklichkeit handelt es sich dann immer um denselben Knoten, von dem alle angegebenen Kanten ausgehen. Baugruppen werden durch die Abkürzungen für ihre Bestandteile und ein Rechteck gekennzeichnet.

Beispiel Taschenlampe

Die Wurzel des Graphen ist das Endprodukt, also die Taschenlampe. Von der Wurzel gehen zwei UND-Kanten aus, also kann man den letzten Montageschritt aus zwei Varianten herleiten:

1. Entweder kann man die Baugruppe „Lampenkopf" (Reflektor und Scheibe) in die Baugruppe „volles Gehäuse mit Kappe und Birnchen" einschrauben,
2. oder man kann die Kappe auf die Baugruppe „volles Gehäuse mit Birnchen und Lampenkopf" aufschrauben.

Die Baugruppe „volles Gehäuse mit Kappe und Birnchen" kann wiederum aus zwei verschiedenen Bausätzen gefertigt werden:

1. Entweder kann man in die Baugruppe „volles Gehäuse mit Kappe" das Birnchen einschrauben,
2. oder man kann die Kappe auf die Baugruppe „volles Gehäuse mit Birnchen" aufschrauben.

Aus der Abbildung sind dementsprechend auch die Montagevorschriften für die anderen Baugruppen zu entnehmen. Auch die Parallelismen bei der Montage können unmittelbar abgelesen werden. Besitzt eine UND-Kante zwei oder mehrere Baugruppen (= Rechtecke), dann können diese beliebig parallel montiert werden.

Jede UND-Kante hat als Attribute den Namen der Montageoperation und ihre Parameter. Zu solchen Parametern gehören

Attribute UND-Kante

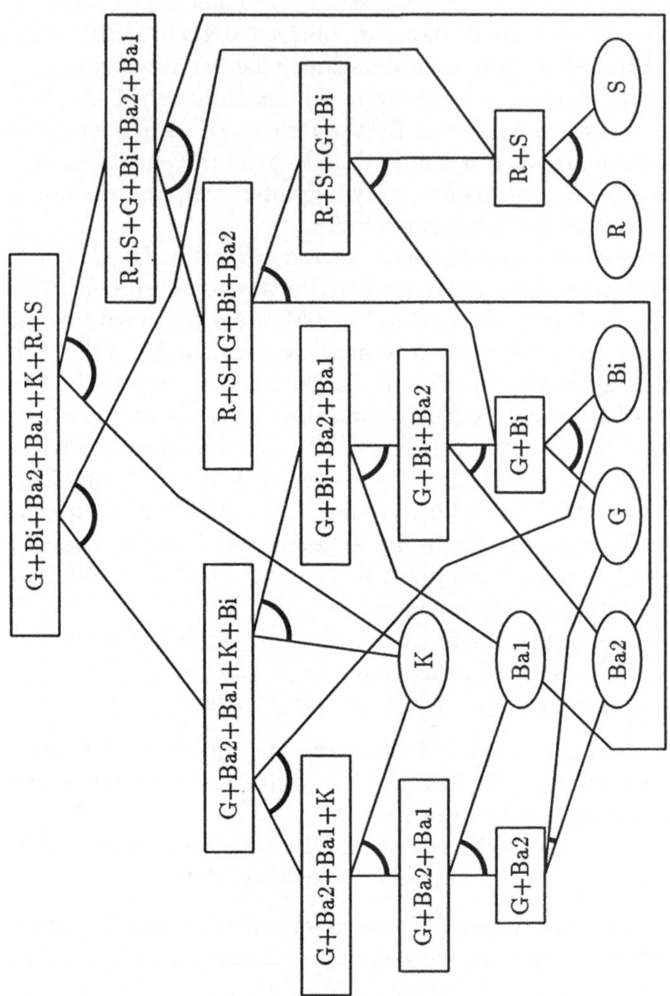

Abb. 12.4. UND/ODER-Graph für die Taschenlampe

die benötigten Ressourcen und Anwendungsvorschriften, wie beispielsweise das auszuübende Drehmoment beim Verschrauben oder die Abbindezeit beim Kleben. Alle diese Attribute sind in der Abbildung nicht dargestellt.

optimale Montagesequenzen

Wie man sieht, gibt es mehrere Wege entlang der Hyperkanten vom Einzelteil zum Produkt. Diese Wege entsprechen unterschiedlichen, real ausführbaren Montagesequenzen. Man ist natürlich für die konkrete Montage an einer optimalen Montagesequenz interessiert. Hierzu muß eine Bewertung der Montagesequenzen definiert werden. Dies sind typischerweise die Kosten oder die Zeit für eine Montage. Der Anwender muß dabei definieren, welche Parameter in die Bewertung eingehen, beispielsweise

- Zeitdauer oder Kosten der einzelnen Montageoperationen
- Zeitdauer von Werkzeugtransport und Werkzeugwechsel
- Zeitdauer von Materialtransport
- Abnutzung von Werkzeugen beim Fertigen
- Verfügbarkeit von Maschinen und Werkzeugen
- Energieverbrauch
- Wahrscheinlichkeit fehlerhafter Teile bei der Fertigung, beispielsweise durch zu schwere oder zu instabile Zwischenprodukte oder durch Einbau empfindlicher Teile schon zu Beginn der Montage
- Berücksichtigung möglicher Parallelismen zur Zeitverkürzung der Montage

Lösungsgraph

Die optimale Montagesequenz läßt sich in Form eines Lösungsgraphen darstellen. Dieser entspricht einem UND/ODER-Graphen ohne ODER-Alternativen. Diese Darstellung enthält die partielle Ordnung für die Montage, also den früher besprochenen Vorranggraphen.

Bewertung

Aus den besprochenen Eigenschaften ergeben sich unmittelbar die Vorteile, aber auch die Probleme der UND/ODER-Graphen. Der größte Vorteil ist, daß alle möglichen Montagefolgen und Parallelismen kompakt dargestellt sind. Sie sind außerdem redundanzfrei [LEVI88] bezüglich der Baugruppen, d.h. jede denkbare Teilbaugruppe kommt höchstens einmal als Knoten vor. Die Hauptnachteile sind ihre Größe und Unübersichtlichkeit, die schon bei relativ wenigen Einzelteilen beginnt (siehe Abb. 12.4) und aufgrund der kombinatorischen Vielfalt stark zunimmt (maximal ergeben sich bei n Einzelteilen $2^n - 1$ Knoten). Aus der Größe können weiterhin Speicherplatz- und Rechenzeitprobleme resultieren, wenn die Graphen im Rechner zu verarbeiten sind, beispielsweise bei der Bestimmung optimaler Montagefolgen.

12.5 Anwendungsaspekte

Diskussion Anwendungsaspekte

Aus den vorangegangenen Ausführungen ist zu erkennen, daß die Montageplanung ein sehr umfangreiches und komplexes Produkt- und Produktionswissen erfordert. Die Formalisierung dieses Wissens zur Auswertung im Rechner ist schwierig. Die Montageplanung darf außerdem nicht isoliert gesehen werden, sondern muß in den gesamten Produktentwicklungszyklus eingebunden werden. Dadurch entstehen weitere, bisher nicht besprochene Anforderungen an Leistungen und Schnittstellen, so kann beispielsweise die direkte Übernahme von CAD-Daten in die Montageplanung gefordert sein.

praktische Realisierung

Dadurch entstehen Fragen zum prinzipiellen Nutzen und zur praktischen Realisierung, u.a.:

- Wie hängt die Montageplanung mit der Konstruktion zusammen?
- Wie hängt die Montageplanung mit der Arbeitsvorbereitung zusammen?
- Was geht bei der Montageplanung völlig automatisch, wo ist ein interaktives System sinnvoll?
- Wie erwirbt man überhaupt alles notwendige Wissen zur Montageplanung?
- Was ist sinnvollerweise mit einem Montageplaner zu planen?

Diese Fragen sollen im folgenden näher diskutiert werden.

Montageplanung und Konstruktion

Die automatische Montageplanung muß eng mit der Konstruktion verzahnt werden. Die Konstrukteure am CAD-System benutzen viel Wissen über das Produkt und seine geplante Fertigung, beispielsweise wie ein Produkt in Baugruppen zu strukturieren ist, wie es gefertigt wird und wie es zusammengebaut werden kann. Diese Information wird bisher im Rechner nicht festgehalten, da als Ergebnis des Konstruktionsvorgangs nur die CAD-Daten der Einzelteile gespeichert werden. Daraus folgt: Man sollte eine rechnergestützte Montageplanung, in die der Konstrukteur schon während des Konstruktionsprozesses interaktiv sein Wissen eingibt, einsetzen. Der Konstrukteur kann dann mit Hilfe der Montageplanung auch gleich seine Überlegungen überprüfen. Damit wird die Montageplanung nicht, wie heute üblich, losgelöst und unabhängig vom Konstruktionsprozeß eingesetzt und es wird nicht aus allgemeinen Regeln Montagewissen abgeleitet, wenn dieses bereits explizit beim Konstrukteur zur Verfügung steht.

Montageplanung und Arbeitsvorbereitung

Aus der Sicht der Arbeitsvorbereitung ist die Montageplanung im Sinn des vorliegenden Kapitels eigentlich nur der Teil Montagevorgangsplanung und teilweise die Ermittlung der Montagemittel. Zur Montageplanung im weiteren Sinn [AWFR82] gehören auch noch Tätigkeiten wie Arbeitsplatzgestaltung, Erzeugnisgliederung, Ermittlung von Montagezeiten, Arbeitskräften, Material- und Lohnkosten. Auch hier bestehen vielerlei Wechselwirkungen mit einer rechnergestützten Montageplanung, die eine Optimierung der Montagefolgen enthält. Die rechnergestützte Optimierung ist bei komplexeren Produkten mit vielen verschiedenen Montagemöglichkeiten unumgänglich. Aber auch hier ist eine interaktive Steuerung der rechnergestützten Montageplanung und Optimierung durch die Arbeitsvorbereiter wichtig. Eine Wechselwirkung und Rückkopplung zur Konstruktion darf nicht vergessen werden. Dies bedeutet, daß Konstruktion und Arbeitsvorbereitung kompatible Daten und Systeme verwenden müssen.

Wissens-darstellung

Wie erwähnt, benötigt man für die Montageplanung umfangreiches und vielfältiges Wissen über das Produkt und die Produktion. Für die rechnerinterne Darstellung solchen Wissens gibt es schon brauchbare Ansätze (Kapitel 8). Diese sind aber stark rechnerorientiert und für den menschlichen Benutzer schwierig aufzubauen, zu kontrollieren und zu aktualisieren. Die problem- und benutzerorientierte Darstellung und Manipulation solcher Daten wurde bisher sträflich vernachlässigt. Eine Ausnahme stellt die Arbeit von Schweiger zur Generierung von Expertensystemen zur wissensbasierten Konfiguration von Produkten dar [SCHW94a]. Ohne erhebliche Fortschritte bei der problemorientierten Eingabe, Präsentation und Aggregation von Wissen ist der Aufwand zur Wisseneingabe und Wissensaktualisierung im Verhältnis zum Nutzen zu hoch.

Wissenserwerb

Auch der Wissenserwerb und die Wissensaktualisierung für die Montageplanung stellen noch ein großes Problem dar[1]. Produktwissen über isolierte Teile läßt sich noch relativ leicht sammeln, z.B. aus CAD-Modellen, Plänen und technischen Beschreibungen. Das Produktwissen über Zusammenhänge zwischen Teilen, beispielsweise wenn Varianten verschiedener Teile sich gegenseitig ausschließen, ist schon wesentlich schwieriger zu beschaffen; vor allem, wenn es vollständig und widerspruchsfrei sein soll. Ähnliches gilt für das Produktionswissen, insbesondere über Arbeitsschritte, die heute noch eher von Personen durchgeführt werden und nicht von Maschinen.

Programme zum Wissenserwerb

Selbst bei Verwendung von Programmen zum Wissenserwerb kann das erforderliche Wissen oft nur mühsam durch Zusammenarbeit von Wissensingenieuren und technischen Spezialisten der betroffenen Fachrichtungen erarbeitet werden. Wesentlich effizienter wird es erst, wenn die Spezialisten bei ihrer täglichen Arbeit stark rechnerbezogen arbeiten und damit ihr aktuelles Wissen für

[1] Das gilt nicht nur für die Montageplanung.

die eigene Arbeit formalisiert im Rechner vorliegen muß. Dieses Wissen wäre dann durch andere Programmsysteme, beispielsweise die Montageplanung, abrufbar. Hierzu wären aber auch die heutigen, noch sehr primitiven Wissenserwerbskomponenten, deutlich zu verallgemeinern.

Anforderungen

Die Anforderungen an die Montageplanung sind von der Stückzahl und der Vielfalt der Varianten eines Produkts abhängig. Wird ein Produkt jahrelang in großen Stückzahlen gefertigt, dann ist die Montageplanung dazu nur einmal notwendig. Die einmal bestimmten Aktionslisten werden in immer gleicher Weise von den aufgabenorientierten Fertigungszellen verwendet, bis das Produkt aus dem Angebot des Herstellers verschwindet. Hier spielen Zeit und Aufwand zur Erstellung der Montagepläne keine große Rolle, wohl aber die Optimierung der Montage. Daher ist aufgrund heutiger Gegebenheiten eine manuelle Erstellung der Montagepläne für solche Produkte die Regel.

Baukasten

Wird ein Produkt in sehr vielen Varianten gefertigt, kommen oft neuentwickelte Bausteine für das Produkt hinzu und werden die Varianten auch noch durch die Wünsche des Kunden bestimmt, dann wird die kombinatorische Vielfalt der möglichen Varianten sehr groß. Es ist dann oft nicht mehr möglich und sinnvoll, für alle denkbaren Varianten vorab einen Montageplan zu erstellen. Man möchte erst bei Bedarf ein konkretes Produkt gezielt nach den Wünschen des Kunden aus einer Menge von Baugruppen nach dem Baukastensystem konfigurieren. Hier wird (in Zukunft) dann der Einsatz eines automatischen Montageplaners notwendig. Natürlich kann man den Aufwand bei der Montageplanung optimieren, indem man Montagepläne für bestimmte häufiger auftretende oder bereits einmal verwendete Standardbaugruppen in Bibliotheken bereithält und nicht immer wieder neu aus den Grunddaten erstellt.

variantenreiche Fertigung

Wird, wie oben bereits angedeutet, ein variantenreiches Produkt nach einem Baukastensystem konfiguriert, dann gibt es auch viele Varianten von Baugruppen in einem solchen Baukasten. Nicht alle Varianten sind dann miteinander verträglich. Die optimale Zusammensetzung des Produkts unter Beachtung aller Verträglichkeitsbedingungen für die Baugruppen ist dann schwierig. Insbesondere wenn die Konfigurierung im Vertriebsgespräch unter Anwesenheit des Kunden erfolgen soll, ist eine rechnergestützte Montageplanung notwendig. Dies wird besonders einsichtig, wenn man bedenkt, daß der Kunde nach Konfigurierung einer Variante vielleicht feststellt, daß diese zu teuer ist und er lieber eine ursprünglich aufgestellte Forderung abschwächt. Das bedeutet, daß mehrere Varianten on-line geplant werden müssen, obwohl dann nur eine davon verkauft wird.

Beispiel

Hierzu ein Beispiel: Eine Firma fertigt Werkzeugmaschinen für denselben Zweck (z.B. Fräsen), aber in unterschiedlicher Größe, für verschiedene Werkzeuge und mit unterschiedlichen Freiheitsgraden, Steuerungen, Motorleistungen, Werkzeughaltern, Spannvorrichtungen, Materialzuführeinrichtungen, Anbaugeräten usw. Die spezielle Maschine wird nach den Wünschen des Kunden und der beabsichtigten Verwendung konfiguriert. Dabei bestehen u.a. natürlich Abhängigkeiten zwischen den Freiheitsgraden, der Motorleistung und den Steuerungen. Als Ergebnis möchte man die Kosten der Maschine, die Stückliste, die Anordnung der Teile (Layout der Maschine) und den Montageplan.

Konfigurierungssysteme

In dem oben geschilderten Anwendungsgebiet einer variantenreichen Fertigung reichen also die weiter oben besprochenen typischen Montageplaner nicht mehr aus. Man benötigt Konfigurierungssysteme, manchmal auch Projektierungssysteme genannt, die interaktiv unter Einbezug technischer, wirtschaftlicher und benutzerspezifischer Randbedingungen aus einem Baukasten eine optimale Produktvariante zusammenstellen. Hierbei muß die Verträglichkeit aller Baugruppen und das Erbringen der gewünschten Funktionen und Leistungen garantiert sein.

Beispiele für Konfigurierungssysteme

Beispiele für Konfigurierungssysteme sind nach [SCHW94a]:

Name	Konfigurationsobjekte	Zitat
COMIX	Rührwerke	[BRIN91]
COSSACK	Rechner	[FRAY87]
FIGURE	Bildverarbeitungsprogramme	[MESS92]
KONEX	CNC-Steuerungen	[KONI90]
KONFIGULA	Ladeportale	[BUCH87]
		[BOCI88a]
R1/XCON	Rechner	[MCDE82]
		[BARK89]
VT	Aufzüge	[MARC88]
XKL	Flugzeugkabinen	[KOPI92]
XRAY	Röntgenprüfsysteme	[STRE90]

Eine Zusammenstellung von Expertensystemen, die in Deutschland in der Fertigung eingesetzt werden, findet sich bei Mertens [MERT90]. Neben vollständigen Expertensystemen gibt es auch eine Reihe von Werkzeugen für Konfigurierungssysteme, beispielsweise KONFGEN [SCHW94a] zur Erzeugung von wissensbasierten Konfigurierungssystemen, sowie AMOR [TANK92], COSMOS [HEIN91] und PLAKON [GUNT92a, GUNT92b].

Literatur

ALLE83 Allen, E.M.: Yet Another Production System. Techn. Bericht TR-1146, Maryland Artificial Intelligence Group, University of Maryland, Department of Computer Science, College Park, December 1983.

AMBL82 Ambler, A.P., Beattie, R., Corner, D.F.: The RAPT User's Manual. University of Edinburgh, 1982.

AMBL84 Ambler, A.P.: Languages for Programming Robots. In Brady, M., Gerhardt, L.A., Davidson, H.F. (Hrsg.): Robotics and Artificial Intelligence, pp. 219–227. Springer-Verlag, 1984.

AWFR82 AWF/REFA. Handbuch-Arbeitsvorbereitung, Teil I, Arbeitsplanung, 1982.

BARK89 Barker, V.E., O'Connor, D.E.: Expert Systems for Configuration at DIGITAL: XCON and Beyond. Communications of the ACM, 32(3):298–318, 1989.

BEYE83 Beyer, A.: Faszinierende Welt der Automaten: Uhren, Puppen, Spielereien. Callwey Verlag, 1983.

BLUM81 Blume, C., Dillmann, R.: Frei programmierbare Manipulatoren. Vogel-Verlag, 1981.

BLUM83 Blume, C., Jakob, W.: Programmiersprachen für Industrieroboter. Vogel-Verlag, 1983.

BLUM85a Blume, C.: Implicit Robot Programming Based on a High-Level Explicit System. In Rathmill, K. (Hrsg.): Robotic Assembly, pp. 231–242. Springer-Verlag, 1985.

BLUM85b Blume, C., Jakob, W.: PASRO - Pascal for Robots. Springer-Verlag, 1985.

BLUM86 Blume, C., Jakob, W.: Programming Languages for Industrial Robots. Springer-Verlag, 1986.

BOBR85 Bobrow, D.G., Stefik, M.: The LOOPS Manual, Preliminary Version. Xerox Inc., Xerox PARC, 1985.

BOCI84 Bocionek, S.: Entwurf und Implementierung eines Compilers für eine einfache Sprache zur Steuerung von Manipulatoren. Diplomarbeit, Technische Universität München, Institut für Informatik, 1984.

BOCI87 Bocionek, S.: Dynamic Flavors. Techn. Bericht TUM-I8708, Technische Universität München, Institut für Informatik, Juni 1987.

BOCI88a Bocionek, S.: Computer-Aided Configuration of Gantry Robots. In Kodratoff, Y. (Hrsg.): 8th European Conference on Artificial Intelligence, pp. 632–637, London, August 1988. Pitman.

BOCI88b Bocionek, S., Meyfarth, R.: Aktive Wissensbasen und Dämonenkonzepte. Techn. Bericht TUM-I8811, Technische Universität München, Institut für Informatik, September 1988.

BOCI90a Bocionek, S.: Modulare Regelprogrammierung. Reihe Künstliche Intelligenz, Vieweg-Verlag, 1990.

BOCI90b Bocionek, S.: Task-Level Programming of Manipulators: A Case Study. Techn. Bericht TUM-I9001, Technische Universität München, Institut für Informatik, Januar 1990.

BOCI94 Bocionek, S., Sassin, M.: Das aktuelle Schlagwort: Programmieren durch Vormachen. Informatik-Spektrum, 17(5):309–311, Oktober 1994.

BRAD89 Brady, M.: Robotics Science. MIT Press, 1989.

BRIL89a Brill, M., Gramm, U.: MMS – Die MAP-Applikationsdienste für die industrielle Fertigung, Teile 2-4. Elektronik, Hefte 4-6, 1989.

BRIL89b Brill, M., Gramm, U.: MMS - Die MAP-Applikationsdienste für die industrielle Fertigung, Teil 1. Elektronik, Heft 3, 1989.

BRIL91 Brill, M., Gramm, U.: MMS: MAP Application Services for the Manufacturing Industry. Computer Networks and ISDN Systems, 21:357–380, 1991.

BRIN91 Brinkop, A., Laudwein, N.: COMIX – Wissensbasierte Konfigurierung von Rührwerken. In Günter, A. et al. (Hrsg.): 5. Workshop Planen und Konfigurieren, Hamburg, pp. 152–156. Univ. Hamburg, Labor für Künstliche Intelligenz, 1991.

BROW85 Brownston, L., Farrel, R., Kant, E., Martin, N.: Programming Expert Systems in OPS 5. Addison-Wesley, 1985.

BUCH87 Buchka, P.: Entwurf und Implementierung eines regelbasierten Expertensystems zur Konfigurierung von Ladeportalen. Diplomarbeit, Technische Universität München, Institut für Informatik, 1987.

CHEN76 Chen, P.: The Entity-Relationship Model; Towards a Unified View of Data. ACM Transactions on Database Systems, 1(1):9–36, March 1976.

COHE90 Cohen, J.: Constraint Logic Programming Languages. Communications of the ACM, 33(7):52–68, 1990.

COLL85 Collins, K., Palmer, A.J., Rathmill, K.: The Development of a European Benchmark for the Comparison of Assembly Robot Programming Systems. In Rathmill, K., MacConailly, P., O'Leary, S., Browne, J. (Hrsg.): Robot Technology and Applications, pp. 187–199. Springer-Verlag, 1985.

COLM90 Colmerauer, A.: An Introduction to Prolog III. Communications of the ACM, 33(7):69–90, 1990.

CZEC89 Czech, H., Herrtwich, R.G., Hommel, G., Sasse, R., Winkler, A.P.: Programme für kooperierende Maschinen in der Fertigung. Techn. Bericht 1989/11, Technische Universität Berlin, Institut für Technische Informatik, 1989.

DEFA87 DeFazio, T.L., Whitney, D.E.: Simplified Generation of All Mechanical Assembly Sequences. IEEE Journal of Robotics and Automation, RA-3(6):640–658, December 1987.

DENA55 Denavit, J., Hartenberg, R.S.: A Kinematic Notation for Lower-Pair Mechanisms Based on Matrices. ASME J. of Appl. Mechanics, 77:215–221, June 1955.

DESO85 Desoyer, K., Kopacek, P., Troch, P.: Industrieroboter und Handhabungsgeräte. Oldenbourg Verlag, 1985.

DILL91 Dillmann, R., Huck, M.: Informationsverarbeitung in der Robotik. Springer-Verlag, 1991.

DIN 93 DIN 66312. Teil 1: Industrieroboter Programmiersprache, Industrial Robot Language (IRL). Beuth Verlag Berlin, 1993.

DIN 94 DIN 66314-1. Schnittstelle zwischen Programmierung und Robotersteuerung, IRDATA, Teil 1: Allgemeiner Aufbau, Satztypen und Übertragung. Beuth Verlag Berlin, 1994.

FIKE71 Fikes, R.E., Nielsson, N.J.: STRIPS: A New Approach to the Application of Theorem Proving to Problem Solving. Artificial Intelligence, 2:98–208, 1971.

FINK75 Finkel, R., Taylor, R., Bolles, R., Paul, R., Feldman, J.: An Overview of AL, a Programming System for Automation. In 4th International Joint Conference on Artificial Intelligence, pp. 758–765, 1975.

FISC88 Fischer, K.: Regelbasierte Synchronisation zwischen Robotern und Maschinen. Techn. Bericht TUM-I8816, Technische Universität München, Institut für Informatik, Dezember 1988.

FISC89 Fischer, K.: Knowledge-Based Task Planning for Autonomous Mobile Robot Systems. In 2nd Conference on Intelligent Autonomous Systems, pp. 761–771, Amsterdam, NL, December 1989.

FISC90 Fischer, K.: Concepts for an Agent System in a Flexible Manufacturing System. In 23rd International Symposium on Automotive Technology and Automation (ISATA), Vienna, December 1990.

FISC91 Fischer, K.: Ein Agentensystem für eine flexible Fertigungssteuerung. In Hommel, G. (Hrsg.): Prozeßrechensysteme '91, pp. 140–149, Berlin, Februar 1991. Informatik-Fachberichte Bd. 269, Springer-Verlag.

FISC92 Fischer, K., Glavina, B., Hagg, E., Schrott, G., Schweiger, J., Siegert, H.-J.: Robot Programming. In Schiebe, M., Pferrer, S. (Hrsg.): Real-Time Systems Engineering and Applications, pp. 303–342. Kluwer Academic Publishers, 1992.

FISC93 Fischer, K.: Verteiltes und kooperatives Planen in einer flexiblen Fertigungsumgebung. DISKI 26, Infix, 1993.

FISC94 Fischer, K., Müller, J.P., Pischel, M.: A Testbed for the Development of DAI Applications. In Levi, P., Bräunl, T. (Hrsg.): Autonome Mobile Systeme 1994, pp. 179–190. Informatik aktuell, Springer-Verlag, 1994.

FRAN85 Franklin, J.W., VanderBrug, G.J.: Programming Vision and Robotics Systems with RAIL. In Rathmill, K. (Hrsg.): Robotic Assembly, pp. 219–229. Springer-Verlag, 1985.

FRAY87 Frayman, F., Mittal, S.: COSSACK: A Constraints-Based Expert System for Configuration Tasks. In Sriram, D. et al. (Hrsg.): Knowledge Based Expert Systems in Engineering: Planning and Design, pp. 143–166. Univ. Southhampton, Computational Mechanics, 1987.

FREU90 Freund, E., Heck, H., Kreft, K., Mauve, C.: OSIRIS: Ein objektorientiertes System zur impliziten Roboterprogrammierung und Simulation. Robotersysteme, 6:185–192, 1990.

FROM90a Frommherz, B.: Ein Roboteraktionsplanungssystem. Informatik-Fachberichte Bd. 260, Springer-Verlag, 1990.

FROM90b Frommherz, B., Werling, G.: Generating Robot Action Plans by Means of an Heuristic Search. In International Conference on Robotics and Automation, pp. 884–889, Cincinnati, Ohio, 1990. IEEE.

FU87 Fu, K.S., Gonzales, R.C., Lee, C.S.G.: Robotics – Control, Sensing,Vision, and Intelligence. McGraw-Hill, 1987.

GINI85 Gini, G., Gini, M.: Robot Languages in the Eighties. In Rathmill, K. (Hrsg.): Robotic Assembly, pp. 189–200. Springer-Verlag, 1985.

GLAV90 Glavina, B.: Solving the Findpath Problem by a Combination of Goal-directed and Randomized Search. In International Conference on Robotics and Automation, pp. 1718–1723, Cincinnati, Ohio, 1990. IEEE.

GLAV91 Glavina, B.: Planung kollisionsfreier Bewegungen für Manipulatoren durch Kombination von zielgerichteter Suche und zufallsgesteuerter Zwischenzielerzeugung. Dissertation, Technische Universität München, Institut für Informatik, 1991.

GOLD83 Goldberg, A., Robson, D.: Smalltalk-80: the Language and its Implementation. Addison-Wesley, 1983.

GROO87 Groover, M.P., Weiss, M., Nagel, R.N., Odrey, N.G.: Robotik umfassend. McGraw-Hill, 1987.

GUNT92a Günter, A.: Flexible Kontrolle in Expertensystemen zur Planung und Konfigurierung in technischen Domänen. DISKI 3, Infix, 1992.

GUNT92b Günter, A. et al.: Das Projekt PROKON im Überblick. In Messer, T. et al. (Hrsg.): 6. Workshop Planen und Konfigurieren, München, pp. 136–139. Techn. Universität München, FORWISS, 1992.

HAGG89 Hagg, E., Fischer, K.: Off-line Programming Environment for Robotic Applications. In 6th Symposium on Information Control Problems in Manufacturing Technology, INCOM '89, pp. 197–200, September 1989.

HAGG90a Hagg, E.: Logische Sensoren und Aktoren, ein Ansatz zur Entwicklung von Multisensoranwendungen für Fertigungsumgebungen. In Beiträge zum 12. DAGM Symposium Mustererkennung. Informatik-Fachberichte Bd. 254, Springer-Verlag, 1990.

HAGG90b Hagg, E., Schrott, A.: Manual zum Roboter-Programmier-Praktikum. Technische Universität München, Institut für Informatik, Oktober 1990.

HAGG91 Hagg, E.: Logical Sensors and Actors, an Approach to Multisensor Systems in Industry and Automation. In Vichnevetsky, R., Miller, J.J.H. (Hrsg.): 13th World Congress on Computation and Applied Mathematics (IMACS), pp. 1434–1435, Dublin, Juli 1991.

HAHN92 Hahndel, S., Levi, P.: Restriktionsbasiertes Verhandlungskonzept für eine dezentrale kooperative Aktionsplanung. In Rembold, U., Dillmann, R. (Hrsg.): 8. Fachgespräch über Autonome Mobile Systeme, Karlsruhe, November 1992.

HAHN94 Hahndel, S., Levi, P.: Einfluß des Spielraums auf die Planungsqualität bei verteilten, kooperativen Planungsverfahren. In Levi, P., Bräunl, T. (Hrsg.): Autonome Mobile Systeme 1994, pp. 250–261. Informatik aktuell, Springer-Verlag, 1994.

HEIN91 Heinrich, M.: Ressourcen-orientierte Modellierung als Basis des Konfigurierens technischer Systeme. In Günter, A. et al. (Hrsg.): 5. Workshop Planen und Konfigurieren, Hamburg, pp. 61–74. Univ. Hamburg, Labor für Künstliche Intelligenz, 1991.

HEIS85 Heiß, H.: Die explizite Lösung der kinematischen Gleichungen für eine Klasse von Industrierobotern. Techn. Bericht TUM-I8504, Technische Universität München, Institut für Informatik, 1985.

HERR94 Herrtwich, R.G., Hommel, G.: Nebenläufige Programme. Springer-Verlag, 2. Aufl., 1994.

HERT86 Hertzberg, J.: Planerstellungs-Methoden der Künstlichen Intelligenz. Informatik-Spektrum, 9:149–161, 1986.

HERT89 Hertzberg, J.: Planen. Reihe Informatik Bd. 65, BI Wissenschaftsverlag, 1989.

HILL86 Hillis, W.D.: The Connection Machine. MIT Press, 1986.

HIRS89 Hirschberg, G.: Produktionsautomatisierung und Flexibilität aus der Sicht des Informatikers. VDI Berichte, Nr. 723, pp. 13–31, 1989.

HIRZ93 Hirzinger, G., Brunner, B., Dietrich, J., Heindl, J.: Sensor-Based Space Robotics – Rotex and Its Telerobotic Features. IEEE Transactions on Robotics and Automation, 9(5):649–663, 1993.

HOME91 Homem de Mello, S. L., Lee, S.: Computer Aided Mechanical Assembly Planning. Kluwer Academic Publishers, 1991.

HOMM91 Hommel, G., Dorn, J.: Reactive Planning: A Model of Knowledge-Based Real-Time Planning. In Schmidt, G. (Hrsg.): Information Processing in Autonomous Mobile Robots, Proceedings of the International Workshop. Springer-Verlag, 1991.

HOU88 Hou, T.Y., Chiu, M.Y.: A Hybrid Model for Distributed and Concurrent Simulation. In Distributed Simulation, pp. 1–5. Society for Computer Simulation, 1988.

HWAN92 Hwang, Y. K., Ahuja, N.: Gross Motion Planning - A Survey. ACM Computing Surveys, 24(3):219–291, September 1992.

IKEU91 Ikeuchi, K., Suehiro, T.: Towards an Assembly Plan from Observation: Task Recognition with Polyhedral Objects. Techn. Bericht CMU-CS-91-167, Carnegie Mellon University, School of Computer Science, Pittsburgh, PA, August 1991.

Int85 IntelliCorp. KEE Software Development System, User's Manual, Version 2.1, July 1985.

ISO93 ISO. ISO Draft Technical Report 10562, Manipulating Industrial Robots, Intermediate Code for Robots (ICR). ISO, über Normenausschuß Maschinenbau im DIN, Frankfurt, 1993.

JONE90 Jones, J.L., Lozano-Pérez, T.: Planning Two-Fingered Grasps for Pick-and-Place Operations on Polyhedra. In International Conference on Robotics and Automation, Cincinnati, Ohio, 1990. IEEE.

JORG93 Jörg, K.-W., von Puttkamer, E., Richstein, H.-J.: Integration und Fusion heterogener Multisensorinformation zur geometrischen Weltmodellierung für einen Autonomen Mobilen Roboter. In Schmidt, G. (Hrsg.): 9. Fachgespräch über Autonome Mobile Systeme, München, Oktober 1993.

KANG91 Kang, S.B., Ikeuchi, K.: A Framework for Recognizing Grasps. Techn. Bericht CMU-RI-TR-91-24, Carnegie Mellon University, Robotics Institute, Pittsburgh, PA, November 1991.

KAPL93 Kaplan, G.: Manufacturing a la Carte (Special Report). IEEE Spectrum, 30(9), 1993.

KERN78 Kernighan, B.W., Ritchie, D.M.: The C Programming Language. Prentice Hall, 1978.

KLAF89 Klafter, R.D., Chmielewski, T.A., Negin, M.: Robotic Engineering. Prentice Hall, 1989.

KOHO89 Kohonen, T.: Self-Organization and Associative Memory. Springer Series in Information Sciences, Springer-Verlag, 3. Aufl., 1989.

KONI90 König, R., Rathke, C.: Redesign eines Expertensystems zur Unterstützung beim Konfigurieren von CNC-Steuerungen. In Kratz, N. et al. (Hrsg.): 4. Workshop Planen und Konfigurieren, Ulm. FAW Ulm, 1990.

KOPI92 Kopisch, M., Günter, A.: Konfigurierung der Passagierkabine des Airbus A340 basierend auf einer Begriffshierarchie, einem Constraint-System und einer flexiblen Kontrolle. In Messer, T. et al. (Hrsg.): 6. Workshop Planen und Konfigurieren, München, pp. 1–10. Techn. Universität München, FORWISS, 1992.

KRIC87 Krickhahn, R., Radig, B.: Die Wissensrepräsentationssprache OPS 5. Reihe Künstliche Intelligenz, Vieweg-Verlag, 1987.

KUGE93 Kugelmann, D., Milberg, J., Pischeltsrieder, K., Welling, A.: Autonome Handhabungsplanung mittels 3D-Bewegungssimulation und visueller Sensorik. In Schmidt, G. (Hrsg.): 9. Fachgespräch über Autonome Mobile Systeme, München, Oktober 1993.

KUGE94 Kugelmann, D., Reinhart, G.: Automatische Online-Generierung von Handhabungsprogrammen mit der 3D-Simulation. In Levi, P., Bräunl, T. (Hrsg.): Autonome Mobile Systeme 1994, pp. 349–360. Informatik aktuell, Springer-Verlag, 1994.

KUNI94 Kuniyoshi, Y., Inaba, M., Inoue, H.: Learning by Watching: Extracting Reusable Task Knowledge from Visual Observation of Human Performance. IEEE Transactions on Robotics and Automation, 10(6):799–822, Dezember 1994.

LATO91 Latombe, J.-C.: Robot Motion Planning. Kluwer Academic Publishers, 1991.

LAUG85 Laugier, C.: Robot Programming Using a High-Level Language and CAD Facilities. In Rathmill, K., MacConailly, P., O'Leary, S., Browne, J. (Hrsg.): Robot Technology and Applications, pp. 139–155. Springer-Verlag, 1985.

LEE89 Lee, M.H.: Intelligent Robotics. Halsted Press, 1989.

LEVI88 Levi, P.: Planen für autonome Montageroboter. Informatik-Fachberichte Bd. 191, Springer-Verlag, 1988.

LEVI93 Levi, P., Hahndel, S.: Kooperative Systeme in der Fertigung. In Müller, J. (Hrsg.): Verteilte Künstliche Intelligenz. BI Verlag, 1993.

LEVI94 Levi, P., Bräunl, T., Muscholl, M., Rausch, A.: Architektur und Ziele der Kooperativen Mobilen Rechensysteme Stuttgart. In Levi, P., Bräunl, T. (Hrsg.): Autonome Mobile Systeme 1994, pp. 262–273. Informatik aktuell, Springer-Verlag, 1994.

LIEB77 Liebermann, L.I., Wesley, M.A.: AUTOPASS: An Automatic Programming System for Computer Controlled Mechanical Assembly. IBM Journal of Research and Development, 21(4):321–333, 1977.

LIPP87 Lippmann, R.P.: An Introduction to Computing with Neural Nets. IEEE ASSP Magazin, pp. 3–22, April 1987.

LOZA87 Lozano-Pérez, T., Jones, J.L., Mazer, E., O'Donnell, P.A., Grimson, W.E.L.: Handeye: A Robot System that Recognizes, Plans and Manipulates. In International Conference on Robotics and Automation, pp. 843–849, Raleigh, NC, 1987. IEEE.

LOZA89 Lozano-Pérez, T., Jones, J.L., Mazer, E., O'Donnell, P.A.: Task-Level Planning of Pick-and-Place Robot Motions. IEEE Computer, pp. 21–29, March 1989.

LUTH93 Lüth, T., Rembold, U.: Fehlertolerantes Verhalten und fortgeschrittene Manipulationsfähigkeiten des autonomen mobilen Roboters KAMRO. In Schmidt, G. (Hrsg.): 9. Fachgespräch über Autonome Mobile Systeme, München, Oktober 1993.

LYON93 Lyons, D.M.: Representing and Analyzing Action Plans as Networks of Concurrent Processes. IEEE Transactions on Robotics and Automation, 9(3):241–256, June 1993.

MAIM88 Maimon, O.Z.: An Object-Based Representation Method for a Manufacturing Cell Controller. Artificial Intelligence in Engineering, 3(1):2–11, 1988.

MARC88 Marcus, S.: Automating Knowledge Acquisition for Expert Systems. Kluwer Academic Publishers, 1988.

MARE93 Marefat, M., Malhotra, S., Kashyap, R.L.: Object-Oriented Intelligent Computer-Integrated Design, Process Planning and Inspection. IEEE Computer, 26(3), 1993.

MART92 von Martial, F.: Coordinating Plans of Autonomous Agents. Lecture Notes AI Bd. 610, Springer-Verlag, 1992.

MCDE82 McDermott, J.: R1 – A Rule Based Configurer of Computer Systems. Artificial Intelligence, 19(1):39–88, 1982.

MCKE91 McKerrow, P.: Introduction to Robotics. Addison-Wesley, 1991.

MERT90 Mertens, P.: Expertensysteme in der Produktion. Oldenbourg Verlag, 1990.

MESS92 Messer, T.: Wissensbasierte Synthese von Bildanalyseprogrammen. Dissertation, Technische Universität München, Institut für Informatik, 1992.

MEYF90 Meyfarth, R.: Demon Concepts in an Active CIM Knowledge Base. In International Conference on Robotics and Automation, pp. 902–907, Cincinnati, Ohio, 1990. IEEE.

MEYF91 Meyfarth, R.: ACTROB: An Active Robotic Knowledge Base. In 2nd International Symposium on Database Systems for Advanced Applications (DASFAA), Tokyo, Japan, 1991. IEEE.

MINS75 Minsky, M.: A Framework for Representing Knowledge. In Winston, P.H. (Hrsg.): The Psychology of Computer Vision. McGraw-Hill, 1975.

MULL93 Müller, J. (Hrsg.): Verteilte Künstliche Intelligenz. BI Wissenschaftsverlag, 1993.

NAVA89 Naval, M.: Roboter-Praxis: Aufbau, Funktion und Einsatz von Industrierobotern. Vogel-Verlag, 1989.

NEUB92 Neubauer, W., Bocionek, S., Möller, M., Rencken, W.: Learning Systems Behavior for the Automatic Correction and Optimization of Off-line Robot Programs. In International Conference on Intelligent Robots and Systems, Raleigh, NC, 1992. IEEE.

NIEL82 Nielsson, N.J.: Principles of Artificial Intelligence. Springer-Verlag, 1982.

NNAJ93 Nnaji, B.O.: Theory of Automatic Robot Assembly and Programming. Chapman & Hall, 1993.

ODON89 O'Donnell, P.A., Lozano-Pérez, T.: Deadlock-Free and Collision-Free Coordination of Two Robot Manipulators. In Proc. IEEE Int. Conf. on Robotics and Automation, pp. 484–489, Scottsdale, AZ, May 1989.

OW86 Ow, P.S., Smith, S.F.: Viewing Scheduling as an Opportunistic Problem Solving Process. CMU internal report, May, 1986.

PAUL81 Paul, R.P.: Robot Manipulators – Mathematics, Programming, and Control. MIT Press, 1981.

PISC94 Pischeltsrieder, K., Reinhart, G.: Aufgabentransformation und Aufgabenplanung für ein autonomes mobiles Handhabungssystem in einer Fertigungsumgebung. In Levi, P., Bräunl, T. (Hrsg.): Autonome Mobile Systeme 1994, pp. 155–166. Informatik aktuell, Springer-Verlag, 1994.

POPP90 Popplestone, R.J., Liu, Y., Weiss, R.: A Group Theoretic Approach to Assembly Planning. AI Magazine, 11(1):82–97, Spring 1990.

QUIL68 Quillan, R.: Semantic Memory. In Minsky, M. (Hrsg.): Semantic Information Processing. MIT Press, 1968.

RACZ91 Raczkowsky, J.: Multisensordatenverarbeitung in der Robotik. Informatik-Fachberichte Bd. 268, Springer-Verlag, 1991.

RAPH68 Raphael, B.: A Computer Program for Semantic Information Retrieval. In Minsky, M. (Hrsg.): Semantic Information Processing. MIT Press, 1968.

RATH85a Rathmill, K. (Hrsg.): Robotic Assembly. Springer-Verlag, 1985.

RATH85b Rathmill, K., MacConailly, P., O'Leary, S., Browne, J. (Hrsg.): Robot Technology and Applications. Springer-Verlag, 1985.

REMB85 Rembold, U., Blume, C., Dillmann, R., Levi, P.: Intelligente Roboter, Teil 3: Aufgabenorientierte Programmierung. VDI-Zeitschrift, 127(21):871–876, November 1985.

RICH83 Rich, E.: Artificial Intelligence. McGraw-Hill, 1983.

RITT90 Ritter, H., Martinetz, T., Schulten, K.: Neuronale Netze. Addison-Wesley, 2. Aufl., 1990.

SACE77 Sacerdoti, E.D.: A Structure for Plans and Behavior. Elsevier, 1977.

SCHA77 Schank, R.C., Abelson, R.P.: Scripts, Plans, Goals, and Understanding. Erlbaum, Hillsdale, 1977.

SCHE83 Schek, H.-J., Scholl, M.: Die NF2-Relationenalgebra zur einheitlichen Manipulation externer, konzeptueller Datenstrukturen. In GI-Fachtagung Sprachen für Datenbanken, Hamburg. Informatik-Fachberichte Bd. 72, Springer-Verlag, 1983.

SCHL83 Schlageter, G., Stucky, W.: Datenbanksysteme: Konzepte und Modelle. Teubner, 1983.

SCHW82 Schwartz, J.T., Sharir, M.: On the Piano Mover's Problem II: General Techniques for Computing Topological Properties of Real Algebraic Manifolds. Techn. Bericht 41, Courant Institute of Mathematical Sciences, New York University, February 1982.

SCHW86 Schwarz, W., Zecha, M., Meyer, G. (Hrsg.): Industrierobotersteuerungen. Dr. Alfred Hüthig Verlag, 1986.

SCHW91 Schweiger, J., Siegert, H.-J.: An Active Real-Time Knowledge Base. In Schmidt, G. (Hrsg.): Int. Workshop on Information Processing in Autonomous Mobile Robot Systems, pp. 1–6. Springer-Verlag, März 1991.

SCHW94a Schweiger, J.: Ein Formalismus für die Generierung von Expertensystemen zur Lösung von Konfigurationsaufgaben aus konzeptuellen Spezifikationen des Expertenwissens. Verlag Shaker, 1994.

SCHW94b Schweiger, J.: Konzepte für eine teamfähige, verteilte Wissensbasis für Fertigungsumgebungen. Techn. Bericht, Technische Universität München, Institut für Informatik, 1994.

SHER93 Sheridan, T. B.: Space Teleoperating through Time Delay: Review and Prognosis. IEEE Transactions on Robotics and Automation, 9(5):592–606, 1993.

SHIM79 Shimano, B.E.: VAL: A Versatile Robot Programming and Control System. In COMPSAC 79, pp. 878–883, 1979.

SHIM85 Shimano, B.E., Geschke, C.C., Spaiding III, C.H., Smith, P.G.: A Robot Programming System Incorporating Real-Time and Supervisory Control: VAL-II. In Rathmill, K. (Hrsg.): Robotic Assembly, pp. 201–217. Springer-Verlag, 1985.

SHOH86a Shoham, M.: A Textbook of Robotics 1: Industrial Robots. Kogan Page, 1986.

SHOH86b Shoham, M.: A Textbook of Robotics 2: Structure, Control and Operation. Kogan Page, 1986.

SMIT89 Smith, J.H.: The Space Station Freedom Evolution-Phase: Crew-EVA Demand for Robotic Substitution by Task Primitive. In International Conference on Robotics and Automation, Scottsdale, AZ, 1989. IEEE.

SORI85 Soriano, A.: Mechanische Spielfiguren aus vergangenen Zeiten. Editions A. Sauret et Musée National de Monaco, 1985.

STAU87 Staugaard jr., A. C.: Robotics and AI: An Introduction to Applied Machine Intelligence. Prentice Hall, 1987.

STRE90 Strecker, H.: XRAY – Ein Expertensystem zur Konfigurierung automatischer Röntgenprüfsysteme. In Kratz, N. et al. (Hrsg.): 4. Workshop Planen und Konfigurieren, Ulm, pp. 113–128. FAW Ulm, 1990.

STRO86 Stroustrup, B.: The C++ Programming Language. Addison-Wesley, 1986.

STRU91 Struß, P.: Wissensrepräsentation. Oldenbourg Verlag, 1991.

TANK92 Tank, W.: Modellierung und Expertise über Konfigurationsaufgaben. DISKI 5, Infix, 1992.

TAUB88 Tauber, A., Schuster, G.: Robotersimulation – eine CIM-Komponente. CAE-Journal Robotersimulation, 4:30–39, 1988.

THRI83 Thring, M.W.: Robots and Telechirs. Ellis Horwood, 1983.

TODD86 Todd, D.J.: Fundamentals of Robot Technology. Halsted Press, 1986.

TOUR87 Tournassoud, P., Lozano-Pérez, T.: Regrasping. In International Conference on Robotics and Automation, pp. 1924–1928, Raleigh, NC, 1987. IEEE.

VALA92 Valavanis, K. P.: Intelligent Robotics Systems: Theory, Design and Applications. Kluwer Academic Publishers, 1992.

VDI 80 VDI-Richtlinien-Entwurf. VDI 2861, Blatt 1 und 2. VDI-Verlag Düsseldorf, 1980.

VDI 82 VDI-Richtlinien-Entwurf. VDI 2860, Blatt 1. VDI-Verlag Düsseldorf, 1982.

WALL94 Wallner, F., Dillmann, R.: Situationsabhängige Einsatzplanung kooperierender aktiver Sensoren auf einem mobilen Robotersystem. In Levi, P., Bräunl, T. (Hrsg.): Autonome Mobile Systeme 1994, pp. 238–249. Informatik aktuell, Springer-Verlag, 1994.

WARN79 Warnecke, H.-J., Schraft, R.D.: Industrieroboter. Krausskopf, 2. Aufl., 1979.

WECK81 Weck, M., Eversheim, E.: ROBEX – An Offline Programming System for Industrial Robots. In 11th ISIR, pp. 655–662, Tokyo, 1981.

WILK84 Wilkins, D.E.: Domain-Independent Planning: Representation and Plan Generation. Artificial Intelligence, 22:269–301, 1984.

WLOK91 Wloka, D.W.: Robotersimulation. Springer-Verlag, 1991.

Abbildungsverzeichnis

Register

A

B

C

D

R

S

T

U

Springer-Verlag und Umwelt

Als internationaler wissenschaftlicher Verlag sind wir uns unserer besonderen Verpflichtung der Umwelt gegenüber bewußt und beziehen umweltorientierte Grundsätze in Unternehmensentscheidungen mit ein.

Von unseren Geschäftspartnern (Druckereien, Papierfabriken, Verpackungsherstellern usw.) verlangen wir, daß sie sowohl beim Herstellungsprozeß selbst als auch beim Einsatz der zur Verwendung kommenden Materialien ökologische Gesichtspunkte berücksichtigen.

Das für dieses Buch verwendete Papier ist aus chlorfrei bzw. chlorarm hergestelltem Zellstoff gefertigt und im pH-Wert neutral.